人工智能技术基础及应用

U0154956

BASICS AND APPLICATIONS OF ARTIFICIAL INTELLIGENCE TECHNOLOGY

张伟　李晓磊　田天　编著

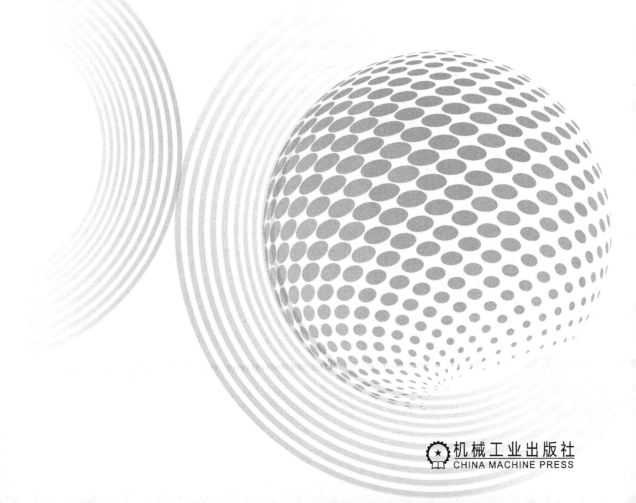

机械工业出版社

CHINA MACHINE PRESS

本书聚焦近期涌现的人工智能、机器人工程、智能医学工程等新工科专业对于人才培养的实际需求，着力解决人工智能基础知识交叉贯通不足、配套实验实践支撑不强等问题。书中主要内容包括 Python 编程基础、神经网络基础、深度学习计算框架、卷积神经网络、序列到序列网络、目标检测及其应用、语义分割及其应用等。

本书结合高等院校人工智能相关专业的知识体系，将基础知识和编程实践相结合，通过代码实例分析，使得基础知识变得直观易懂；通过基础 Python 编程和 PyTorch 框架编程的结合进行实践，适应互联网时代共享代码的社区生态需求；通过综合实践例程，使读者经历知识学习、数据准备、代码编写、参数调试、结果分析等过程，在掌握相关技术的同时提高学习兴趣。

本书可满足高等院校人工智能相关专业的学生学习基础知识及实践创新的需求，也可为电子、信息等相关领域的从业者转型人工智能领域提供入门学习资料。

图书在版编目（CIP）数据

人工智能技术基础及应用/张伟，李晓磊，田天编著. —北京：机械工业出版社，2022.8（2025.1 重印）
ISBN 978-7-111-71255-8

Ⅰ.①人… Ⅱ.①张…②李…③田… Ⅲ.①人工智能 Ⅳ.①TP18

中国版本图书馆 CIP 数据核字（2022）第 127674 号

机械工业出版社（北京市百万庄大街 22 号 邮政编码 100037）
策划编辑：付承桂 责任编辑：付承桂 闫洪庆
责任校对：樊钟英 刘雅娜 封面设计：鞠 杨
责任印制：常天培
北京机工印刷厂有限公司印刷
2025 年 1 月第 1 版第 4 次印刷
184mm×260mm·19.75 印张·490 千字
标准书号：ISBN 978-7-111-71255-8
定价：68.00 元

电话服务 网络服务
客服电话：010-88361066 机 工 官 网：www.cmpbook.com
     010-88379833 机 工 官 博：weibo.com/cmp1952
     010-68326294 金 书 网：www.golden-book.com
封底无防伪标均为盗版 机工教育服务网：www.cmpedu.com

前 言 /
PREFACE

近年来，受益于硬件计算能力的跨越式提升和海量数据的涌现，神经网络、卷积神经网络、深度学习等理论算法得以高效实现并不断优化，在人工智能技术和相关产业应用中的地位和重要性日益提升。2006 年，G. E. Hinton 研究组有关深层网络训练的工作使得深度学习重回大众视野，该年因此也被称为深度学习元年。2012 年，G. E. Hinton 研究组凭借 AlexNet 在备受关注的 ImageNet 竞赛中强势夺冠后，基于深度学习的人工智能技术更是迎来爆发式发展期，在图像、语音等领域获得了优异的表现，并得到产业界的广泛认可和大力推进。

在人工智能算法的实现和部署过程中，有 C、C++、Java、Python 等高级编程语言可供选择，其中可读性好、灵活性强、库资源丰富的 Python 语言一直是大部分深度学习和人工智能领域开发人员的首选。对高等院校及相关行业的人工智能技术初学者来说，在学习前沿理论知识的同时，结合 Python 编程语言进行人工智能技术实践，是加深其对人工智能基础知识的理解、快速提升其技术开发能力的有效途径，因而本书使用 Python 作为算法实现、实验实践的编程语言。

本书聚焦国家新一代人工智能发展规划，面向人工智能、机器人工程、智能医学工程等新工科专业人才培养的实际需求，着力解决人工智能基础知识交叉不足、理论技术和业界应用关联不紧及实验实践教材匮乏、内容体系支撑不强等问题，主要内容包括 Python 编程基础、神经网络基础、深度学习计算框架、卷积神经网络、序列到序列网络、目标检测及其应用、语义分割及其应用等。

本书突出前沿性、实践性，以深度学习关键技术为牵引，设计构建紧贴产业实际的实践案例，可满足高等院校相关专业的本科生或研究生人工智能基础知识学习及实践创新的需求，也可以作为相关行业技术人员的参考资料。

本书基于山东大学人工智能、机器人工程、智能医学工程等新工科专业建设，特别是"人工智能与机器人"新工科实验班的教学育人实践，参考借鉴其他高水平大学人工智能相关专业知识体系的构成，将基础知识和编程实践相结合，通过代码实例分析，使得基础知识变得直观易懂；将基础 Python 编程和 PyTorch 框架编程结合设计实践内容，以适应互联网时代共享代码的社区生态需求；通过综合实践例程，帮助读者打通知识学习、数据准备、代码编写、参数调试、结果分析等全链条学习过程，在掌握相关技术的同时提高学习兴趣。

本书编写过程中，陈佳铭、曹淑强、孟子喻等十余名研究生参与了本书的校对工作，并对其中的代码进行了验证和完善，在此一并致谢！书中的实践例程多来源于人工智能技术的实际应用，具备良好的经济和社会效益，对于实践创新将起到良好的启发和指导作用。

以深度学习为基础的人工智能技术发展得如火如荼，但也面临诸多的挑战。希望本书能够引领读者打开人工智能技术的大门，不断开拓创新，在学术界或行业内创造优异成果！

目 录 /
CONTENTS

第1章 Python 编程基础

Python 由荷兰国家数学与计算机科学研究学会的 Guido van Rossum 于 20 世纪 90 年代初设计，它提供了高效的高级数据结构，还能简单有效地面向对象编程。Python 语法和动态类型，以及解释型语言的本质，使它成为一个跨平台的脚本式快速开发编程语言。随着版本的不断更新和新功能的添加，Python 逐渐被用于独立的、大型项目的开发。

1.1 Python 简介

Python 语言因其简单、易读的特性，非常适合于首次接触编程的人进行学习。其最初被许多高校的计算机相关课程采用，作为入门语言和实验课程编程工具，使得它得到了广泛应用并推广。

Python 语言写出的代码不仅可读性高，且随着版本的升级迭代，其性能不断被优化，在需要处理大规模数据或者要求快速响应的情况下，使用 Python 也可以稳妥地完成。因此，Python 同时受到初学者和专业人士的喜爱。目前，Python 已成为最常用的编程语言之一。

Python 语言尤其受到学术界的青睐，如机器学习、数据科学、图像处理、人工智能等领域。因此，Python 拥有了许多优秀的算法支持库，如 NumPy、SciPy、scikit-learn、OpenCV-python 等，这些库大都是开源的且不断更新，十分贴近科研和开发人员的需求。在深度学习领域，一些著名的开发框架如 Caffe、TensorFlow、PyTorch、PaddlePaddle 等均提供了 Python 语言丰富的接口，使得 Python 语言成为学习深度学习知识必须掌握的编程语言。

Python 有 Python 2. x 和 Python 3. x 两个版本。2. 7 版本已经于 2020 年 1 月 1 日终止了支持。截至目前，其 3. x 版本已升级到 3. 10. x，且停止了对 Windows 7 及其旧版本 Windows 操作系统的支持。这两个系列版本是不具备"向后兼容性"支持的，也就是用 Python 3. x 写的代码不能被 Python 2. x 执行，反之亦然。与之相对应的，一些软件库也存在这样的兼容性问题，如 TensorFlow 2. 2 就抛弃了对 Python 2. x 的支持。因此，本书主要介绍 Python 3. x 的版本。

1.2 Python 安装与运行

通常，登录 Python 官网的下载网址 https://www. python. org/downloads/可以下载相应版本的 Python 系统，如图 1-1 所示。

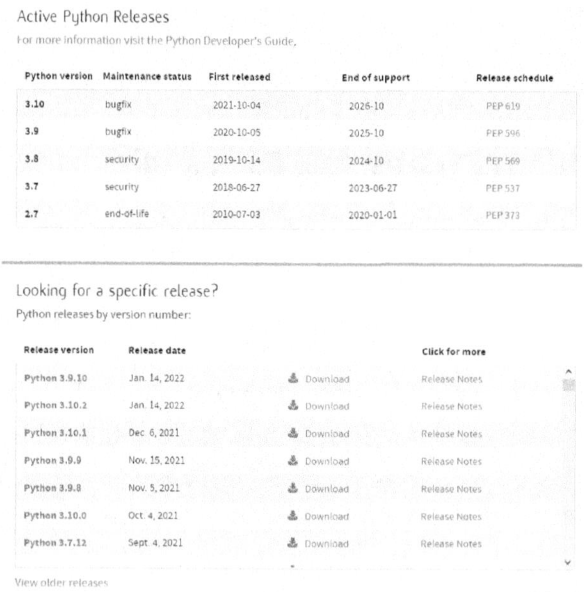

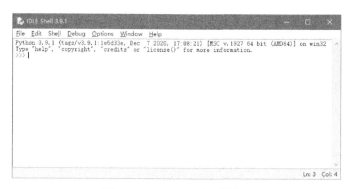

图 1-1　Python 官网下载页面

可以看到，Python 的版本比较碎片化，这是由于 Python 语言比较年轻，还在不断改进更新。更重要的是，大量的 Python 语言扩展库对于 Python 语言的支持力度是不同的，有的库能够兼容较新的 Python 语言版本，但是也有很多库由于终止更新而停留在较旧的 Python 版本。例如，我们在 GitHub 等资源网站上获取的各项目代码，它们在不同的时期使用了各种不同的 Python 语言版本，这使得我们在进行工作复现和研究时遇到了很大的困难。这里，Python 语言提供了 Environment 模块的虚拟环境管理模式，来实现各版本的兼容问题。

安装官方 Python 版本后，会提供一个 IDLE 编程开发程序，可以进行简单的命令行交互式调试，如图 1-2 所示。

图 1-2　IDLE Shell 调试界面

在其 File 菜单中还可以打开一个文本编辑器进行源代码的编辑和调试运行，如图 1-3 所示。

另一个常见的 Python 语言部署环境是 Anaconda 发行版。Anaconda 集成了许多必要的库，使用户可以一次性完成安装，非常适合新手学习。同时，其附带安装了 Spyder 集成编辑调试环境（见图 1-4）和 Jupyter Notebook 基于网页的交互调试环境（见图 1-5）。需要说明的是，Jupyter 调试环境虽然是在浏览器中操作的，但是它离不开图 1-6 所示的后台服务程序，在 Jupyter 程序调试过程中不能关闭该窗口。如果不慎关闭了浏览器，Jupyter 调试环境依然在继续运行，此时可以参考图 1-6 中高亮的网址部分，将该地址复制下来粘贴到浏览器的地址栏中，这样可以再次打开 Jupyter 调试环境。随着 Python 语言的普及，出现了很多支持 Python 编程的集成开发环境，如 VS Code、Atom 等开源软件，以及 JetBrains 公司的 PyCharm 和微软公司的 Visual Studio 等商业版本。

图 1-3　IDLE 内置的文本编辑器

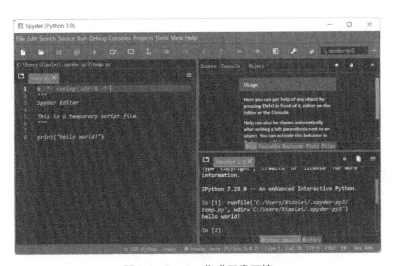

图 1-4　Spyder 集成开发环境

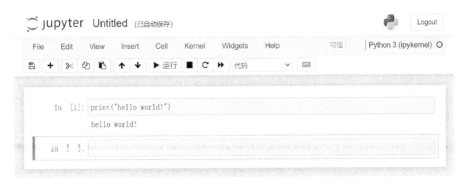

图 1-5　Jupyter 交互调试环境

3

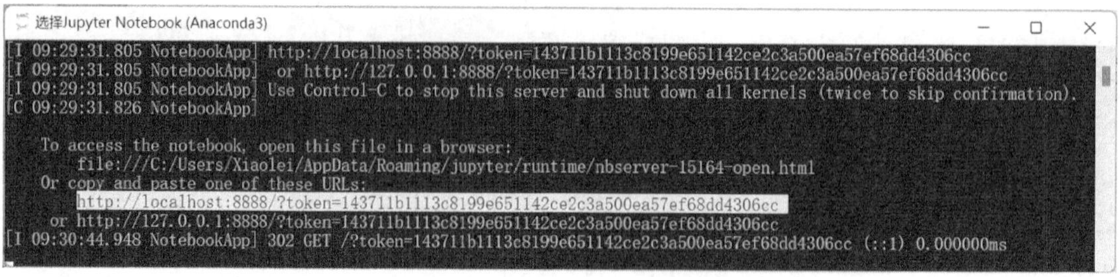

图 1-6　Jupyter 后台服务程序

另外，Anaconda 中提供了方便的虚拟环境管理功能，以创建不同配置的 Python 运行环境。下面介绍一下使用 conda 命令进行多环境配置的方法。

打开 Anaconda 支持的终端或命令行窗口，输入如下命令：

（1）查看虚拟环境的信息

conda info -e

本命令能够列出当前存在的虚拟环境。

（2）创建虚拟环境

conda create -n env_name python＝x. x

本命令创建名为 env_name 的虚拟环境，并使用 x. x 版本的 Python。

例如：

 $ conda create -n tensorflow1. 2 python＝2. 7

创建虚拟环境 tensorflow1. 2，并使用 Python 2. 7。

 $ conda create -n tensorflow2. 1 python＝3. 6

创建虚拟环境 tensorflow2. 1，并使用 Python 3. 6。

（3）激活虚拟环境

conda activate env_name

本命令将激活名为 env_name 的虚拟环境，激活成功后，命令行的提示符将显示当前的虚拟环境名。后续的操作，包括新安装的扩展库都只影响到本虚拟环境，类似于一个沙盒的模式。

（4）退出虚拟环境

conda deactivate

（5）删除环境

conda remove -n env_name -all

本命令将删除名为 env_name 的虚拟环境相关的文件。

1.3　Python 基础编程

Python 语言简单易学，初学者也能顺利掌握，当然如果具备一定的编程知识，尤其具备面向对象编程概念的话，将有助于对本节内容的理解，加速学习过程。

1.3.1　标识符

标识符是指编程时对变量、常量、函数等所起的名字。Python 里，标识符由字母、数字、下划线组成，并区分字母的大小写，但不能以数字开头。在 Python 3 中开始允许使用非 ASCII 标识符，所以可以使用中文作为变量名，例如：

```
>>> 你 =100
>>> 我 =200
>>> print(你+我)
```

输出：

```
300
```

在 Python 语言中，以下划线（_）开头或结尾的标识符通常具有特殊意义，具体见1.4.3 节，因此普通的编程任务尽量不要使用下划线（_）作为变量名的开头。

另外，Python 语言还保留了一些关键字，即标识符的名称不能与关键字重名。如下所示，通过调用 Python 标准库的 keyword 模块，可以输出当前版本的所有关键字。

```
>>> import keyword
>>> keyword.kwlist
```

输出：

```
['False','None','True','__peg_parser__','and','as','assert','async','await','
break','class','continue','def','del','elif','else','except','finally','for','from','
global','if','import','in','is','lambda','nonlocal','not','or','pass','raise','return
','try','while','with','yield']
```

1.3.2　注释

Python 中采用 #进行单行注释或者语句末注释，例如：

```
#!/usr/bin/python
#-*-coding:UTF-8-*-
#文件名:test.py
#第一个注释
print("Hello,Python!")    #第二个注释
```

在第一条语句中，#!符号是 Linux 操作系统中脚本常用的一种注释形式，用于指定执行该脚本的解释程序，该语句必须作为脚本的第一条语句。有了这条语句就可以在终端中直接执行该脚本（test.py）：

```
chmod +x test.py          #先赋予 test.py 文件可执行的权限
./test.py                 #等价于执行命令:$ /usr/bin/python test.py
```

第二条语句虽然也是注释语句，但是对于编辑器而言，它同时也指明了本源码文件的编码

格式，这对于中文等文字内容的正确显示是有帮助的，有时候也可以写成#coding＝utf-8 的形式。

Python 中也可以使用三个单引号（'''）或三个双引号（"""）进行多行注释，例如：

```
'''
这是多行注释的第一行,使用三个单引号。
这是多行注释的第二行,使用三个单引号。
这是多行注释的第三行,使用三个单引号。
'''

"""
这是多行注释的第一行,使用三个双引号。
这是多行注释的第二行,使用三个双引号。
这是多行注释的第三行,使用三个双引号。
"""
```

1.3.3　行和缩进

（1）单行语句

不像 C 语言那样，必须以分号 ";" 作为语句结束标志，Python 语言行的结尾加不加分号都可以，所以大多数人都不加，但是如果想在同一行书写多条语句，则可以明确用分号分开，例如：

```
>>> print('hello');print('world!')
```

输出：

```
hello
world!
```

（2）语句块

与 C 语言使用 {} 来组织语句块不同，Python 使用缩进的级别来组织语句块的层次。缩进的空格数量是可变的，但是所有语句块必须包含相同的缩进空格数量，这个必须严格执行，如下所示：

```
if True:
    print "True"
else:
    print "False"
```

输出：

```
错误:IndentationError:unindent does not match any outer indentation level
```

表明，你使用的缩进方式不一致，有的是 tab 键缩进，有的是空格缩进，建议统一使用四个空格键进行缩进。

（3）多行语句

Python 语句中一般以新行作为语句的结束符。对于较长的语句，我们可以使用斜杠（\）将一行的语句分为多行显示，如下所示：

```
total=item_one+ \
      item_two+ \
      item_three
```

语句中包含［］、｛｝或（）等括号时就不需要使用多行连接符了，如下所示：

```
days=['Monday','Tuesday','Wednesday',
      'Thursday','Friday']
```

1.3.4　变量和数据类型

Python 语言的变量与 Matlab 语言的变量类似，其变量类型是动态的，即变量的类型是根据情况自动决定的，例如：

```
>>> x=10
>>> print(x)
```

输出：

```
10
```

```
>>> type(x)
```

输出：

```
<class'int'>
```

```
>>> x=3.14
>>> print(x)
```

输出：

```
3.14
```

```
>>> type(x)
```

输出：

```
<class'float'>
```

可见，变量在使用前不需要像 C 语言那样进行变量声明，并能根据运算性质改变其类型。

（1）字符串类型

Python 可以使用单引号（'）、双引号（"）、三引号（'''或"""）来表示字符串，它们的组合必须成对出现。由于文本的正文中几乎没有人使用三引号，因此三引号常用于多行文本的注释。

```
word='单词'
sentence="这是一个句子。"
paragraph="""这是一个段落。
包含了多个语句"""
```

（2）布尔（bool）类型

Python 中的 bool 型取值为 True 或 False。

```
>>> hungry=True          #hungry 变量值为"真"：真饿了
>>> sleepy=False         #sleepy 变量值为"假"：还没困
>>> type(hungry)
```

输出：

```
<class 'bool'>
```

1.3.5　基本计算

（1）算术运算

Python 中加、减、乘、除等算术运算分别用+、-、＊、/等符号表示。例如：

```
>>> 1-2
```

输出：

```
-1
```

```
>>> 4 * 5
```

输出：

```
20
```

```
>>> 7/5
```

输出：

```
1.4
```

需要注意的是，在 Python 2.x 中，整数除以整数的结果是整数，比如，7/5 的结果是 1。

常用的算术运算还有：＊＊表示乘方,%表示取余,//表示取商。例如：

```
>>> 3 * * 2
```

输出：

```
9
```

```
>>> 9 % 4
```

输出：

```
1
```

```
>>> 9//4
```

输出：

```
2
```

（2）组合赋值运算

Python 也支持 C 语言类似的组合运算符号，如+=、-=、＊=、/=、%=、＊＊=、//=
等。例如：

```
>>> x=5              #x=5
>>> x+=1             #等价于 x=x+1。此时 x=6
>>> x ＊ ＊ =2        #等价于 x=x ＊ ＊ 2。此时 x=36
>>> x//=5            #等价于 x=x//5。此时 x=7
>>> print(x)
```

输出：

```
7
```

（3）布尔（bool）运算

bool 型的运算符包括逻辑运算，如 and（和）、or（或）和 not（非），以及关系运算，
如>（大于）、<（小于）、==（等于）等，其运算结果只有 True 或 False 两种结果。

```
>>> hungry=True; sleepy=False
>>> not hungry        #hungry 变量值取反
```

输出：

```
False
```

```
>>> hungry and sleepy #hungry(True)与 sleepy(False)进行逻辑与操作
```

输出：

```
False
```

```
>>> hungry or sleepy  #hungry(True)与 sleepy(False)进行逻辑或操作
```

输出：

```
True
```

关系运算的形式为：变量 1 op 变量 2

常用的关系运算符 op 有：

相等（==）运算：比较变量 1 与变量 2 是否相等，相等返回 True，否则返回 False。

不相等（!=或<>)运算：比较变量 1 与变量 2 是否不相等，不相等返回 True，否则返回 False。

大于（>）运算：比较变量 1 是否大于变量 2，大于返回 True，否则返回 False。

小于（<）运算：比较变量 1 是否小于变量 2，小于返回 True，否则返回 False。

大于等于（>=）运算：比较变量 1 是否大于或等于变量 2，大于或等于返回 True，否则返回 False。

小于等于（<=）运算：比较变量 1 是否小于或等于变量 2，小于或等于返回 True，否则返回 False。

（4）位运算

Python 允许数据之间逐位进行位操作，这与 C 语言的位操作一致。位运算符有：&（按位与运算符）、|（按位或运算符）、^（按位异或运算符）、~（按位取反运算符）、<<（左移运算符，右边补 0）、>>（右移运算符，左边补 0）。例如：

```
>>> x=5;y=10 #x=0101b y=1010b
>>> print(x & y)
```

输出：

```
0
```

```
>>> print(x | y)
```

输出：

```
15          #1111b
```

```
>>> print(~x)
```

输出：

```
-6          #带符号数是以补码形式表示的,取反操作等价于-x-1
```

```
>>> print(y>>3)
```

输出：

```
1
```

1.3.6 数据结构

Python 作为现代编程语言，其对数据结构的支持也很好，这便于处理各种不同数据源的数据。Python 中提供了三种基本数据结构的对象形式：列表（List）、元组（Tuple）、字典（Dictionary）。这三种数据对象均具备相应的数据初始化、运算和操作函数。

1. 列表（List）

列表是编程中最常用的数据结构形式，其结构用中括号"[ ]"进行标识，每个元素使用逗号进行分隔。列表内的元素可以是数字、字符、字符串，甚至是嵌套的列表。列表对象具备长度的属性，即列表包含的元素个数，可以使用 len( ) 函数获取。例如：

```
>>> a=[1,2,3,4,5]      #生成列表
>>> print(a)           #输出列表的内容
```

输出：

```
[1,2,3,4,5]
```

```
>>> b=[1,1,1]
>>> c=[a,b]            #列表嵌套列表
>>> print(c)
```

输出：

```
[[1,2,3,4,5],[1,1,1]]
```

```
>>> len(a)   #获取列表 a 的长度
```

输出：

```
5
```

```
>>> len(c)            #获取列表 c 的长度
```

输出：

```
2
```

列表中的元素可以通过 a[0] 这样的下标方式进行访问。[ ] 中的数字称为下标（索引），索引值从 0 开始，即索引 0 对应列表的第一个元素。

```
>>> a[0]              #访问第一个元素的值
```

输出：

```
1
```

```
>>> a[4]
```

输出：

```
5
```

```
>>> a[4]=99 #赋值
>>> print(a)
```

输出：

```
[1,2,3,4,99]
```

此外，与 Matlab 语言类似，Python 的列表提供了 [头下标：尾下标] 这种便捷的切片方法，可以方便地访问列表的子列表。例如：

```
>>> print(a)
```

输出：

```
[1,2,3,4,99]
```

```
>>> a[0:2]  #获取索引为 0 到 2(不包括 2)的元素
```

输出：

```
[1,2]
```

```
>>> a[1:]   #获取从索引为 1 的元素到最后一个元素
```

输出：

```
[2,3,4,99]
```

```
>>> a[:3]   #获取从第一个元素到索引为 3(不包括 3)的元素
```

输出：

```
[1,2,3]
```

```
>>> a[:-1]  #获取从第一个元素到最后一个元素的前一个元素之间的元素
```

输出：

```
[1,2,3,4]
```

可见，[头下标：尾下标] 中的索引值从左到右时从 0 开始，从右到左时从 -1 开始，即索引 -1 对应列表最后一个元素，-2 对应倒数第二个元素。

Python 语言的列表中允许混合不同类型的数据，并支持 +、∗ 运算符。运算符+用于对两个列表进行组合，运算符 ∗ 用于对列表进行重复扩充。例如：

```
>>> list1=['Hello',666 ,3.14,'world']
>>> list2=[123,'ok']
>>> print(list1+list2)
```

输出：

```
['Hello',666,3.14,'world',123,'ok']
```

```
>>> print(list2 * 3)   #列表 list2 进行复制扩充 3 次
```

输出:

```
[123,'ok',123,'ok',123,'ok']
```

列表作为一种对象,它具有表 1-1 所示操作方法。

表 1-1　列表操作方法

方法	作用
list. append (obj)	在列表末尾追加一个对象 obj
list. count (obj)	统计元素 obj 在列表中出现的次数
list. extend (seq)	在列表末尾追加序列 seq 中的多个值
list. index (obj)	从列表中找出元素 obj 首个匹配项的索引值
list. insert (index, obj)	将对象 obj 插入到列表 index 的位置上
list. pop ([index=-1])	移除列表中 index 位置的元素(默认最后一个元素),并且返回该元素的值
list. remove (obj)	移除列表中 obj 值的第一个匹配项
list. reverse()	对列表中的元素进行逆序排列
list. sort (cmp=None, key=None, reverse=False)	对列表中的元素进行排序

例如:

```
>>> list=[]                              #建立空列表
>>> list.append('bean')                  #追加字符串'bean'
>>> list.append('apple')                 #继续追加字符串'apple'
>>> list.extend(['peach','pear'])        #追加列表中的两个元素'peach'和'pear'
>>> list.sort(reverse=True)              #对列表中的元素进行逆序排序
>>> print(list)
```

输出:

```
['pear','peach','bean','apple']
```

除了前面介绍过的 len() 函数外,Python 还提供了表 1-2 所示的列表操作函数。

表 1-2　列表操作函数

函数	作用
cmp (list1, list2)	比较两个列表的元素
len (list)	返回列表元素个数
max (list)	返回列表元素最大值
min (list)	返回列表元素最小值
list (seq)	将对象 seq 转换为列表对象

2. 元组（Tuple）

元组与列表类似，其用小括号"（）"进行标识，内部元素也是使用逗号进行分隔，但是元组的元素不允许进行二次赋值，因此，它相当于只读属性的列表。例如：

```
>>> tuple1 = ('Hello',666 ,3.14,'world')
>>> tuple2 = (123,'ok')
>>> print (tuple1+tuple2)
```

输出：

```
('Hello',666,3.14,'world',123,'ok')
```

```
>>> print (tuple1[2:])
```

输出：

```
(3.14,'world')
```

```
>>> print (tuple2 * 2)
```

输出：

```
(123,'ok',123,'ok')
```

元组中的元素不允许进行二次赋值操作，例如：

```
>>> tuple1[1]=123
```

输出：

```
Traceback(most recent call last):
    File "<stdin>",line 1,in <module>
TypeError:'tuple'object does not support item assignment
```

元组相关的操作函数见表 1-3。

表 1-3　元组操作函数

函数	作用
cmp（tuple1，tuple2）	比较两个元组的元素
len（tuple）	返回元组元素个数
max（tuple）	返回元组元素最大值
min（tuple）	返回元组元素最小值
tuple（seq）	将对象 seq 转换为元组对象

3. 字典（Dictionary）

列表的元素是由索引值来进行存取的，这使得程序在对元素进行操作时，必须严格地做好元素与索引值的对应关系；与之相比，类似关系数据库表中字段和值的概念，字典对于元素的访问是通过键（Key）来进行索引的，对应元素的内容称为元素的值（Value），也就是说，字典的元素是以数据分析中常用的键值对（Key-Value Pair）形式进行存储的，这种形式的元素访问类似于数据库的检索方式，非常灵活。

字典结构用大括号"{}"进行标识，每个元素采取｛键：值｝对的形式，每个键值对之间用逗号分隔。字典中的键与数据库表的字段名相对应，因此，键一般是唯一的，如果有重复的键，那么后面的键将会替换前面的键，并且键必须是不可变的；字典的值与数据库表中的记录相对应，可以是任何值和任何数据类型。例如：

```
>>> me={'height':180}          #生成字典
>>> me['height']               #访问元素
```

输出：

```
180
```

```
>>> me['weight']=70  #添加新元素
>>> print(me)
```

输出：

```
{'height':180,'weight':70}
```

```
>>> dict={'Name':'Li','Age':7,'Class':'First'}
>>> print("dict['Name']",dict['Name'])
```

输出：

```
dict['Name'] Li
```

```
>>> print("dict['Age']:",dict['Age'])
```

输出：

```
dict['Age']:7
```

```
>>> dict['Age']=8                              #修改键 Age 的值
>>> dict['School']="Shandong University"       #添加新的键值对
>>> print(dict)
```

输出：

```
{'Name':'Li','Age':8,'Class':'First','School':'Shandong University'}
```

字典对象的操作方法见表1-4。

表1-4 字典对象操作方法

方法	作用
dict. clear( )	删除字典内所有元素
dict. copy( )	返回一个字典的复制
dict. has_key（key）	如果键在字典 dict 里，返回 true，否则返回 false
dict. items( )	返回字典中所有（键，值）组成的列表
dict. keys( )	返回字典中所有的键组成的列表
dict. values( )	返回字典中所有的值组成的列表
dict. fromkeys（seq [，val]）	创建一个新字典，以序列 seq 中的元素作字典的键，val 为字典所有键对应的初始值
dict. get（key，default=None）	返回指定键的值，如果值不在字典中，返回 default 值
dict. setdefault（key，default=None）	与 get( ) 类似，但如果键不存在于字典中，将会添加键并将值设为 default
dict. update（dict2）	把字典 dict2 的键值对更新到字典 dict 里
dict. pop（key [，default]）	删除字典给定键 key 所对应的值，返回值为被删除的值。key 值必须给出，否则，返回 default 值
dict. popitem( )	随机返回并删除字典中的一对键和值

字典相关的操作函数见表1-5。

表1-5 字典相关操作函数

函数	作用
cmp（dict1，dict2）	比较两个字典元素
len（dict）	计算字典元素个数，即键的总数
str（dict）	输出字典以可打印的字符串表示

1.3.7 控制语句

程序的基础结构是由顺序语句、条件语句和循环语句三种基本形式的语句组成的，下面重点介绍一下 Python 语言的条件语句和循环语句。

1. 条件语句

判断条件是条件语句的核心，即通过判断条件的执行结果来决定程序的执行走向。Python 语言对于非 0 和非空（null）的执行结果均认定为 True 值，0 或者 null 值认定为 False 值。

if 语句是最常用的条件语句，其结构如下：

if 判断条件：

　　执行语句块 1

else：

　　执行语句块 2

其中当"判断条件"的执行结果认定为 True 时，则执行语句块 1 的内容；否则，当"判断条件"的执行结果认定为 False 时，则执行 else 后面的语句块 2。这里需要注意，语句块 1 和语句块 2 的部分是由缩进格式来标明的，不同的缩进级别将认为是新的语句块。另外，else 为可选语句，如果没有条件为 False 的执行内容，也可以不写 else 部分。

例如：

```
>>> hungry=True
>>> if hungry:
...     print("I'm hungry")
...
```

输出：

```
I'm hungry
```

```
>>> hungry=False
>>> if hungry:
...     print("I'm hungry")        #使用空白字符进行缩进
...else:
...     print("I'm not hungry")
...     print("I'm sleepy")
...
```

输出：

```
I'm not hungry
I'm sleepy
```

对于简单的判断语句可以写在同一行中，如下所示：

```
var=100
if(var   ==100):print("变量 var 的值为 100")
print "Good bye!"
```

当判断条件为多个值时，可以使用 elif 的形式：

if 判断条件 1：
　　执行语句块 1
elif 判断条件 2：
　　执行语句块 2
……
else：
　　执行语句块 4

Python 中本来没有提供类似 C 语言的 switch 语句用于多个条件判断分支的结构，直到

Python 3.10 版本，终于出现了 match-case 的语句形式：

match 变量：

    case 值 1：

        执行语句块 1

    case 值 2：

        执行语句块 2

    ……

    case_：

        执行语句块 default

特别的是，Python 允许在匹配变量值时使用通配符_和可变参数 * 符号。例如：

case _：表示匹配任意数值，由于放在 match-case 语句的最后，如果前面的分支都不满足条件，则进入该分支，与 default 分支的功能相同。

case [* _]：表示匹配任意长度的 list。

case (,, * _)：表示匹配长度至少为 2 的 tuple。

2. 循环语句

循环结构是指满足循环条件时重复执行循环体语句，直到循环条件不满足，或者使用控制语句跳出循环。Python 中，提供了 while 循环语句和 for 循环语句两种形式，并可以配合使用 break、continue 和 pass 语句进行控制。

（1）while 循环语句

while 循环语句的语法形式如下：

while 判断条件：

    循环体语句

其中，循环体语句可以是单个语句或语句块，因此，也必须使用好缩进的格式。判断条件可以是任何表达式，其执行结果是任何非零或非空（null）的值均认定为 True，当判断条件执行结果为 False 时，循环结束，继续执行后面的语句。因此，需要明确判断条件的合理性，否则会造成死循环，使得程序不能向下继续执行，形成假死机现象。

例如：如下程序将列表 numbers 中的奇数和偶数进行分别存放。

```python
numbers=[12,37,5,42,8,3]
even=[]
odd=[]
while len(numbers)>0:
    number=numbers.pop()
    if (number % 2==0):
        even.append(number)
    else:
        odd.append(number)
print('even=',even)
print('odd=',odd)
```

程序中，pop 操作会将列表中的元素删除，因此列表 numbers 的长度会逐渐变短，直至变空，即 len(number)=0，此时循环条件不满足，终止循环。

Python 中还提供了 while-else 的结构，即循环条件为 False 时执行 else 语句块，如下所示：

```
count=0
while count<5:
    print(count," is  less than 5")
    count=count+1
else:
    print(count," is not less than 5")
```

输出：

```
0  is  less than 5
1  is  less than 5
2  is  less than 5
3  is  less than 5
4  is  less than 5
5  is not less than 5
```

（2）for 循环语句

for 循环常用于遍历某个序列的所有元素，如列表或字符串等。其语法结构如下：

for iterating_var **in** sequence：

　　循环体语句

与 C 语言类似，可以通过索引值来遍历序列中的元素，如下所示：

```
fruits=['banana','apple','mango']
for index in range(len(fruits)):
    print('当前水果:',fruits[index])
```

其中，range() 是 Python 的内置函数，它返回一个从 0 开始的序列。in 是一个布尔运算符，如 x in y，如果在序列 y 中能找到 x 的值则返回 True，否则返回 False。

与 Java 语言的 foreach 语句，以及 C++的 for 范围语句类似，可以使用更灵活的元素遍历方式。如下所示：

```
for letter in 'Python':      #第一个实例
    print('当前字母:',letter)
fruits=['banana','apple','mango']
for fruit in fruits:         #第二个实例
    print('当前水果:',fruit)
```

同样，Python 中提供了 for-else 的语句形式。else 部分是循环正常结束时执行的部分，如果循环是使用 break 语句跳出的，则 else 部分是不会被执行的。如下所示：

```
for num in range(10,20):              #迭代 10 到 20 之间的数字
    for i in range(2,num):            #根据因子迭代
        if num%i==0:                  #确定第一个因子
            j=num/i                   #计算第二个因子
            print('%d 等于 %d * %d'%(num,i,j))
            break                     #跳出当前循环
        else:                         #循环的 else 部分
            print(num,'是一个质数')
```

输出：

```
10 等于 2 * 5
12 等于 2 * 6
14 等于 2 * 7
15 等于 3 * 5
16 等于 2 * 8
18 等于 2 * 9
19 是一个质数
```

本例中还看到了循环体的嵌套使用，即 for 循环中嵌套 for 循环。实际上，在循环体内可以嵌入其他的循环体，如在 while 循环中可以嵌入 for 循环，反之，也可以在 for 循环中嵌入 while 循环。

（3）循环控制

break 语句可以用来终止循环语句，即循环条件没有 False 条件或者序列还没被完全迭代完，也会停止执行循环语句。break 语句可以用在 while 和 for 循环中。如果使用了嵌套循环结构，break 语句将停止执行本层的循环，并跳出本层循环继续执行下一行代码。

与 break 语句跳出整个循环不同，continue 语句仅跳过当前循环的剩余语句，然后继续进行下一轮循环，同样用于 while 和 for 循环中。

Python 还提供了 pass 空语句，pass 不做任何事情，一般用作占位语句，仅为了保持程序结构的完整性。如下所示：

```
for letter in 'Python':
    if letter=='h':
        pass
    else:
        print('当前字母:',letter)
```

输出：

```
当前字母:P
当前字母:y
当前字母:t
当前字母:o
当前字母:n
```

1.3.8　函数

函数是程序模块化的基础，能够实现代码的高效重用，及功能层次的组织管理。

函数的定义规则如下：

1）函数头使用 def 关键词进行定义，后接函数名称和小括号（）。

2）小括号（）内定义函数定义的入口参数。

3）函数体内容以冒号起始，并且缩进。

4）函数体的第一行语句可以选择性地使用字符串对函数进行说明。

5）当语句的缩进没有时，认为函数体结束，函数退出。

6）可以使用 return 语句在需要的地方结束函数，并选择性地返回一个值给调用方；不带返回值的 return 相当于返回 None。

函数定义形式如下。

def 函数名（parameters）：

　　"函数_说明字符串"

　　函数体

　　return［返回值］

例如，简单函数：

```
def hello():
    "Hello world test function"
    print("Hello World!")

hello()
```

输出：

```
Hello World!
```

例如，带入口参数的函数：

```
def hello(object):
    "Hello world test function"
    print("Hello ",object,"!")

hello('cat')
hello(123)
```

输出：

```
Hello cat!
Hello 123 !
```

可见，Python 中函数的参数是没有具体类型的，实际类型由调用时的实际参数来决定，只要函数体内相应的运算是合法的，都可以被正常调用。

Python 函数的参数传递不像 C++语言那样有明确的值传递和引用传递的形式，实际的传递形式是由实际传递的参数类型来决定的。如实际传递的类型如果是整数、字符串、元组等类型，那么传递的只是变量的值，相当于传入函数内部的是一个变量的复制，函数内的运算并不会影响变量的本身；实际传递的类型如果是列表、字典等类型，那么传入函数内部的是变量的引用，函数内部的运算将会影响函数外的这个变量。

例如，整数参数为复制传值：

```python
def ChangeInt(a):
    a=10

b=2
ChangeInt(b)
print(b)
```

输出：

```
2
```

例如，列表参数为引用参考：

```python
def ChangeList(mylist):
    "修改传入的列表"
    mylist.append([1,2,3,4])
    print("函数内取值:",mylist)

#调用 changeme 函数
mylist=[10,20,30]
ChangeList(mylist)
print("函数外取值:",mylist)
```

输出：

```
函数内取值: [10,20,30,[1,2,3,4]]
函数外取值: [10,20,30,[1,2,3,4]]
```

Python 的函数对参数的定义形式也是很灵活的，支持必备参数、关键字参数、默认参数和不定长参数等多种形式。

（1）必备参数

必备参数必须以正确的顺序传入函数，即调用时的参数数量必须和声明时的一样，且其对应位置不能出错，否则将出现执行错误。

（2）关键字参数

关键字参数通过使用参数名来匹配参数值，因此使用关键字参数允许函数调用时参数的顺序与声明时不一致。如下所示：

```
def printinfo(name,age):
    "打印任何传入的字符串"
    print("Name:",name)
    print("Age ",age)

#调用 printinfo 函数
printinfo(age=50,name="Mike")
```

输出：

```
Name:  Mike
Age  50
```

（3）默认参数

调用函数时，默认参数的值如果没有传入，则会使用其默认值。如下所示：

```
def printinfo(name,age=35):
    "打印任何传入的字符串"
    print("Name:",name)
    print("Age ",age)

#调用 printinfo 函数
printinfo(age=50,name="Mike")
printinfo(name="Tom")
```

输出：

```
Name:  Mike
Age  50
Name:  Tom
Age  35
```

（4）不定长参数

像 print( ) 这样的函数，经常需要处理不定数量的参数，这些参数叫作不定长参数，需要特殊的声明方法，其基本语法如下：

def 函数名（[formal_args,] ＊var_args_tuple）：

    "函数_说明字符串"

    函数体语句

    return [返回值]

例如：

```
def printinfo(arg1,＊vartuple):
    "打印任何传入的参数"
    print("参数 1:",arg1)
```

```
    print("余下的参数:",vartuple)

#调用 printinfo 函数
printinfo(10)
printinfo(70,60,50)
```

输出：

```
参数1: 10
余下的参数:  ()
参数1: 70
余下的参数:  (60,50)
```

可见，输入参数中，固定参数 arg1 取走参数值后，剩余的参数作为一个元组赋给了 * vartuple。

有时候也可以使用字典来存储不定个数的参数，采用如下形式：

def 函数名（[formal_args,] * * var_args_dict）：

    "函数_说明字符串"

    函数体语句

    return [返回值]

例如：

```
def printinfo(arg1, * * vartuple):
    "打印任何传入的参数"
    print("参数1:",arg1)
    print("余下的参数:",vartuple)

#调用 printinfo 函数
printinfo(10)
printinfo(70,a=60,b=50)
```

输出：

```
参数1: 10
余下的参数:  {}
参数1: 70
余下的参数:  {'a':60,'b':50}
```

（5）匿名函数

Python 支持使用 lambda 句式来创建匿名函数。lambda 函数用表达式的形式快捷地实现一些简单逻辑的函数，比 def 定义函数的形式简单很多，但它并不能代替所有的函数形式。

lambda 函数拥有自己的命名空间，但不能访问自有参数列表之外或全局命名空间里的参数。

lambda 函数语法格式：

lambda [arg1 [, arg2, ... argn]]: expression

例如:

```
sum=lambda arg1,arg2:arg1+arg2;


#调用 sum 函数
print("相加后的值为:",sum(10,20))
print("相加后的值为:",sum(20,20))
```

输出:

```
相加后的值为: 30
相加后的值为: 40
```

1.3.9　模块

Python 作为一个优秀的编程语言更体现在其众多的功能模块扩展上。Python 的模块(Module)使用 Python 文件进行组织管理,在模块文件中,可以定义函数、类和变量数据,并使用命名空间的形式进行加载使用。

模块引入形式:

Import module1 [, module2 [, ... moduleN]]

例如:

首先编辑模块文件 support.py,输入如下 print_func() 函数并保存。

```
def print_func(par):
    print("Hello:",par)
    return
```

在当前文件中,可以导入 support 模块并调用模块中的 print_func() 函数。

```
#导入模块
import support
#现在可以调用模块里包含的函数了
support.print_func("China")
```

输出:

```
Hello: China
```

使用 import 语句引入了模块的整个命名空间,也可以使用 from…import 语句导入模块中指定的部分,其语法形式如下:

```
from module_name import name1[,name2[,...nameN]]
```

1.4　Python 面向对象编程

面向对象编程是现代编程语言不可或缺的编程方式,Python 语言在设计之初就是一门面向对象的语言，因此对面向对象的编程也有很好的支持。

1.4.1　类

类（Class）是面向对象编程技术的基础结构，用来描述具有相同属性和方法的对象的集合。它定义了该集合中每个对象所共有的属性和方法。对象是类的实例。

类的创建可以使用如下的形式：

```
class 类名:
    '类的帮助信息'              #类说明字符串
    类成员变量…
    def __init__(self,参数,…):    #构造函数
    …
    def 方法名 1(self,参数,…):    #方法 1
    …
    def 方法名 2(self,参数,…):    #方法 2
    def __del__(self):          #析构函数
```

类的帮助信息可以通过"类名.__doc__"进行查看；类体的语句由类成员、方法、属性几部分组成。

例如：

```
class Employee:
    '''所有员工的基类'''
    empCount=0

    def __init__(self,name,salary):
        self.name=name
        self.salary=salary
        Employee.empCount+=1

    def displayCount(self):
        print("Total Employee %d" % Employee.empCount)

    def displayEmployee(self):
        print("Name:",self.name,  ",Salary:",self.salary)
    def __del__(self):
        class_name=self.__class__.__name__
        print(class_name,"销毁")
```

其中，

● empCount 变量是类的成员变量，可以直接被类内操作进行访问，也可以在类外使用点（.）运算符进行访问，如类的实例 x，可以通过变量 x.empCount 进行访问。

- __init__() 方法是一种特殊的方法，称为类的构造函数或初始化方法，当创建这个类的实例时会自动调用该方法。
- __del__() 方法也是一种特殊的方法，称为析构函数，它在对象销毁时被调用，通常用于释放所占用的内存。
- self 代表类的实例，它的值是指向当前对象的地址。
- 类的方法与普通函数的区别是，它们有一个额外参数 self，且作为类方法的第一个参数，但是在调用方法时并不需要给 self 传参数。

类的实例化采用类名函数的形式，并利用__init__() 方法接收参数对实例进行初始化，在程序结束时调用__del__() 方法对变量进行销毁。

例如，接上例：

```
x=Employee("Tom",10000)
x.displayCount()
x.displayEmployee()
```

输出：

```
Total Employee 1
Name:  Tom ,Salary:  10000
Employee 销毁
```

Python 还提供了以下函数来访问类的属性：

- getattr（obj，name［，default］）：访问对象的属性。
- hasattr（obj，name）：检查是否存在一个属性。
- setattr（obj，name，value）：设置一个属性。如果属性不存在，会创建一个新属性。
- delattr（obj，name）：删除属性。

例如：

- hasattr（emp1，'age'）　　　　　#如果存在 'age' 属性，返回 True
- getattr（emp1，'age'）　　　　　#返回 'age' 属性的值
- setattr（emp1，'age'，8）　　　　#添加属性 'age' 值为 8
- delattr（emp1，'age'）　　　　　#删除属性 'age'

1.4.2　继承机制

面向对象的编程带来的主要好处之一是代码的重用，实现重用的方法之一是继承机制。继承可以理解成类之间的父子关系，通常称为父类与子类，或称为基类与派生类。定义了继承关系后，派生类中会共享基类的类变量和类方法。

继承语法的形式如下：

class 派生类名（基类名 1［，基类名 2，...］）：

　　"类说明字符串"

　　类体

其中，（基类名）是一个元组，因此，派生类可以源自多个基类。

Python 中继承的一些特点如下：

27

1）在继承中基类的构造函数（__init__（）方法）不会被自动调用，它需要在其派生类的构造函数中专门调用。

2）在调用基类的方法时，需要加上基类的类名前缀，且需要带上 self 参数变量。

3）在调用类方法时，Python 总是先在本类中查找类方法的函数，找不到时就到基类中去查找。

4）如果在继承元组中列了一个以上的类，那么它被称作多重继承。

例如：

```
class Parent:            #定义父类
    parentAttr=100
    def __init__(self):
        print("调用父类构造函数")

    def parentMethod(self):
        print('调用父类方法')

    def setAttr(self,attr):
        Parent.parentAttr=attr

    def getAttr(self):
        print("父类属性:",Parent.parentAttr)

class Child(Parent):#定义子类
    def __init__(self):
        print("调用子类构造方法")

    def childMethod(self):
        print('调用子类方法')

c=Child()              #实例化子类
c.childMethod()        #调用子类的方法
c.parentMethod()       #调用父类的方法
c.setAttr(200)         #再次调用父类的方法-设置属性值
c.getAttr()            #再次调用父类的方法-获取属性值
```

输出：

```
调用子类构造方法
调用子类方法
调用父类方法
父类属性:200
```

这里需要注意的是，父类 Parent 的方法中，必须加上 self 参数，调用类变量时必须加上 Parent 类名，才能在派生类中正常调用其父类的方法。如例中 Parent 类的 setAttr 方法：

def setAttr（**self**，attr）：
　　Parent. parentAttr = attr

方法重载：

如果父类方法的功能不能满足子类的需求，那么可以在子类中重写该父类方法，实际调用时以当前类方法为准，称为对父类方法进行了重载。如下所示：

```python
class Parent:                   #定义父类
    def myMethod(self):
        print('这是父类的 myMethod 方法')

class Child(Parent):            #定义子类
    def myMethod(self):
        print('这是子类的 myMethod 方法')

c=Child()                       #子类实例
c.myMethod()                    #子类调用重写方法
```

输出：

```
这是子类的 myMethod 方法
```

1.4.3　类变量与方法的属性

在面向对象的编程中，为了控制类变量和方法在定义、继承中的作用域，通常分为公共、私有、保护三种访问属性。这里与 C++ 和 Java 语言使用 Public、Private、Protected 关键词进行标识不同，Python 使用特殊的命名规则来定义类变量和方法的属性，即使用单下划线、双下划线、头尾双下划线进行区分，具体以如下的 value 变量或方法进行说明：

value：普通变量或方法的命名，属于公有的属性，类内可以直接访问，类外需要使用"类名 . value"进行访问。

__value__（）：前后由双下划线定义的是特殊方法，一般是由系统约定的名字，例如__init__（）是约定的构造函数。

_value：以单下划线开头的表示的是保护属性（protected）的变量或方法，即保护属性只能允许其本身或者其派生的子类进行访问，访问时需要使用"self. _value"的形式。

__value：双下划线开头的表示的是私有属性（private）的变量或方法，只能在类本身进行访问，派生的子类也不能访问。类本身访问时也需要使用"self. __value"的形式。

例如：

```python
class JustCounter:
    __secretCount=0         #私有变量
    publicCount=0           #公开变量
```

```
        def count(self):
            self.__secretCount+=1
            self.publicCount+=1
            print(self.__secretCount)


counter=JustCounter()
counter.count()
counter.count()
print(counter.publicCount)
print(counter.__secretCount)    #报错,实例不能访问私有变量
```

输出:

```
1
2
2
Traceback(most recent call last):
    File "xxxxxxxxxxxxxxxxxxxxxxxxx",line 14,in <module>
        print(counter.__secretCount)    #报错,实例不能访问私有变量
AttributeError:'JustCounter'object has no attribute'__secretCount'
```

实际上,Python 作为高级语言,其变量作用域本质上并没有 C/C++那么严格,虽然它不允许实例化的类访问私有数据,但可以使用 object._className__attrName（对象名._类名_私有属性名）访问私有属性,参考以下实例:

```
class Web:
    __site="www.abc.com"
x=Web()
print(x._Web__site)
```

输出:

```
www.abc.com
```

1.5 Python 常用库介绍

1.5.1 NumPy 库

在深度学习的实现中,经常出现数组和矩阵的计算。扩展库 NumPy 的数组类（numpy.array）中提供了便捷的方法。

1. NumPy 的安装与导入

NumPy 属于第三方库,需要安装及导入才能使用。

使用 pip 进行安装:

pip install numpy

使用 conda 进行安装：

conda install numpy

使用前需要用 import 导入：

```
>>> import numpy as np
```

这里的 import numpy as np 指将 NumPy 库导入并定义别名为 np，在后面的编程中可用 np 代表 numpy 进行调用。

2. NumPy 数组的定义

在 Python 编程中，可以使用 np.array( ) 生成 NumPy 数组。np.array( ) 的传入参数可以是列表。

```
>>> x=np.array([1.0,2.0,3.0])
>>> print(x)
```

输出：

```
[ 1.2.3. ]
```

```
>>> type(x)
```

输出：

```
<class 'numpy.ndarray'>
```

NumPy 还可以生成多维数组，例如：

```
>>> A=np.array([[1,2],[3,4]])
>>> print(A)
```

输出：

```
[[1 2]
 [3 4]]
```

```
>>> A.shape
```

输出：

```
(2,2)
```

```
>>> A.dtype
```

输出：

```
dtype('int64')
```

这里生成了一个 2×2 的矩阵 A。另外，使用 shape 可以查看矩阵的形状，使用 dtype 可以查看矩阵元素的数据类型。

```
>>> B=np.array([[3,0],[0,6]])
>>> A+B
```

输出：

```
array([[ 4, 2],
       [ 3,10]])
```

```
>>> A * B
```

输出：

```
array([[ 3, 0],
       [ 0,24]])
```

3. NumPy 数组元素访问

（1）NumPy 数组元素的索引

NumPy 数组的内容可以通过索引或切片来访问和修改，与 Python 中 list 的切片操作一样。

对各个元素的访问可按如下方式进行。

```
>>> X=np.array([[51,55],[14,19],[0,4]])
>>> print(X)
```

输出：

```
[[51 55]
 [14 19]
 [ 0 4]]
```

```
>>> X[0]    #第 0 行
```

输出：

```
array([51,55])
```

```
>>> X[0][1] #(0,1)的元素
```

输出：

```
55
```

也可以使用 for 语句访问各个元素。

```
>>> for row in X:
...         print(row)
...
```

输出：

```
[51 55]
[14 19]
[0 4]
```

（2）NumPy 数组切片的操作

NumPy 数组可以通过内置的 slice 函数，并设置 start、stop 及 step 参数，从原数组中切割出一个新数组。

```
import numpy as np
a=np.arange(10)
s=slice(2,7,2)    #从索引 2 开始到索引 7 停止,间隔为 2
print(a[s])
```

输出结果为

```
[2 4 6]
```

以上实例中，我们首先通过 arange( ) 函数创建 ndarray 对象。然后，分别设置起始、终止和步长的参数为 2、7 和 2。

我们也可以通过冒号分隔切片参数 start：stop：step 来进行切片操作。

```
import numpy as np
a=np.arange(10)
b=a[2:7:2]    #从索引 2 开始到索引 7 停止,间隔为 2
print(b)
```

输出结果为

```
[2 4 6]
```

在切片操作中，如果只设置一个参数，如［2］，将返回与该索引相对应的单个元素；如果将切片设置为［2:］，则表示从该索引开始以后的所有项都将被提取。如果使用了两个参数，如［2:7］，那么则提取两个索引（不包括停止索引）之间的项。

```
import numpy as np
a=np.arange(10)    #[0 1 2 3 4 5 6 7 8 9]
b=a[5]
print(b)
print(a[2:])
print(a[2:5])
```

输出结果为

```
5
[2 3 4 5 6 7 8 9]
[2 3 4]
```

多维数组同样适用上述索引提取方法。

```
import numpy as np
a=np.array([[1,2,3],[3,4,5],[4,5,6]])
#从某个索引处开始切割
print(a[1:])
```

输出结果为

```
[[3 4 5]
 [4 5 6]]
```

（3）NumPy 数组的其他访问操作

除了前面介绍的索引操作，NumPy 还可以使用数组访问各个元素。

```
>>> X=np.array([[51,55],[14,19],[0,4]])
>>> X=X.flatten()    #将 X 转换为一维数组
>>> print(X)
```

输出：

```
[51 55 14 19  0  4]
```

```
>>> X[np.array([0,2,4])] #获取索引为 0、2、4 的元素
```

输出：

```
array([51,14,  0])
```

运用这个标记法，可以获取满足一定条件的元素。例如，要从 X 中抽出大于 15 的元素，可以写成如下形式：

```
>>> X>15
```

输出：

```
array([ True,True,False,True,False,False],dtype=bool)
```

```
>>> X[X>15]
```

输出：

```
array([51,55,19])
```

对 NumPy 数组使用不等号运算符等（上例中是 X>15），结果会得到一个布尔型的数组。上例中就是使用这个布尔型数组取出了数组的各个元素（取出 True 对应的元素）。

4. NumPy 数组的运算

（1）NumPy 数组的算术运算

下面是 NumPy 数组的算术运算的例子。

```
>>> x=np.array([1.0,2.0,3.0])
>>> y=np.array([2.0,4.0,6.0])
>>> x+y   #对应元素的加法
```

输出：

```
array([ 3., 6.,9.])
```

```
>>> x-y
```

输出：

```
array([-1., -2.,-3.])
```

```
>>> x * y  #element-wise product
```

输出：

```
array([ 2., 8., 18.])
```

```
>>> x/y
```

输出：

```
array([ 0.5, 0.5, 0.5])
```

需要注意，当 x 和 y 的元素个数相同时，才能对各个元素进行元素级别的算术运算。

"对应元素的"的英文是 element-wise，比如"对应元素的乘法"就是 element-wise product。NumPy 数组不仅可以进行 element-wise 运算，也可以和单一的数值（标量）组合起来进行运算，即在 NumPy 数组的各个元素和标量之间分别进行运算，这被称为 Numpy 的广播功能。

```
>>> x=np.array([1.0,2.0,3.0])
>>> x/2.0
```

输出：

```
array([ 0.5, 1., 1.5])
```

另外，不同数组间也可以进行运算，和数组的算术运算相类似，当矩阵形状相同时，不同矩阵之间可以做元素级别的计算；基于 Numpy 的广播功能，矩阵也可以与标量进行算术运算。

```
>>> print(A)
```

输出：

```
[[1 2]
 [3 4]]
```

```
>>> A * 10
```

输出：

```
array([[ 10,20],
       [ 30,40]])
```

（2）NumPy 数组的位运算

NumPy 函数中 bitwise_开头的函数是位运算函数。

NumPy 位运算的函数见表 1-6。

表 1-6 NumPy 位运算的函数

函数	描述
bitwise_and	对数组元素执行位与操作
bitwise_or	对数组元素执行位或操作
invert	按位取反
left_shift	向左移动二进制表示的位
right_shift	向右移动二进制表示的位

注：也可以使用"&""~""｜"和"^"等操作符进行计算。

（3）NumPy 数组的广播运算

事实上，NumPy 中，形状不同的数组之间也可以进行运算。以 2×2 的矩阵 A 和标量 10 之间的乘法运算为例，首先标量 10 被扩展成了 2×2 的形状，然后再与矩阵 A 进行乘法运算。这个巧妙的功能称为广播（broadcast），如图 1-7 所示。

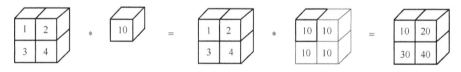

图 1-7 Numpy 广播运算

我们通过下面这个运算再来看一个广播的例子。

```
>>> A=np.array([[1,2],[3,4]])
>>> B=np.array([10,20])
>>> A * B
```

输出：

```
array([[ 10,40],
       [ 30,80]])
```

在这个运算中，如图 1-8 所示，一维数组 B 首先被扩展为与二维数组 A 相同的形状，然后再进行对应元素级别的运算。

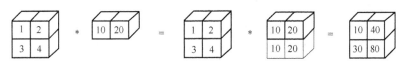

图 1-8　数组之间的广播运算

综上，因为 NumPy 有广播功能，所以不同形状的数组之间也可以顺利地进行运算。

1.5.2　Matplotlib 库

在深度学习的实验中，图形的绘制和数据的可视化非常重要。Matplotlib 是一个综合库，用于在 Python 中创建静态、动画和交互式可视化。

1. 绘制简单图形

使用 matplotlib 的 pyplot 函数的默认配置可以快速绘制简单的图形。

```python
import numpy as np
import matplotlib.pyplot as plt
#生成数据
x=np.arange(0,6,0.1)#以 0.1 为单位,生成 0 到 6 的数据
y=np.sin(x)
#绘制图形
plt.plot(x,y)
plt.show()
```

这里首先获取函数输入和输出值。使用 NumPy 的 arange 方法生成了 $[0, 0.1, 0.2, \cdots, 5.8, 5.9]$ 作为 x，然后对输入的每个元素，使用 NumPy 的 sin 函数进行计算，其结果作为 y，将 x、y 的数据传给 plt.plot( ) 方法，然后绘制图形。最后，通过 plt.show( ) 显示图形，如图 1-9 所示。

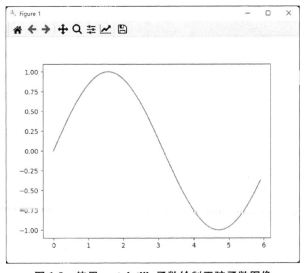

图 1-9　使用 **matplotlib** 函数绘制正弦函数图像

2. pyplot 功能介绍

在刚才所得的 sin 函数的图形中，我们尝试追加 cos 函数的图形，并尝试使用 pyplot 的添加标题和 x 轴标签名等其他功能。matlibplot. pylot 常用函数总结见表 1-7。

表 1-7　matlibplot. pylot 常用函数

函数	说明
plt. xlabel( )	对 x 轴增加文本标签
plt. ylabel( )	对 y 轴增加文本标签
plt. title( )	对图形整体增加文本标签
plt. text( )	在任意位置增加文本
plt. annotate( )	在图形中增加带箭头的注解

下面是一个实例：

```python
import numpy as np
import matplotlib.pyplot as plt

#生成数据
x =np. arange(0,6,0.1) #以 0.1 为单位,生成 0 到 6 的数据
y1 =np. sin(x)
y2 =np. cos(x)

#绘制图形
plt.plot(x,y1,label="sin")
plt.plot(x,y2,linestyle="--",label="cos") #用虚线绘制
plt.xlabel("x") #x 轴标签
plt.ylabel("y") #y 轴标签
plt.title('sin & cos') #标题
plt.legend()
plt.show()
```

结果如图 1-10 所示，我们看到图的标题、轴的标签名都被标出来了。

除此以外，表 1-8 列出了绘制散点图、折线图等图形的相关函数。

表 1-8　使用 matplot. plot 绘制图表

函数	说明
plt. plot（x，y，fmt，…）	绘制一个坐标图
plt. boxplot（data，notch，position）	绘制一个箱形图

（续）

函数	说明
plt. bar（left，height，width，bottom）	绘制一个条形图
plt. barh（width，bottom，left，height）	绘制一个横向条形图
plt. polar（theta，r）	绘制极坐标图
plt. pie（data，explode）	绘制饼图
plt. psd（x，NFFT=256，pad_to，Fs）	绘制功率谱密度图
plt. specgram（x，NFFT=256，pad_to，F）	绘制谱图
plt. cohere（x，y，NFFT=256，Fs）	绘制 x–y 的相关性函数
plt. scatter（x，y）	绘制散点图（x 和 y 长度相同）
plt. step（x，y，where）	绘制步阶图
plt. hist（x，bins，normed）	绘制直方图
plt. contour（X，Y，Z，N）	绘制等值图
plt. vlines（）	绘制垂直图
plt. stem（x，y，linefmt，markerfmt）	绘制柴火图
plt. plot_date（）	绘制数据日期

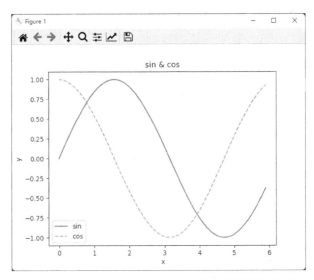

图 1-10　使用 matplotlib 函数绘制正弦、余弦函数图像并进行标注

3. 简单图像操作

（1）图像读取与显示

一般采用 matplotlib. image 模块的 imread（）方法读取图像，以及 matplotlib. pyplot 模块

的 imshow( ) 进行图像显示。

```
import matplotlib.pyplot as plt
from matplotlib.image import imread
img=imread('test.png') #读入图像(设定合适的路径!)
plt.imshow(img)
plt.show()
```

运行上述代码后，会显示图 1-11 所示的图像。

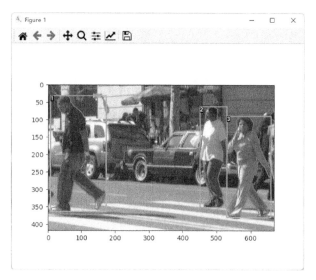

图 1-11   用 matplotlib.pyplot.imshow( ) 进行图像显示

（2）图像保存

可以使用 matplotlib.pyplot.savefig( ) 进行图像保存。

```
import matplotlib.pyplot as plt
import numpy as np
def f(t):
    return np.exp(-t)*np.cos(2*np.pi*t)
a=np.arange(0,5,0.02)
plt.subplot(211)
plt.plot(a,f(a))
plt.subplot(212)

plt.plot(a,np.cos(2*np.pi*a),color='r',linestyle='--',marker='.')
#等价于 plt.plot(a,np.cos(2*np.pi*a),'r--.')

plt.savefig('example.jpg')
plt.show()
```

运行程序后，图 1-12 会被保存到本地。

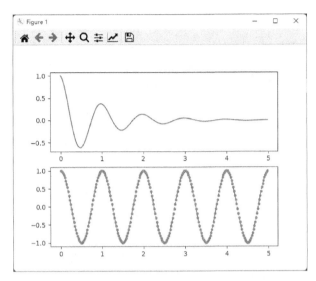

图 1-12 使用保存图像 example. jpg

1.6 小结

本章概括性地介绍了 Python 语言的编程基础，其实更吸引人的是许多优秀的第三方库，它们极大地扩充了 Python 语言的能力，奠定了 Python 语言在科研领域的霸主地位。这里尤其补充了 NumPy 数值计算库的知识，使得对矩阵运算有了基础认识，这有助于对后面张量运算的理解打下基础。

参 考 文 献

［1］ Python documentation：version 3. 10. 5 ［EB/OL］. (2022-06-24)［2022-06-25］. https://docs. python. org/3/.

［2］ 斋藤康毅. 深度学习入门：基于 Python 的理论与实现 ［M］. 陆宇杰，译. 北京：人民邮电出版社，2018.

第 2 章 神经网络基础

神经网络是受人类大脑的启发，模仿生物神经元信号相互传递的方式所提出的一种计算模型。借助深度学习技术，神经网络能够从大量观测数据中学习并解决复杂的模式识别任务，在计算机视觉、自然语言处理等重要领域均取得了卓越的性能和广泛的应用。本章将从最基础的感知机模型出发，引出神经网络的基本架构和学习原理，进而介绍如何设计一个简单的神经网络以及相关学习实践。

2.1 感知机模型

美国学者 Frank Rosenblatt 于 1957 年提出的感知机（perceptron）模型，是神经元模型的一种实现。

图 2-1 所示是一个接收两个输入信号的感知机。x_1、x_2 是输入信号，y 是输出信号，w_1、w_2 是两条连接的权重，这里的权重越大，表示该输入所占的成分越重要。

其数学表达式为

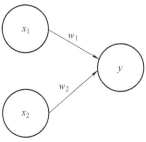

$$y = \begin{cases} 0 & w_1x_1 + w_2x_2 \leq \theta \\ 1 & w_1x_1 + w_2x_2 > \theta \end{cases} \qquad (2\text{-}1)$$

式中，θ 为阈值，即神经元输入信号的总和超过该阈值时输出为 1，称该神经元被激活，该表达式也称为阶跃函数。

图 2-1　二输入感知机

以上形式可以转换成另外一种形式：

$$y = \begin{cases} 0 & w_1x_1 + w_2x_2 + b \leq 0 \\ 1 & w_1x_1 + w_2x_2 + b > 0 \end{cases} \qquad (2\text{-}2)$$

此处，b 称为偏置。该形式与式（2-1）是等价的，只是便于后期的计算处理。其形式如图 2-2 所示。

权重起到控制信号流动难度的作用，权重越大，代表输入信号对输出的影响越大；而偏置则直接调节信号输出的大小。基于该特性，感知机可以通过配置适当的权重和偏置，用以模拟不同功能的逻辑电路。

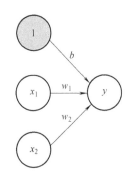

设置两个输入的权重都为 0.5，偏置为 −0.7 可以实现逻辑与的功能。

图 2-2　表示出偏置的感知机

```
def AND(x1,x2):
    x=np.array([x1,x2])
    w=np.array([0.5,0.5])
    b=-0.7
    tmp=np.sum(w*x)+b
    if tmp <=0:
        return 0
    else:
        return 1
```

这里有：

输入$[x_1,x_2]=[0,0]$时，$(0*0.5+0*0.5)+(-0.7)=-0.7<0$，输出为 0；

输入$[x_1,x_2]=[0,1]$时，$(0*0.5+1*0.5)+(-0.7)=-0.2<0$，输出为 0；

输入$[x_1,x_2]=[1,0]$时，$(1*0.5+0*0.5)+(-0.7)=-0.2<0$，输出为 0；

输入$[x_1,x_2]=[1,1]$时，$(1*0.5+1*0.5)+(-0.7)=0.3>0$，输出为 1。

把偏置 b 调整为-0.2，即可实现逻辑或的功能。

```
def OR(x1,x2):
    x=np.array([x1,x2])
    w=np.array([0.5,0.5])
    b=-0.2
    tmp=np.sum(w*x)+b
    if tmp <=0:
        return 0
    else:
        return 1
```

这里有：

输入$[x_1,x_2]=[0,0]$时，$(0*0.5+0*0.5)+(-0.2)=-0.2<0$，输出为 0；

输入$[x_1,x_2]=[0,1]$时，$(0*0.5+1*0.5)+(-0.2)=0.3>0$，输出为 1；

输入$[x_1,x_2]=[1,0]$时，$(1*0.5+0*0.5)+(-0.2)=0.3>0$，输出为 1；

输入$[x_1,x_2]=[1,1]$时，$(1*0.5+1*0.5)+(-0.2)=0.8>0$，输出为 1。

逻辑或的动作可以形象化为图 2-3 所示的由直线 $0.5x_1+0.5x_2-0.2=0$ 形成对输出空间的划分。

图中，浅灰色区域是逻辑或输出为 1 的区域，对于逻辑运算而言输入为 0 或 1，直线 $0.5x_1+0.5x_2-0.2=0$ 可以很好地对输出关系进行划分，即把图中输出为 0 的 "圆" 和输出为 1 的 "三角" 分开。

同样的道理，通过设置特定的权重和偏置，可以实现与非操作。

```
def NAND(x1,x2):
    x=np.array([x1,x2])
    w=np.array([-0.5,-0.5])
```

```
b=0.7
tmp=np.sum(w * x)+b
if tmp <=0:
    return 0
else:
    return 1
```

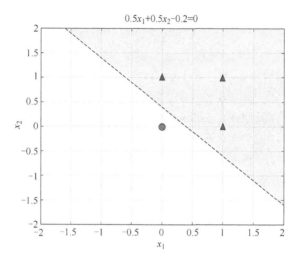

$$0.5x_1+0.5x_2-0.2=0$$

图 2-3　逻辑或的可视化

而对于逻辑异或操作，如图 2-4 所示，其输出空间显然用直线是无论如何也分割不开的，而这也是单层感知机的局限性所在，即无法像图 2-5 那样分离一个非线性空间。

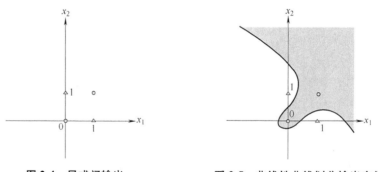

图 2-4　异或门输出　　　**图 2-5　非线性曲线划分输出空间**

在逻辑电路中，为了实现逻辑异或操作，可以使用与门、或门、与非门的组合来实现。同样，利用多个感知机的叠加可以模拟多个逻辑门的组合，因此这里引出多层感知机的概念，如图 2-6 所示。

利用之前定义的 NAND、OR、AND 函数，可以直接组合得到异或（XOR）函数：

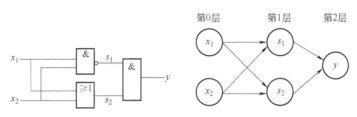

图 2-6　组合逻辑的多层感知机概念

```
def XOR(x1,x2):
    s1=NAND(x1,x2)
    s2=OR(x1,x2)
    y=AND(s1,s2)
    return y
```

由此可以得出一个重要的结论：通过叠加、组合多层的感知机，可以划分非线性的输出空间，得到更灵活、复杂的表示。本节所描述的感知机是通过阶跃函数引入非线性操作的，而在下一节中，我们将介绍更多复杂的非线性函数来参与神经元的激活，并介绍神经网络模型。

2.2　神经网络模型

神经网络模型的结构类似于多层感知机，主要的区别在于神经网络的各层使用了更加复杂的激活函数。本节先介绍一个标准的三层神经网络架构，然后详细介绍多种适用场景不同的激活函数。

2.2.1　神经网络的架构

图 2-7 所示是一个标准的三层神经网络，包含输入层（input layer）、隐藏层（hidden layer）和输出层（output layer）三部分，每个圆圈代表一个神经元，其在神经网络中称为节点（node），节点之间的连接代表信号通过的权重和偏置，每个节点代表一种特定的激活函数，通过不同的激活函数引入各种非线性操作（详见 2.2.2 节）。如果不引入非线性操作，无论网络有多少层，其输出始终是输入的线性组合，而激活函数赋予神经网络能够拟合多种非线性模型的能力。

神经网络能够有效处理各种复杂任务的其中一个关键就是其隐藏层是可以多层叠加的。隐藏层的层数越多，网络就越深，引入的非线性操作就越多，从而增强了网络的特征表达能力。如今应用广泛的深度神经网络就是具有几十层甚至上百层经过精心设计的隐藏层的网络结构。

然而，定义好的网络结构是无法直接投入使用的，这是由于此时的网络中含有大量还未经过学习及调整的初始化参数。对于简单的逻辑电路，可以通过人为设置权重和偏置来实现。而对于深度神经网络的海量参数而言，手动设置各个参数是不现实的。为了解决该问题，我们需要引入"学习"的概念，通过学习，网络能够自动调整其中的参数（详见 2.3 节）。

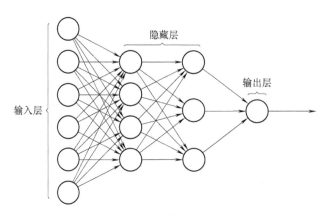

图 2-7 神经网络基本架构

2.2.2 激活函数

在 2.1 节中已经通过感知机中的阶跃函数初步引入了激活函数的概念。激活函数是一类具有特殊意义的非线性函数，是神经网络具有非线性表示能力的关键所在。输入信号经过权重和偏置的线性映射后，经过激活函数的非线性映射，能够得到复杂、丰富的非线性输出空间。

激活函数的计算过程如图 2-8 所示。

图 2-8 左图表示一般节点，右图表示节点内部激活函数的计算过程

图 2-8 中，a 为输入信号的总和，y 为节点的输出，则 $y=h(a)$。

常见的激活函数有如下几种：

（1）阶跃函数（见图 2-9）

$$h(x)=\begin{cases}1,x>0\\0,x\leqslant0\end{cases}$$

阶跃函数在前面的感知机部分已经初步介绍，它的函数值仅能为 0 或 1，其在输入为 0 处突变，其导数值在 0 以外处处为 0，网络参数的微小变化在输出端无法得到体现，不利于网络的参数更新（详见 2.3.4 节），因此其通常只用于单层感知机的输出层，处理线性可分数据的二元分类问题。下面介绍广泛用于神经网络隐藏层的 Sigmoid 函数和 ReLU 函数。

（2）Sigmoid 函数（见图 2-10）

$$h(x)=\frac{1}{1+\exp(-x)}$$

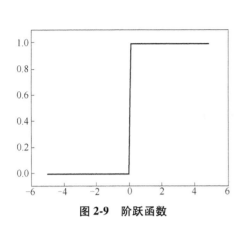

图 2-9　阶跃函数

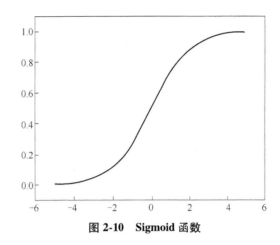

图 2-10　Sigmoid 函数

从图 2-10 可以直观看到，Sigmoid 的函数曲线光滑连续，且输出值为 0~1 之间的实数。Sigmoid 函数的导数在任何地方都不为 0，这使得参数的微小变化都能引起输出的连续变化，这是神经网络能够有效学习的关键所在。

然而 Sigmoid 函数在输入非常大或非常小时，其输出无限接近 0 或 1，函数处于饱和状态，在饱和区其梯度接近于 0，将容易导致神经网络的梯度消失问题（即梯度反向传播时，流过的信号为 0，详见 2.3.4 节）。而下面的 ReLU 函数将能够避免这种饱和状态。

（3）ReLU 函数（见图 2-11）

$$h(x)=\begin{cases}x & (x>0)\\0 & (x\leqslant0)\end{cases}$$

ReLU 函数是一种单侧抑制，在输入为正值时，梯度不会饱和。ReLU 函数的计算量相对较小，同时由于它单侧抑制了负值，将使得部分节点的输出为 0，进而使得神经网络具备了稀疏性，一定程度上抑制了过拟合问题（详见 2.3.1 节），使得深度神经网络更快收敛，其在深度神经网络中得到了广泛应用。

（4）Softmax 函数

前面所介绍的 Sigmoid 函数和 ReLU 函数主要用于神经网络隐藏层，阶跃函数则多用于二分类输出层。而在多类别分类任务中，对每个样本，需要预测其属于多个类别的概率，因此引入 Softmax 函数，其计算过程可以表示为图 2-12 的形式。

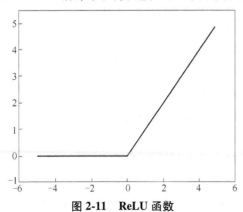

图 2-11　ReLU 函数

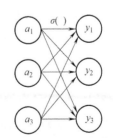

图 2-12　Softmax 函数形式

假设要对某个样本分类，共有 n 个类别，因此可以在输出层设置 n 个节点，其中第 k 个输出节点 y_k 的输出用下式表示：

$$y_k = \frac{\exp(a_k)}{\sum_{i=1}^{n} \exp(a_i)}$$

由上式可以观察得到，每个输出节点经过 Softmax 函数将被映射到 $0 \sim 1$ 之间的实数值，同时所有输出值的总和为 1。这意味着 Softmax 函数可以将输出节点的输出值映射为概率值，对于一个输入样本，将得到对应 n 个类别的 n 个概率值。

由于 Softmax 函数使用了指数函数，很容易造成数值溢出，实际使用时使用参数 c 进行修正来避免溢出，如下式：

$$y_k = \frac{\exp(a_k - c)}{\sum_{i=1}^{n} \exp(a_i - c)}$$

式中，c 通常取输入信号中的最大值 $\max(a_i)$。

Softmax 函数的实现代码如下：

```python
def softmax(a):
    c=np.max(a)
    exp_a=np.exp(a-c)    #溢出对策
    sum_exp_a=np.sum(exp_a)
    y=exp_a/sum_exp_a
    return y
```

2.3 神经网络学习原理

学习算法旨在让神经网络自动调整其中的参数。假设给定了一个初始化网络，使用梯度下降等优化算法（详见 2.3.4 节），神经网络根据从输入数据进行参数的自动调整。参与调整参数的数据称为训练数据（详见 2.3.1 节），也称为学习样本。

神经网络有多种学习范式，根据是否提供标签以及标签的类别，可分为以下几种：

1）有监督学习（supervised learning）：已知数据和与其一一对应的标签，例如在图片分类任务中给定图片以及其对应的目标类别，有监督学习利用网络在给定输入下的输出和已知标签构建监督信号，从而调整网络参数。有监督学习是最常见的一种学习范式。

2）无监督学习（unsupervised learning）：与有监督学习相比，无监督学习只提供数据，不需要提供样本标签。无监督学习通常情况下用于探索数据间潜藏的模式，最常用于数据的聚类分析，即从大量样本中寻找潜在的数据结构。

3）半监督学习（semi-supervised learning）：半监督学习介于有监督学习和无监督学习之间，即提供部分带标签数据以及部分无标签数据参与学习，通常用于数据标注困难的情况。

4）弱监督学习（weakly supervised learning）：在有标签学习中，通常需要提供精确的样本标签，例如在目标检测任务中，需要给定图片以及图片中所有目标物体精确的边界框，这种提供精确标签的学习范式也称为强监督学习，其标注成本很高。与之相对，仅提供不够精确的、粗糙的标签的学习范式称为弱监督学习。

本书仅展开介绍最常用的有监督学习，接下来将从数据集的准备、利用损失函数构建监督信号、基础的参数优化算法三方面详细介绍这种学习范式。

2.3.1　数据集的准备

通常情况下，神经网络所需要的样本-标签数量往往很多。根据不同任务，人们往往会收集大量的样本-标签用于学习，称为数据集（dataset）。

这里使用著名的 MNIST 手写数字图像数据集[1]为例进行相关概念的阐述。MNIST 数据集由 0~9 十个数字的图像构成，共整理了 7 万张图片用于神经网络的学习和测试，如图 2-13 所示。

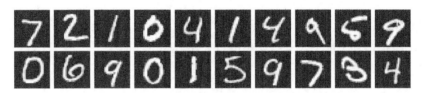

图 2-13　MNIST 数据集部分样本

MNIST 数据集中的图像是 28×28 的单通道灰度图像，每个像素的取值范围在 0~255 之间，每个图像有相应的标签对应，如图 2-14 所示，这一组图片的标签都对应标签值"5"。

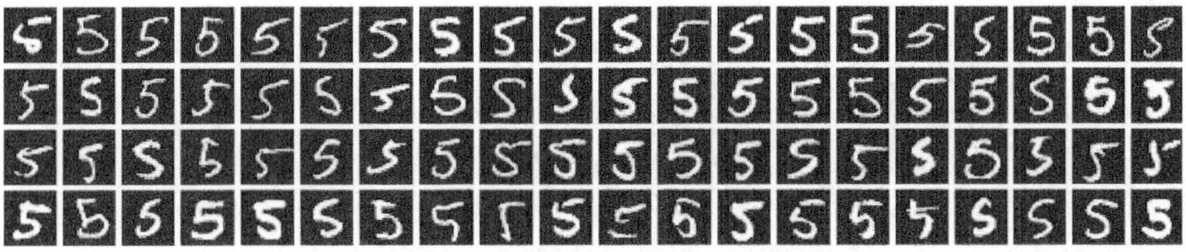

图 2-14　标签值为"5"的图像

参与模型学习的样本称为训练数据，所有训练数据的集合称为训练集。不参与学习仅用于评估模型泛化能力的样本称为测试数据，所有测试数据的集合称为测试集。测试数据在训练过程中是完全未知的，默认用于训练结束后的性能评估。而为了在训练过程中选出最优模型参数，通常还需要使用验证集。验证集不参与网络学习，而是在训练过程中被用于评估模型的性能，根据验证集上的表现可以选出最优模型参数，并控制学习的时长，进而控制学习的时间成本。

理想情况下，神经网络在一定数量的学习样本上进行参数优化后，对于未见过的样本同样应该能做出正确的预测，这种能力称为泛化能力（generalization ability）。度量泛化能力最直观的表现就是模型的欠拟合（underfitting）与过拟合（overfitting），如图 2-15 所示。

欠拟合是指模型不能很好地拟合训练集上的样本获得足够低的误差，通常是由于模型复杂度低，无法学习到数据中的规律。与之相反，如果模型过于复杂，可能导致模型记住了训练样本中不普遍的特性而非所有数据的共性，就会导致过拟合现象。欠拟合与过拟合都会导致模型泛化能力不足，因此为了使得模型泛化能力更强，应尽可能使得模型的拟合状态介于欠拟合与过拟合之间，这也是为什么需要引入验证集，在训练过程中不断评估模型泛化能力的原因。

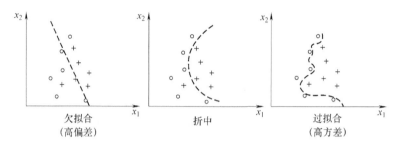

图 2-15　欠拟合与过拟合示意图

在 MNIST 数据集中，随机选取 6 万张图片作为训练集，剩余 1 万张图片作为测试集。简单起见，这里不设置验证集，直接使用测试集评估模型性能。

对于 MNIST 数据集，可以构建一个有 784 个输入节点和 10 个输出节点的网络，如图 2-16 所示。设置 784 个输入节点是因为 MNIST 数据集的每张图片有 28×28＝784 个像素点，相当于把图片由二维矩阵展开为一维的向量形式；而输出采用 10 个节点是因为这些输入图片只对应 "0" ~ "9" 这 10 种标签的值。

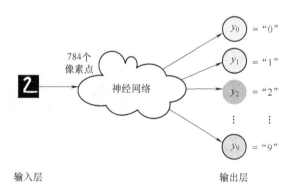

图 2-16　手写数字分类神经网络

2.3.2　损失函数

使用训练集中的样本进行神经网络的学习，该过程将根据样本标签和网络的输出来进行参数的自动调整。直观来说，当网络输出与样本标签的一致程度越高时，参数调整的幅度就越小，反之调整幅度越大。为了评估网络输出与样本标签的一致程度，这里引入损失函数（loss function）的概念。

（1）均方误差损失函数

均方误差（Mean Square Error，MSE）损失函数可以用下式来表达：

$$E = \frac{1}{2} \sum_k (y_k - t_k)^2$$

式中，y_k 是第 k 个输出节点的输出，t_k 是相应输入数据对应的类别标签值。

该均方误差损失函数可以使用如下代码来实现：

```python
def mean_squared_error(y,t):
    return 0.5 * np.sum((y-t) ** 2)
```

对于手写数字识别的例子，输出层可能有如下预测值：

```python
y=[0.1,0.05,0.6,0.0,0.05,0.1,0.0,0.1,0.0,0.0]
t=[0,0,1,0,0,0,0,0,0,0]
```

就上例而言，当前的损失函数值为 0.0975。

（2）交叉熵误差损失函数

交叉熵误差（Cross Entropy Error）损失函数如下式所示：

$$E = - \sum_k t_k \log y_k$$

式中，y_k 是第 k 个输出节点的输出，t_k 是相应输入数据对应的类别标签值。

交叉熵误差损失函数可以使用如下代码来实现：

```python
def cross_entropy_error(y,t):
    delta=1e-7
    return-np.sum(t * np.log(y+delta))
```

这里加一个微小值 delta 是为了防止出现 log(0) 负无穷大的值，导致后续无法计算。

依旧使用上例，当前的损失函数值约为 0.51。

损失函数起到衡量网络输出与样本标签差异，并指导网络学习更新参数的作用，在神经网络的学习中起到重要的作用。针对不同的任务，为了使得网络能够更好地收敛，往往需要选择和设计不同的损失函数。在上面介绍的两个损失函数中，均方误差的特点是输出与标签差别越大，惩罚的力度就越大（带有二次方项），它适用于回归问题，例如拟合曲线等。而对于分类问题，如果使用均方误差，将引导错误的分类变得平均，这是不必要的，甚至可能使得网络向错误的方向进行参数更新；而交叉熵误差衡量的是两个概率分布的距离，一般用于 Softmax 层之后，可以视为预测概率分布和真实概率分布之间的相似程度，天然适用于分类问题。

2.3.3　小批量学习

从数学意义上来说，神经网络学习效果的评价需要对所有训练数据的误差损失函数值进行求和，找出使该误差总和最小的权重系数组合。以交叉熵误差函数为例，需要写成如下的表达式：

$$E = - \frac{1}{N} \sum_n \sum_k t_{nk} \log y_{nk}$$

式中，N 为训练集的数据个数，y_{nk} 为第 n 个数据输入时第 k 个输出节点的输出，t_{nk} 为第 n 个数据输入时第 k 个输出节点对应的类别标签值。这里，对于手写数字识别例子来讲，N 等于 6 万个，这样计算 E 的时间会很长，而对于多数数据集来讲，其数据量有时会有百万乃至千万个，因此，这种损失函数的计算是不容易实现的。

神经网络的学习过程中，引入了批次的概念，即分批次从训练数据集中选出一部分数据作为小批量（mini-batch）进行学习训练，总体上采取循环迭代模式，保证训练集中的数据都能进入某一批次参与训练，这样，虽然损失函数计算的仅仅是一批次局部误差，在经历多次循环迭代后，训练集所有数据的总体误差也可以得到了相应的修正。

小批量训练模式的交叉熵误差损失函数实现如下：

```
def cross_entropy_error(y,t):
    if y.ndim==1:
        t=t.reshape(1,t.size)
        y=y.reshape(1,y.size)
        batch_size=y.shape[0]
    return -np.sum(t * np.log(y+1e-7))/batch_size
```

其中，y是神经网络的输出，t是训练数据的类别标签值。通常，y为np.array数组，其第一维为数组的行数，因此取它的y.shape[0]作为最小批量的大小（batch_size）。对于单条数据来说，利用y.shape[0]取到的是它的元素个数，而事实上它应该是1条数据，因此，函数中判断y是一维数据时（y.ndim==1），调用y.reshape(1，y.size)把它的形状由y.size转换为1×y.size，这样batch_size=y.shape[0]得到的就是batch_size=1。

以上函数实现适用于t为独热编码时，如果标签数据使用的是"1""2""3"……这样的整数值时，交叉熵误差损失函数可以写成如下的代码：

```
def cross_entropy_error(y,t):
    if y.ndim==1:
        t=t.reshape(1,t.size)
        y=y.reshape(1,y.size)
        batch_size=y.shape[0]
    return -np.sum(np.log(y[np.arange(batch_size),t]+1e-7))/batch_size
```

这里的核心表达式是np.log（y[np.arange（batch_size），t]）。np.arange（batch_size）会生成一个0~batch_size-1的数组，例如batch_size=3时，假设有3条数据：

```
y=np.array([[0.1,0.05,0.6,0.0,0.05,0.1,0.0,0.1,0.0,0.0],
    [0.1,0.0,0.1,0.0,0.0,0.1,0.0,0.7,0.0,0.0],
    [0.0,0.8,0.1,0.0,0.0,0.1,0.0,0.1,0.0,0.0]])
t=np.array([2,7,1])
```

那么，np.arange（3）生成了[0，1，2]对应y里面数据的行号，标签t里面的[2，7，1]对应每一行里面标签的位置，这样就取出了y[0，2]、y[1，7]、y[2，1]处标签的概率值。

2.3.4 梯度下降法

损失函数给出了衡量神经网络当前学习效果的评价指标，神经网络学习就是根据损失函数值来进行网络参数更新调整。为了使得随着学习过程损失函数得以减小，这里引入梯度下降法。

从数学分析的角度来看，函数的梯度方向是其增长速度最快的方向，那么梯度的反方向就是函数减小最快的方向。在神经网络的学习中，为了尽可能减小损失函数值，就可以利用梯度的性质，沿着梯度的反方向更新网络中的参数。这种优化方法称为梯度下降法。

由于神经网络结构复杂，难以采用解析表达式写出最终的输出并进行梯度的推导计算，实际中采取数值微分的方法进行导数的近似计算。如图 2-17 所示，我们采用两次计算得到的函数值进行差分计算得到数值微分的值（近似切线斜率）来近似表示 x 处的导数值（真的切线斜率）。虽然两者存在一定的误差，但是表征的函数值局部变化的趋势是基本一致的，也就是指导网络连接权重值的调整方向基本相同，随着迭代次数的增加，这里的误差会逐渐减小。

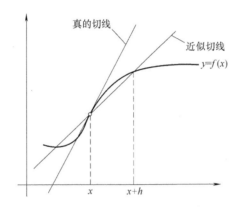

图 2-17 导数（真的切线）与数值微分（近似切线）的区别

数值微分实现函数如下：

```
def numerical_diff(f,x):
    h=1e-4 #0.0001
    return(f(x+h)-f(x-h))/(2*h)
```

对于多维数据来说，梯度是由各变量的偏微分值组成的向量来表示的，梯度的数值计算实现函数如下：

```
def numerical_gradient(f,x):
    h=1e-4 #0.0001
    grad=np.zeros_like(x)#生成和 x 形状相同的数组
    for idx in range(x.size):
        tmp_val=x[idx]
        #f(x+h)的计算
        x[idx]=tmp_val+h
        fxh1=f(x)
```

```
                #f(x-h)的计算
                x[idx]=tmp_val-h
                fxh2=f(x)
                grad[idx]=(fxh1-fxh2)/(2*h)
                x[idx]=tmp_val #还原值
        return grad
```

其中，np. zeros_like（x）生成一个形状与 x 相同、元素均为 0 的数组。

有了数值计算法，我们就可以根据损失函数来计算其对于网络参数的梯度，并根据梯度值更新网络参数。其实现代码如下：

```
def gradient_descent(f,init_x,lr=0.01,step_num=100):
    x=init_x
    for i in range(step_num):
        grad=numerical_gradient(f,x)
        x-=lr*grad
    return x
```

其中，f 是需要优化的函数，即损失函数；init_x 是变量的初始值；lr 是学习率（learning rate）；step_num 是迭代计算次数。

例：请用梯度法求 $f(x_0+x_1)=x_0^2+x_1^2$ 的最小值。

```
def function_2(x):
    return x[0]**2+x[1]**2
init_x=np.array([-3.0,4.0])
result=gradient_descent(function_2,init_x=init_x,lr=0.1,
    step_num=100)
print(result)
```

输出：

```
[-6.11110793e-10,8.14814391e-10]
```

这与真实的最优解［0，0］非常接近，已经在误差允许范围内了。

在梯度下降法中，学习率用于控制参数更新的幅度，学习率越大，参数更新的幅度就越大，学习初期收敛速度越快，但是到了学习后期，较大的学习率会导致参数更新的振荡，进而导致模型难以收敛且影响最终性能；而较小的学习率会导致学习初期收敛较慢。学习率这样的参数我们又称为超参数（hyperparameter），通常需要人工设定，往往需要对超参数进行调优，才能取得更好的学习效果。

对于神经网络而言，其梯度是由损失函数 L 对各权重系数的偏导组成的。例如，一个 2×3 权重系数 W 的神经网络，其梯度的数学表达式如下：

$$W=\begin{pmatrix} w_{11} & w_{12} & w_{13} \\ w_{21} & w_{22} & w_{23} \end{pmatrix}$$

$$\frac{\partial L}{\partial \boldsymbol{W}} = \begin{pmatrix} \dfrac{\partial L}{\partial w_{11}} & \dfrac{\partial L}{\partial w_{12}} & \dfrac{\partial L}{\partial w_{13}} \\ \dfrac{\partial L}{\partial w_{21}} & \dfrac{\partial L}{\partial w_{22}} & \dfrac{\partial L}{\partial w_{23}} \end{pmatrix}$$

式中, w_{ij} 是节点 i 和节点 j 之间的连接权重。

下面, 我们设计代码实现神经网络的梯度下降。

首先定义一个简单的神经网络, 并使用随机数初始化其连接权重。

```
class simpleNet:
    def __init__(self):
        self.W=np.random.randn(2,3) #用高斯分布进行初始化
    def predict(self,x):
        return np.dot(x,self.W)
    def loss(self,x,t):
        z=self.predict(x)
        y=softmax(z)
        loss=cross_entropy_error(y,t)
        return loss
```

这里前面介绍的数值梯度计算函数是针对一维数据的, 我们将其改名为**_numerical_gradient_1d()**, 下面是基于其拓展针对二维数据的实现版本。

```
def numerical_gradient(f,X):
    if X.ndim==1:
        return _numerical_gradient_1d(f,X)
    else:
        grad=np.zeros_like(X)
    for idx,x in enumerate(X):
        grad[idx]=_numerical_gradient_1d(f,x)
    return grad
```

下面定义该网络实例 net, 并给出输入数据 x 和监督数据 t。

```
net=simpleNet()
print(net.W)
x=np.array([0.6,0.9])
t=np.array([0,0,1])    #正确解标签
print(net.loss(x,t))
```

可以看到, 输出如下:

```
[[ 1.2277953   0.29045605-0.50225231]
 [ 0.88054989-0.60417731  1.03840763]]
```

1.3393504261702023

分别是网络初始得到的随机权重和此时的损失函数值。

接下来，定义网络的损失函数为 f，并计算其梯度：

```
f=lambda w:net.loss(x,t)
dW=numerical_gradient(f,net.W)
print(dW)
```

输出如下：

```
[[ 0.38511233  0.05767807-0.4427904 ]
 [ 0.5776685   0.08651711-0.66418561]]
```

设定学习率 lr=0.5，使网络进行一次学习迭代：

```
lr=0.5
net.W=net.W-dW*lr
print(net.loss(x,t))
```

输出如下：

```
0.8407189014155676
```

可以看到，损失函数值得到了下降。

再运行一次迭代：

```
net.W=net.W-dW*lr
print(net.loss(x,t))
```

输出如下：

```
0.4859789808823139
```

损失函数值持续下降。

可见，随着迭代的进行，网络会逐步收敛，实现学习的过程。

上面介绍的梯度下降针对的是全部学习样本。而针对前面介绍过的小批量学习，在实际网络训练中，常用的是随机梯度下降法（Stochastic Gradient Descent，SGD），它指的是在学习过程中，每次迭代都从训练集中随机选取一个小批量样本，并针对小批量样本进行梯度下降更新，感兴趣的读者可参见参考文献 [4]。

2.3.5 误差反向传播算法

前面提到使用数值计算法求梯度，进而使用梯度下降法对网络参数优化更新。而在实际的深度学习计算框架中，往往使用更为高效的反向传播法（Back Propagation，BP）。

以函数 $y=f(x)$ 的计算为例，如图 2-18 所示，从左到右为正向计算，得到 $y=f(x)$；在从右向左的反向传播中，左侧输出将得到信号 E 乘以 y 关于 x 的导数 $\frac{\partial y}{\partial x}$，例如 $y=f(x)=x^2$，其 $\frac{\partial y}{\partial x}=2x$，则反向传播得到 $2E$。

对于复合函数，根据上述单节点的反向传播特点，可以利用链式法则得到复合函数的导数，如图 2-19 所示。

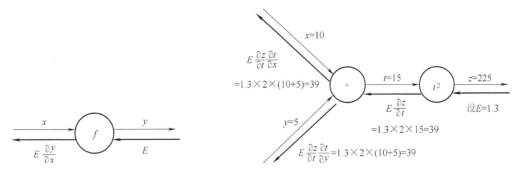

图 2-18　计算图反向传播　　　　　图 2-19　复合函数的反向传播

正向传播函数为 $z=t^2=(x+y)^2$，那么，$\dfrac{\partial z}{\partial x}=\dfrac{\partial z}{\partial t}\dfrac{\partial t}{\partial x}=2(x+y)$，以及 $\dfrac{\partial z}{\partial y}=\dfrac{\partial z}{\partial t}\dfrac{\partial t}{\partial y}=2(x+y)$。

在反向传播中信号 E 经过链式法则，先对 t 求导变为 $E\dfrac{\partial z}{\partial t}=2tE$，然后再分别对 x 或 y 求导，

得到 $E\dfrac{\partial z}{\partial t}\dfrac{\partial t}{\partial x}=2(x+y)E$ 或 $E\dfrac{\partial z}{\partial t}\dfrac{\partial t}{\partial y}=2(x+y)E$。这里得出加法节点的反向传播规律是，将输入信号直接传输给下方节点。

图 2-20 所示是一个乘法节点的例子：$z=xy$，则 $\dfrac{\partial z}{\partial x}=y$ 和 $\dfrac{\partial z}{\partial y}=x$。

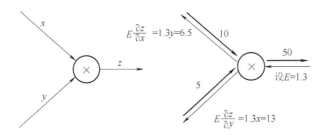

图 2-20　乘法计算图

由图可见，乘法节点的反向传播规律是，将输入信号的值乘以正向传输路径的"翻转值"。
类似地，我们在这里总结常见激活层的反向传播求导规则如下：
（1）ReLU 层（见图 2-21）

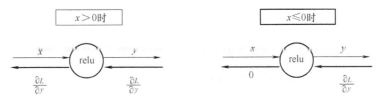

图 2-21　ReLU 层计算图

（2）Sigmoid 层（见图 2-22）

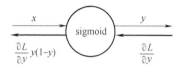

图 2-22 **Sigmoid 层计算图**

（3）Affine 层（矩阵的点乘）

1）单个数据版本如图 2-23 所示。

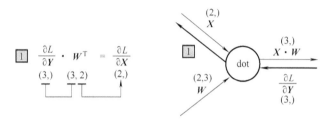

图 2-23 **Affine 层单个数据版本计算图**

2）批量数据版本如图 2-24 所示。

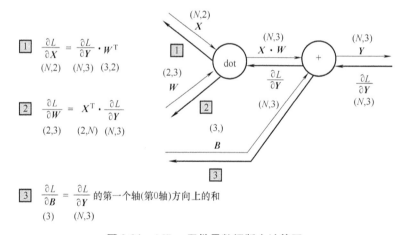

图 2-24 **Affine 层批量数据版本计算图**

3）Softmax-with-Loss 层如图 2-25 所示。

可见，Softmax 层的反向传播得到了（y_1-t_1，y_2-t_2，y_3-t_3）的结果。这里，（y_1，y_2，y_3）是 Softmax 层的推理输出，（t_1，t_2，t_3）是真实的标签数据，所以（y_1-t_1，y_2-t_2，y_3-t_3）是 Softmax 层的输出和真实标签的差分。神经网络的反向传播会把这个差分表示的误差传递给前面的层，有助于神经网络的迭代收敛，这是神经网络学习中很重要的特性。

综上，反向传播算法使用了节点或层的解析求导表达式，这比数值微分的近似求导要高效。

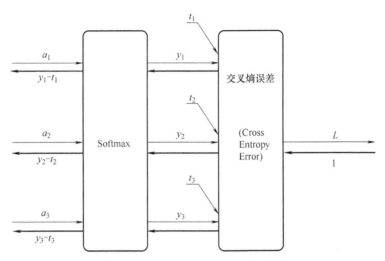

图 2-25　**Softmax-with-Loss** 层计算图

2.4　神经网络学习实践

下面，我们设计一个两层神经网络来实现手写数字识别的应用。

2.4.1　设计神经网络类

针对前面的手写数字识别的问题，我们构造如下的神经网络类。类中封装了初始化函数 __init__( )、推理函数 predict( )、损失函数 loss( )、准确率计算函数 accuracy( ) 和梯度计算函数 numerical_gradient( )。

代码如下：

```
class TwoLayerNet:

    def __init__(self,input_size,hidden_size,output_size,
        weight_init_std=0.01):
        #初始化权重
        self.params = {}
        self.params['W1']=weight_init_std * np.random.randn(input_size,
            hidden_size)
        self.params['b1']=np.zeros(hidden_size)
        self.params['W2']=weight_init_std * np.random.randn(hidden_size,
            output_size)
        self.params['b2']=np.zeros(output_size)

    def predict(self,x):
```

```
        W1,W2=self.params['W1'],self.params['W2']
        b1,b2=self.params['b1'],self.params['b2']
        a1=np.dot(x,W1)+b1
        z1=sigmoid(a1)
        a2=np.dot(z1,W2)+b2
        y=softmax(a2)
        return y

    #x:输入数据,t:监督数据
    def loss(self,x,t):
        y=self.predict(x)
        return cross_entropy_error(y,t)
    def accuracy(self,x,t):
        y=self.predict(x)
        y=np.argmax(y,axis=1)
        t=np.argmax(t,axis=1)
        accuracy=np.sum(y==t)/float(x.shape[0])
        return accuracy

    #x:输入数据,t:监督数据
    def numerical_gradient(self,x,t):
        loss_W=lambda W:self.loss(x,t)
        grads={}
        grads['W1']=numerical_gradient(loss_W,self.params['W1'])
        grads['b1']=numerical_gradient(loss_W,self.params['b1'])
        grads['W2']=numerical_gradient(loss_W,self.params['W2'])
        grads['b2']=numerical_gradient(loss_W,self.params['b2'])
        return grads
```

初始化函数__init__() 中定义了两层神经网络的模型，并对网络进行初始化。

例如，net=TwoLayerNet（input_size=784，hidden_size=100，output_size=10），这里定义输入层有 784 个节点，隐藏层有 100 个节点，输出层有 10 个节点，同时对权重使用高斯分布的随机数进行了初始化。这里使用字典型变量 params 保存神经网络的参数，例如，params ['W1'] 是网络第 1 层的权重，params ['b1'] 是网络第 1 层的偏置，params ['W2'] 是网络第 2 层的权重，params ['b2'] 是网络第 2 层的偏置。

推理函数 predict() 基于当前的网络权重系数对输入样本进行推理；损失函数 loss() 利用 predict() 函数推理的结果对比数据的真实标签进行交叉熵误差的计算；准确率计算函数 accuracy() 对推理正确的样本数进行统计，生成识别结果的准确率。

函数 numerical_gradient() 基于损失函数的数值微分计算各个参数的近似梯度，并使用字典型变量 grads 保存各参数的梯度，如 grads ['W1'] 是网络第 1 层权重的梯度，grads ['b1']

是网络第 1 层偏置的梯度，grads［'W2'］是网络第 2 层权重的梯度，grads［'b2'］是网络第 2 层偏置的梯度。这里，我们可以使用基于误差反向传播的快速梯度计算方法。

前面的 numerical_gradient()求导函数可以使用下面的反向传播求导函数 gradient()来代替。

```python
def gradient(self,x,t):
    W1,W2=self.params['W1'],self.params['W2']
    b1,b2=self.params['b1'],self.params['b2']
    grads={}
    batch_num=x.shape[0]

    #forward
    a1=np.dot(x,W1)+b1
    z1=sigmoid(a1)
    a2=np.dot(z1,W2)+b2
    y=softmax(a2)

    #backward
    dy=(y-t)/batch_num
    grads['W2']=np.dot(z1.T,dy)
    grads['b2']=np.sum(dy,axis=0)

    da1=np.dot(dy,W2.T)
    dz1=sigmoid_grad(a1) * da1
    grads['W1']=np.dot(x.T,dz1)
    grads['b1']=np.sum(dz1,axis=0)
    return grad
```

2.4.2　最小批量学习的实现

MNIST 数据集导入后分为训练集（x_train，t_train）和测试集（x_test，t_test）。
先设定系统的超参数：

iters_num＝10000　#适当设定循环的次数

train_size＝x_train.shape［0］#设定训练集样本大小

batch_size＝100　#最小批量的大小

learning_rate＝0.1　#学习率

这里引入一个学习单位 epoch，一个 epoch 表示学习过程中所有训练数据均被使用过一次时的迭代次数。例如，训练集中的样本个数为 10000 个，最小批量的样本个数为 100 个，如果采用不放回采样方法，则需要迭代 100 次才能使得所有的训练样本被使用过一次，此时迭代 100 次就是一个 epoch。

如下代码中，变量 train_loss_list 用于记录每次迭代损失函数值的变化，变量 iter_per_

epoch 用于指示每个 epoch 需要迭代的次数。

```
train_loss_list=[]
iter_per_epoch=max(train_size/batch_size,1)

for i in range(iters_num):
    #随机生成一个训练批次
    batch_mask=np.random.choice(train_size,batch_size)
    x_batch=x_train[batch_mask]
    t_batch=t_train[batch_mask]

    #计算梯度
    grad=network.gradient(x_batch,t_batch)

    #更新参数
    for key in ('W1','b1','W2','b2'):
        network.params[key]-=learning_rate * grad[key]

    #记录学习过程损失函数值的变化
    loss=network.loss(x_batch,t_batch)
    train_loss_list.append(loss)
```

由于准确率的计算需要遍历所有训练样本和测试样本，计算代价较高，所以不是每次迭代都进行计算，而是在完成一个 epoch 后计算一次。

MNIST 数据集实际运行的损失函数和准确度分别如图 2-26 和图 2-27 所示。

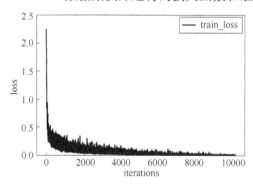

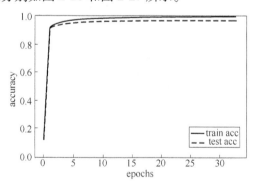

图 2-26　MNIST 数据集实际运行损失函数　　　　图 2-27　MNISIT 数据集实际运行准确度

2.5　神经网络学习技巧

2.5.1　优化方法的选择

在随机梯度下降算法中，其针对的是随机选取的小批量样本，迭代的方向往往不是整体的最优方向，这将导致损失函数值不是规律递减的，而是存在波动形状的下降，即振荡效应，基于此 Momentum 方法[5]，通过引入动量的特性对梯度下降法进行了改进，其迭代式如下：

$$v \leftarrow \alpha v - \eta \frac{\partial L}{\partial W}$$

$$W \leftarrow W + v$$

式中，变量 v 可以类比物体的速度，变量 α 类比物体受到的摩擦阻力。这一参数使得优化过程的振荡效应得到了抑制，优化路径变得较为缓和。

实际上，学习率的大小是影响优化路径振荡的主要因素。学习率越小，振荡现象越少，但是优化的前进速度越慢，使得学习过程花费时间过长；学习率越大，优化速度加快，但是有时会造成学习过程发散，不能收敛，学习失败。

AdaGrad 方法[6]引入了一个自动调整学习率的方法，其迭代式如下：

$$h \leftarrow h + \frac{\partial L}{\partial W} \odot \frac{\partial L}{\partial W}$$

$$W \leftarrow W - \eta \frac{1}{\sqrt{h}} \frac{\partial L}{\partial W}$$

这里引入了变量 h，它基于前面所有梯度值的二次方和，然后开方取倒数来调整实际学习率的大小。

Adam 方法[7]融合了 Momentum 和 AdaGrad 的方法，需要设置学习率、一次动量系数和二次动量系数三个超参数。总体上保留了前面两种算法的优点，能够实现高效的优化。

不同优化方法的优化过程如图 2-28 所示。

基于 MNIST 数据集的损失函数下降曲线如图 2-29 所示。

上述几种优化方法在各神经网络计算框架中都有提供，在此不讨论它们的具体实现了。

2.5.2　权重初始值的设定

前面看到的例子是存在单个极小值的情况，实际的神经网络学习过程中会存在多个局部极值，这时，初始值就显得很重要了，不同的初始值会按照梯度变化方向调整，而陷入其较近的一个局部极值，更好的初始值自然会更容易导向更好的极值，这也是我们基于一些预训练好的神经网络模型进行个人数据集训练时，容易取得较好效果的原因；另一方面，权重的学习过程依赖于梯度值的指导信息，而对于 Sigmoid 函数这一类的激活函数来讲，类似 S 形曲线，随着输出接近 0 或者 1 时，它的导数值逐渐接近于零，随着学习过程的迭代会导致梯度消失。对于深度网络来讲，梯度消失的问题非常严重，会导致学习失败。

对于固定值的初始化权重系数来说，反向传播更新的值也相同，网络整体权重的更新出现严重的对称性，造成网络收敛和泛化能力的丧失。许多研究表明，初始权重一方面需要设置较小的值，另一方面采用高斯分布的随机值，才能保证学习的顺利进行。例如，实际中权重初始值使用 0.01 * np. random. randn （10，100）这样的语句，也就是使用由标准差为 0.01 的高斯分布生成的值乘以 0.01 后得到的值进行初始化。

实践中，当激活函数为 Sigmoid 或 tanh 等 S 形曲线函数时，初始值使用 Xavier 初始值，

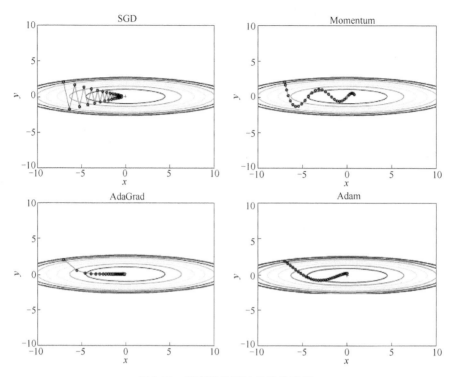

图 2-28   不同优化算法的优化路径

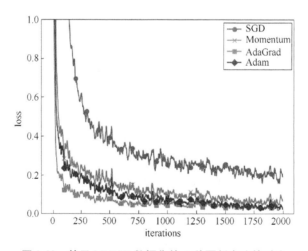

图 2-29   基于 MNIST 数据集的 4 种更新方法的对比

即如果前一层的节点数为 n，则初始值使用标准差为 $\sqrt{\dfrac{1}{n}}$ 的分布。当激活函数使用 ReLU 函数时，一般推荐使用 ReLU 函数专用的初始值，也就是 Kaiming He 等人推荐的初始值，也称为 He 初始值，即当前一层的节点数为 n 时，He 初始值使用标准差为 $\sqrt{\dfrac{2}{n}}$ 的高斯分布[2,3]。

2.5.3　批量归一化

分析激活函数的特点可以看出，激活值的分布要尽量位于线性区，一旦进入饱和区，将失去梯度信息而无法顺利继续学习。批量归一化（Batch Normalization）的思想是，以学习时的最小批量为单位，对数据进行正则化，即把数据转化为均值为 0、方差为 1 分布的值。如下式所示：

$$\mu_B \leftarrow \frac{1}{m} \sum_{i=1}^{m} x_i$$

$$\sigma_B^2 \leftarrow \frac{1}{m} \sum_{i=1}^{m} (x_i - \mu_B)^2$$

$$\hat{x}_i \leftarrow \frac{x_i - \mu_B}{\sqrt{\sigma_B^2 + \varepsilon}}$$

式中，对最小批量的 m 个输入数据的集合 $B = \{x_1, x_2, \ldots, x_m\}$ 求均值 μ_B 和方差 σ_B^2。然后，对输入数据进行均值为 0、方差为 1（合适的分布）的正则化。式中的 ε 是一个微小值（比如，10e-7 等），用于避免出现被 0 除的情况。

通常，批量归一化（Batch Norm）层会使用两个可学习参数对归一化后的数据进行缩放和平移变换，如下式所示：

$$y_i \leftarrow \gamma \hat{x}_i + \beta$$

式中，γ 和 β 是可学习参数（训练过程中作为可学习参数参与梯度下降，推理时固定）。定义模型时可以给定一个初始值，例如 $\gamma = 1$，$\beta = 0$，然后再参与学习调整到合适的值。

实践发现，使用批量归一化层具备以下优点：

1）可以设置较大的学习率，使学习快速进行。

2）对于初始值的依赖减轻。

下面给出批量归一化的代码：

```
class BatchNormalization:

    def __init__(self,gamma,beta,momentum=0.9,running_mean=None,
        running_var=None):
        self.gamma=gamma
        self.beta=beta
        self.momentum=momentum
        self.input_shape=None#Conv 层的情况下为 4 维,全连接层的情况下为 2 维

        #测试时使用的均值和方差
        self.running_mean=running_mean
        self.running_var=running_var

        #backward 时使用的中间数据
```

```
            self.batch_size=None
            self.xc=None
            self.std=None
            self.dgamma=None
            self.dbeta=None

    def forward(self,x,train_flg=True):
        self.input_shape=x.shape
        if x.ndim!=2:
            N,C,H,W=x.shape
            x=x.reshape(N,-1)

        out=self.__forward(x,train_flg)
        return out.reshape(*self.input_shape)

    def __forward(self,x,train_flg):
        if self.running_mean is None:
            N,D=x.shape
            self.running_mean=np.zeros(D)
            self.running_var=np.zeros(D)

        if train_flg:
            mu=x.mean(axis=0)
            xc=x-mu
            var=np.mean(xc**2,axis=0)
            std=np.sqrt(var+10e-7)
            xn=xc/std

            self.batch_size=x.shape[0]
            self.xc=xc
            self.xn=xn
            self.std=std
            self.running_mean=self.momentum*self.running_mean+
                (1-self.momentum)*mu
            self.running_var=self.momentum*self.running_var+
                (1-self.momentum)*var
        else:
            xc=x-self.running_mean
            xn=xc/((np.sqrt(self.running_var+10e-7)))
```

```
        out=self.gamma * xn+self.beta
        return out

    def backward(self,dout):
        if dout.ndim!=2:
            N,C,H,W=dout.shape
            dout=dout.reshape(N,-1)

        dx=self.__backward(dout)
        dx=dx.reshape(*self.input_shape)
        return dx

    def __backward(self,dout):
        dbeta=dout.sum(axis=0)
        dgamma=np.sum(self.xn * dout,axis=0)
        dxn=self.gamma * dout
        dxc=dxn/self.std
        dstd=-np.sum((dxn * self.xc)/(self.std * self.std),axis=0)
        dvar=0.5 * dstd/self.std
        dxc+=(2.0/self.batch_size) * self.xc * dvar
        dmu=np.sum(dxc,axis=0)
        dx=dxc-dmu/self.batch_size
        self.dgamma=dgamma
        self.dbeta=dbeta
        return dx
```

运行结果如图 2-30 所示,这里给出了不同标准差的权重初始值的情况下,使用 Batch Norm(实线)与不使用 Batch Norm(虚线)的网络训练性能对比。

2.5.4 正则化方法

过拟合问题是神经网络学习需要克服的一个重要问题。所谓过拟合是指所训练的网络能较好地拟合训练数据,但是泛化能力很差,也就是不能较好地拟合训练集之外的数据,这样的网络很难进行推广使用。发生拟合的原因主要有两个方面:一方面,网络训练提供的数据量太少,或者数据的同质化严重,即使网络收敛,也没能提取到数据的一般性特征,而是过于关注现有数据的少数特征;另一方面,网络参数的维度过高、表现力过强,也就是把简单的问题复杂化,网络学习了数据集过多的特征,掩盖了通用特征,同样使得网络只能适用于训练集,而不能泛化处理其他数据。针对后者网络复杂度过高的问题,这里引入两种正则化方法(regularization)来降低模型复杂度,进而提高模型泛化能力。

1. Dropout 机制

如图 2-31 所示,所谓的 Dropout 就是在网络训练的过程中,将一部分的节点按照一定概

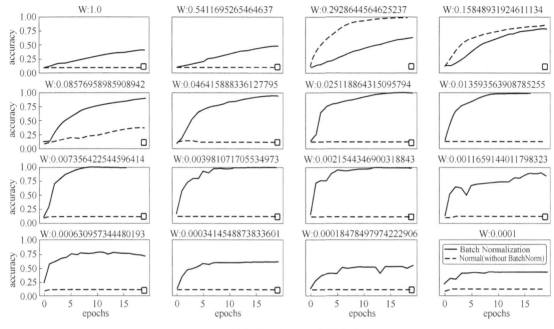

图 2-30　批量归一化操作的性能对比

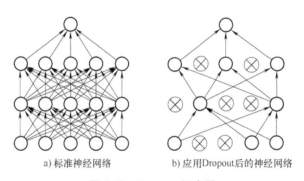

a) 标准神经网络　　　　　b) 应用Dropout后的神经网络

图 2-31　**Dropout 概念图**

率暂时丢弃，被丢弃的节点就不用再计算信号的传递了，相当于形成了一个新的简化网络。在学习训练阶段，按照概率生成的各个新的简化网络会有偏向性地学习某些局部特征，使得原健全网络总体上具备更好的泛化能力；在测试阶段，参与学习的节点和被丢弃的节点以一定概率加权求和，综合得到网络的输出。Dropout 将避免网络过度依赖某一部分模型参数，能够有效地提升网络泛化能力。

```python
class Dropout:

    def __init__(self,dropout_ratio=0.5):
        self.dropout_ratio=dropout_ratio
        self.mask=None
```

```
    def forward(self,x,train_flg=True):
        if train_flg:
            self.mask=np.random.rand(*x.shape)>self.dropout_ratio
            return x * self.mask
        else:
            return x * (1.0-self.dropout_ratio)


    def backward(self,dout):
 return dout * self.mask
```

运行结果如图 2-32 和图 2-33 所示。

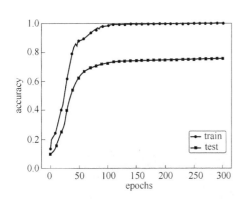

图 2-32　无 Dropout 机制准确度变化

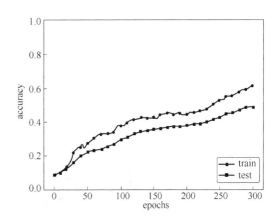

图 2-33　使用 Dropout 机制（dropout_rate = 0.15）后的准确度变化

2. 权重衰减（L2 正则化）

权重衰减（weight decay）也称为 L2 正则化，其做法是在损失函数上加上一个正则化项。以交叉熵函数为例：

$$C = -\frac{1}{n}\sum_{xj}\left[y_j \ln a_j^L + (1 - y_j)\ln(1 - a_j^L)\right] + \frac{\lambda}{2n}\sum_w w^2$$

在常规的交叉熵损失函数后加入一个所有权重参数的平方和，并使用一个缩放因子 λ 进行调整。直观上，正则化将控制网络学习较小的权重，即让网络有限选择更小的模型参数。其能够防止过拟合的其中一个简单的解释是，使用更小的权重，将限制了网络不会因为某个单一样本的损失太大而发生太大的参数更新，在整体数据集上而言，它能够抑制噪声数据所带来的干扰。有关权重衰减的详细讨论可以参见参考文献 [8]。

2.5.5　数据增强

前面提到如果数据量太少，或者训练样本同质化严重，可能导致模型过于关注训练数据的特性而非整体数据的共性，进而抑制了泛化能力，为此引入数据增强（data augment），这是一种人为扩充训练样本的方法，是深度学习中常用的一种提高模型泛化能力的方法。

数据增强就是对原有的训练样本进行一定的人为处理得到新的训练样本，进而扩充原始训练集，这里以图像数据增强为例，介绍几种常用的数据增强方法。

1. 翻转

图像翻转是最常见的一种图像数据增强方法，即将图片进行水平或者垂直方向的翻转。这里首先读取一张原始图片（见图 2-34）：

```python
from PIL import Image
import numpy as np
import matplotlib.pyplot as plt

img = Image.open('./dog.png')
img = np.array(img)
plt.imshow(img)
plt.show()
```

对图片进行水平翻转（见图 2-35）：

```python
flipped_img = np.fliplr(img)
plt.imshow(flipped_img)
plt.show()
```

图 2-34 原始图片

图 2-35 水平翻转的图片

2. 平移

通过对图像进行平移，可以使得部分的原始图像被遮挡，有助于模型在无法看到完整图像的情况下做出预测，同样也是常用的数据增强方法。这里以将图像右移 100 个像素点为例（见图 2-36）：

```python
h,w = img.shape[:2]
    res = np.zeros(img.shape,img.dtype)
```

```
for i in range(0,h):
for j in range(0,w-100):
    res[i,j+100]=img[i,j]
plt.imshow(res)
plt.show()
```

3. 加噪

通过向图片添加各类噪声，能够使得模型更加鲁棒（见图 2-37）：

```
#ADDING NOISE
h,w,d=img.shape
noise=np.random.randint(-20,high=20, \
    size=(h,w,d),dtype='int8')
noisy_img=img
for i in range(h):
    for j in range(w):
        for k in range(d):
            if(noisy_img[i][j][k] !=255):
                noisy_img[i][j][k]+=noise[i][j][k]
    plt.imshow(noisy_img)
plt.show()
```

图 2-36　右移 100 个像素点的图片

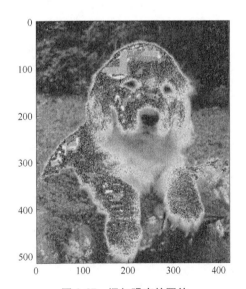

图 2-37　添加噪声的图片

4. 随机旋转

对图像进行 0°~360° 的旋转（见图 2-38）：

```
def randomly_rotate_image(img):
"""
    img:cv2 image,uint8 array
"""
    h,w,c=img.shape
    angle=360 * np.random.random()
    center=(w/2.,h/2.)
    M=cv2.getRotationMatrix2D(center,angle,1.0)
    _img=cv2.warpAffine(img,M,(w,h))
    return _img

rotated_img=randomly_rotate_image(img)
plt.imshow(rotated_img)
plt.show()
```

图 2-38　随机角度旋转的图片

5. 随机调整饱和度与亮度

对图像调整饱和度与亮度可以由以下公式表示：

$$P_{out}=\alpha P_{in}+\beta$$

式中，P_{out} 和 P_{in} 代表输出和输入的像素，α 控制图像的饱和度，β 控制图像的亮度。

代码如下：

```
def randomly_brightness_and_contrast_adjust(img):
"""
    img:cv2 image,uint8 array
"""
    alpha=0.5+np.random.random()
```

```
        beta=int(np.random.choice([-1,1]) * np.random.random() * 255)
        _img=np.uint8(np.clip(cv2.add(alpha * img,beta),0,255))
    return _img

new_img=randomly_brightness_and_contrast_adjust(img)
plt.imshow(new_img)
plt.show()
```

结果如图 2-39 所示。

图 2-39　随机调整饱和度与亮度的图片

更多有关数据增强的介绍可以参考 PyTorch 官网的相关教程。

2.6　小结

本章从感知机模型出发，引出了神经网络的基础架构，并介绍了几种常用的激活函数。正是有了激活函数，深层神经网络才有了丰富的非线性输出空间，能够拟合多种复杂的非线性模型。本章进一步介绍了神经网络的基础学习原理，其核心是通过设置合理的损失函数，进行梯度反向传播来更新模型参数，在大量训练样本上进行学习从而优化模型。在下一章中将结合几种目前流行的深度学习计算框架进一步介绍如何高效搭建神经网络和进行模型训练。

参 考 文 献

[1]　YANN LECUN, CORINNA CORTES, CHRISTOPHER J. C. BURGES. THE MNIST DATABASE of hand-written digits [EB/OL]. [2022-06-24]. http://yann.lecun.com/exdb/mnist/index.html.

[2]　GLOROT X, BENGIO Y. Understanding the difficulty of training deep feedforward neural networks [C]// Proceedings of the thirteenth international conference on artificial intelligence and statistics, 13-15 May 2010,

Chia Laguna Resort, Sardinia, Italy. Cambrige MA: JMLR, c2010: 249-256.

[3]　HE K, ZHANG X, REN S, et al. Delving deep into rectifiers: Surpassing human-level performance on ima-genet classification [C]//Proceedings of the IEEE international conference on computer vision. December 7-13, 2015, Santiago, Chile. Piscataway, NJ: IEEE, c2015: 1026-1034.

[4]　GOODFELLOW I, BENGIO Y, COURVILLE A. Deep learning [M]. Cambridge MA: MIT press, 2016.

[5]　QIAN N. On the momentum term in gradient descent learning algorithms [J]. Neural networks, 1999, 12 (1): 145-151.

[6]　DUCHI J, HAZAN E, SINGER Y. Adaptive subgradient methods for online learning and stochastic optimiza-tion [J]. Journal of machine learning research, 2011, 12 (7): 2121-2159.

[7]　DIEDERIK P KINGMA, JIMMY LEI BA. Adam: a method for stochastic optimization [C]//International Conference on Learning Representations, May 7-9, 2015, San Diego, California. New York: Ithaca, c2015: 1-13.

[8]　KROGH A, HERTZ J A. A simple weight decay can improve generalization [C]//Advances in neural information processing systems, November 30-December 3, 1992, Denver, Colorado. Burlington, Massachusetts: Mor-gan Kaufmann Pub, c1993: 950-957.

[9]　Pytorch-TRANSFORMING AND AUMENTING IMAGES: version 0.12 [EB/OL]. [2022-06-24]. https://pytorch.org/vision/stable/index.html.

第 3 章 深度学习计算框架

第 2 章介绍了神经网络的基础知识并使用 NumPy 来实现了多层感知机和梯度下降法。然而仅仅使用 NumPy 这类基础库是难以构建复杂的神经网络的。得益于 Python 语言的灵活性和丰富的社区资源，一系列基于 Python 的深度学习计算框架被提出，它们为深度学习提供了大量易于调用的神经网络基础模块，使得深度学习的学习成本和实现成本大大降低。在这一系列的深度学习计算框架中，PyTorch 在科研领域使用最为广泛，编程范式最为灵活和简洁，且拥有完整清晰、循序渐进的开发文档和活跃的社区论坛，因此本书将着重介绍 PyTorch 的基础用法，并在后续章节基于 PyTorch 来介绍深度神经网络的相关知识与应用实践。

3.1 常用深度学习计算框架简介

随着深度学习技术应用的推广，其应用场景变得越来越复杂，例如目标检测、目标分割等高级图像理解任务等，深度神经网络的结构也相应地变得越来越复杂。为了便于开展学术研究以及促进相应学术成果在应用领域进行部署，快速且有效地搭建深度神经网络并进行训练和部署成为深度学习领域的重要基础问题，于是诞生了许多深度学习的计算框架。尤其是近年来，由 Google、Facebook、Microsoft、百度等科技企业围绕着深度学习投资了一系列项目，开发及维护了一些开源的深度学习计算框架，截至 2018 年所推出的主流深度学习框架以及提出时间线如图 3-1 所示[1]。这些框架依然是目前流行的一些主流框架，并得到广泛的应用。

图 3-1 主流深度学习框架提出的时间线

针对深度学习计算的特点，这些深度学习计算框架为各种复杂的张量运算提供了支持，封装了一系列能够方便调用的张量算子用于搭建和训练深度神经网络，且能够支持 CPU、

GPU 以及某些专用的神经网络处理器等计算设备，大大降低了深度学习的学习门槛和开发难度。其中以 Google 开发的 TensorFlow 和 Facebook 开发的 PyTorch 应用最为广泛。

TensorFlow 是 Google 于 2015 年 11 月 10 日推出的机器学习开源工具，其主要应用于机器学习和深度神经网络的相关研究。TensorFlow 自推出以来吸引了众多研究人员的关注，形成了强大丰富的社区资源。早期 TensorFlow 的设计理念基于静态计算图的自动微分系统，使用数据流图进行数值计算，这意味着 TensorFlow 遵循的是"先定义再运行"的编程范式，一次定义可以多次运行，一旦创建就不能修改，这要求构建图时必须考虑所有可能出现的情况，这一点更类似 C++的编程范式而非 Python，因此使用 TensorFlow 定义的模型执行效率更高，但同时也更不容易调试。因此 TensorFlow 更适用于工业生产环境的应用开发和部署。

PyTorch 是 Facebook AI Research 团队于 2017 年 1 月在 Github 开源的深度学习计算框架。它是 2002 年诞生于纽约大学的 Torch 的 Python 重构版本，具有包括自动求导系统、动态图等一系列先进的设计理念，一经推出便迅速引起了业界的广泛关注。与早期 TensorFlow 的静态计算图不同的是，PyTorch 的动态计算图是在程序的运行过程中进行构建的，即"在运行过程中定义"，这种编程范式与 Python 语言本身的设计理念完全一致，直观且简洁，它允许在程序运行的任意位置实时查看变量情况并进行动态的交互调试，相比 TensorFlow 需要先编译的做法更符合人类的思维模式。基于动态图的设计理念并没有牺牲 PyTorch 的运行速度，已有大量的评测实验证明了 PyTorch 的运行速度不亚于甚至超过 TensorFlow，可以说 PyTorch 完美地平衡了运行速度和易用性。另外，越来越多的研究人员选择 PyTorch 进行科研，据统计，截至 2022 年各人工智能顶级会议论文使用 PyTorch 的占比接近 80%。

基于以上原因，本书将选择更适合深度学习初学者的 PyTorch 来作为重点讲解的深度学习计算框架，本章剩余部分将介绍 PyTorch 的安装以及基础用法，并进一步在后续章节基于 PyTorch 来介绍并实现深度学习的一系列基础模型和实践应用。

3.2 GPU 加速配置

近年来深度学习的高速发展离不开高性能计算设备的支持，尤其是 NVIDIA 为代表的半导体公司所开发的显卡设备以及一系列配套工具软件为深度学习提供了重要的硬件和软件支持。

CPU 与 GPU 的架构示意图如图 3-2 所示[3]，两者在设计上的差异在于 GPU 具有更多的计算核心（Core），而控制单元（Control）和缓存区（Cache）则少于 CPU，这是由于 GPU 的工作方式为并行计算，其处理的是高强度的独立运算，每个计算核心执行的是相同的程序，而不需要过多的控制，同时并行计算所带来的内存延迟不高，无需大量缓存区来减少内存延迟；而 CPU 的工作方式为串行计算，其处理的是复杂的逻辑控制运算，因此需要更多的控制单元和缓存区来保证 CPU 高效分发任务和执行指令。

在深度学习中需要大量用到诸如全连接、卷积等算子的高强度并行张量运算，而这正好能够借助 GPU 的并行计算能力来实现。然而，GPU 的设计初衷是用于图像渲染及显示的，在过去想要利用 GPU 来完成特定的运算需要学习特定的 GPU 芯片指令来进行编程，且不同的 GPU 的指令集不同，程序难以移植。为了更好地进行 GPU 编程，NVIDIA 公司设计开发了 CUDA 模型，它是一种图形处理器通用计算（General-purpose computing on graphics pro-

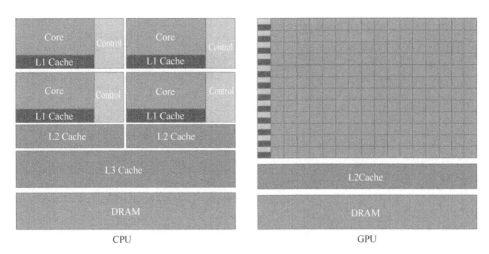

图 3-2　CPU 与 GPU 的架构示意图

cessing units，GPGPU）编程模型，可以直接使用 C 语言在 GPU 上完成编程任务，而不再需要学习特定的 GPU 芯片指令[2]。

随着深度学习引起广泛的关注，NVIDIA 针对深度学习开发了 cuDNN（CUDA Deep Neural Network library），它基于 CUDA 实现并封装了一系列基础算子，例如卷积算子等，为深度学习计算框架提供了调用 GPU 进行高效神经网络运算的高级接口。

接下来将详细介绍如何在计算机上正确配置 GPU 加速。首先需要针对不同的操作系统、GPU 显卡型号，到 NVIDIA 的驱动下载网站（https：//www.nvidia.cn/geforce/drivers/）下载并安装对应的显卡驱动（如果系统已经安装显卡驱动，则可以跳过这一步）。需要注意的是，NVIDIA 只支持 Windows 系统以及 Linux 系统，使用 MacOS 系统的用户则无法使用 CUDA 进行 GPU 加速，但这并不影响使用 MacOS 系统的用户学习和使用 PyTorch 等深度学习计算框架，这类用户可以安装 CPU 版本，只不过无法使用 GPU 加速功能。

接下来需要根据不同的显卡驱动来安装对应的 CUDA 工具包。NVIDIA 官方提供的版本对应表见表 3-1。

表 3-1　NVIDIA CUDA 与驱动的版本匹配关系

CUDA 工具包	工具包驱动版本	
	Linux x86_64 驱动版本	Windows x86_64 驱动版本
CUDA 11.6 Update 2	>=510.47.03	>=511.65
CUDA 11.6 Update 1	>=510.47.03	>=511.65
CUDA 11.6 GA	>=510.39.01	>=511.23
CUDA 11.5 Update 2	>=495.29.05	>=496.13
CUDA 11.5 Update 1	>=495.29.05	>=496.13
CUDA 11.5 GA	>=495.29.05	>=496.04
CUDA 11.4 Update 4	>=470.82.01	>=472.50
CUDA 11.4 Update 3	>=470.82.01	>=472.50

（续）

CUDA 工具包	工具包驱动版本	
	Linux x86_64 驱动版本	Windows x86_64 驱动版本
CUDA 11.4 Update 2	>=470.57.02	>=471.41
CUDA 11.4 Update 1	>=470.57.02	>=471.41
CUDA 11.4.0 GA	>=470.42.01	>=471.11
CUDA 11.3.1 Update 1	>=465.19.01	>=465.89
CUDA 11.3.0 GA	>=465.19.01	>=465.89
CUDA 11.2.2 Update 2	>=460.32.03	>=461.33
CUDA 11.2.1 Update 1	>=460.32.03	>=461.09
CUDA 11.2.0 GA	>=460.27.03	>=460.82
CUDA 11.1.1 Update 1	>=455.32	>=456.81
CUDA 11.1 GA	>=455.23	>=456.38
CUDA 11.0.3 Update 1	>=450.51.06	>=451.82
CUDA 11.0.2 GA	>=450.51.05	>=451.48
CUDA 11.0.1 RC	>=450.36.06	>=451.22
CUDA 10.2.89	>=440.33	>=441.22
CUDA 10.1 (10.1.105 general release, and updates)	>=418.39	>=418.96
CUDA 10.0.130	>=410.48	>=411.31
CUDA 9.2 (9.2.148 Update 1)	>=396.37	>=398.26
CUDA 9.2 (9.2.88)	>=396.26	>=397.44
CUDA 9.1 (9.1.85)	>=390.46	>=391.29
CUDA 9.0 (9.0.76)	>=384.81	>=385.54
CUDA 8.0 (8.0.61 GA2)	>=375.26	>=376.51
CUDA 8.0 (8.0.44)	>=367.48	>=369.30
CUDA 7.5 (7.5.16)	>=352.31	>=353.66
CUDA 7.0 (7.0.28)	>=346.46	>=347.62

明确了 CUDA 版本以后，可以访问 NVIDIA 官方的 CUDA 下载页面 https://developer.nvidia.com/cuda-toolkit-archive 进行 CUDA 工具包下载以及安装。

最后再根据 CUDA 版本安装对应的 cuDNN，在 NVIDIA 官方的 cuDNN 下载页面 https://developer.nvidia.com/rdp/cudnn-archive 找到对应版本的 cuDNN 进行下载安装。

这里以搭载了 NVIDIA 1080ti 显卡以及 Ubuntu 18.04 操作系统的计算机为例，来进行 GPU 加速的配置：

- NVIDIA GPU 驱动程序：nvidia-driver-450。
- CUDA 工具包：CUDA 11.0。
- cuDNN：cuDNN SDK 8.0.4。

在 Linux 系统上可以直接使用软件包管理器 apt（Advanced Packaging Tool）来进行上述

工具的安装：

```
#Add NVIDIA package repositories
wget https://developer.download.nvidia.com/compute/cuda/repos/
            ubuntu1804/x86_64/cuda-ubuntu1804.pin
sudo mv cuda-ubuntu1804.pin/etc/apt/preferences.d/cuda-repository-pin-600
sudo apt-key adv--fetch-keys https://developer.download.nvidia.com/
            compute/cuda/repos/ubuntu1804/x86_64/7fa2af80.pub
sudo add-apt-repository "deb https://developer.download.nvidia.com/
            compute/cuda/repos/ubuntu1804/x86_64//"
sudo apt-get update

wget http://developer.download.nvidia.com/compute/machine-learning/
            repos/ubuntu1804/x86_64/nvidia-machine-learning-repo-ubun-
            tu1804_1.0.0-1_amd64.deb
sudo apt install ./nvidia-machine-learning-repo-ubuntu1804_1.0.0-1_amd64.deb
sudo apt-get update

#Install NVIDIA driver
sudo apt-get install--no-install-recommends nvidia-driver-450
#Reboot. Check that GPUs are visible using the command:nvidia-smi

wget https://developer.download.nvidia.com/compute/machine-learning/
            repos/ubuntu1804/x86_64/libnvinfer7_7.1.3-1+cuda11.0_amd64.deb
sudo apt install ./libnvinfer7_7.1.3-1+cuda11.0_amd64.deb
sudo apt-get update

#Install development and runtime libraries(~4GB)
sudo apt-get install--no-install-recommends  \
    cuda-11-0  \
    libcudnn8=8.0.4.30-1+cuda11.0  \
    libcudnn8-dev=8.0.4.30-1+cuda11.0
```

安装完成后，需要进一步检查环境变量中关于 CUDA 的配置，如果配置不正确，则不能正常调用 GPU 进行计算加速。同样以 Ubuntu 系统为例，可以在终端中使用 vim 来打开文件 ~/.bashrc，查看是否已经将 CUDA 工具包加入环境变量，如果没有，就在文件最后加入下列命令（具体路径以实际安装的路径为准）：

```
export PATH=$PATH:/usr/local/cuda-11.0/bin
export LD_LIBRARY_PATH=$LD_LIBRARY_PATH:/usr/local/cuda-11.0/lib64
```

3.3 PyTorch 安装

基于 3.2 节所介绍的 GPU 加速配置，本节将进一步介绍如何安装 PyTorch。需要注意的是，PyTorch 并不要求一定要使用 GPU 加速，并且提供了无需 CUDA、cuDNN 等 GPU 支持的 CPU 版本，读者可以根据自身设备情况及应用场景灵活选择。

1. 基于 pip 或 Anaconda 安装 PyTorch

PyTorch 提供了基于包管理器 pip 或 Anaconda 的安装方式，读者可以在 PyTorch 官网的下载页面根据自身的设备及软硬件情况获取对应的安装指令。图 3-3 所示为 PyTorch 1.11.0 官网的安装指令。可以看到，在"Compute Platform"一栏中，提供了带有 CUDA 支持的 GPU 版本以及无 CUDA 支持的 CPU 版本，因此即使读者没有显卡加速设备也可以安装 CPU 版本来进行 PyTorch 的学习。

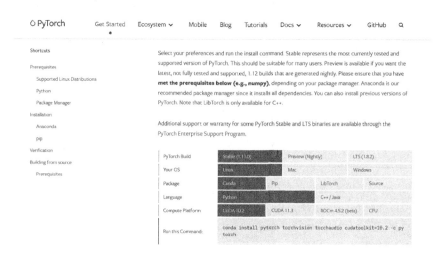

图 3-3　Python 官网安装指引页面

需要注意的是，使用包管理器进行安装的前提是设备已经正确安装了包管理器软件。

pip 是最为常用的 Python 包管理工具，已默认安装在较新版本的 Python 上，读者可以在终端内输入以下命令来确认 pip 是否已经安装。

```
pip help
```

如果 pip 没有安装，则按如下操作：
在 Linux 操作系统上的安装指令为

```
sudo apt install python3-pip
```

在 Windows 操作系统上的安装指令为

```
curl https://bootstrap.pypa.io/get-pip.py-o get-pip.py
python get-pip.py
```

Anaconda 是一个开源的 Python 和 R 语言发行版本，它使用软件包管理系统 conda 来进行软件包的管理，拥有超过 1400 个适用于 Windows、Linux 及 MacOS 操作系统的数据科学软件包。读者可以在 Anaconda 的官网 https://www.anaconda.com/products/distribution 进行 Anaconda 的下载及安装。

确认包管理器安装完成以后，就可以根据上述 PyTorch 官网的引导选择合适的 PyTorch 版本进行基于包管理器的安装。

2. 基于 Docker 安装 PyTorch

Docker 是一个开源的可移植容器引擎，它允许开发者将软件包及依赖项封装到一个容器中，将操作系统层虚拟化并部署到任何系统上，因此 Docker 兼具便携性及灵活性。Docker 的安装可以参考其官网的安装指南（https://docs.docker.com/get-docker/）。

以下指令将从 dockerhub 上 PyTorch 的官方库中直接拉取已安装 PyTorch 的镜像容器并运行：

```
docker run--gpus all--rm-ti--ipc=host pytorch/pytorch:latest
```

3. 基于源码编译安装 PyTorch

PyTorch 官方推荐配合 Anaconda 环境进行基于源码的编译安装，具体的操作流程较为繁琐，读者可以参考 PyTorch 官网的操作流程进行安装（https://github.com/pytorch/pytorch#from-source）。

本书不推荐读者（特别是初学者）从源码编译安装 PyTorch，这是由于这种方式对于开发环境较敏感，且需要用户掌握一定的编译安装知识，对新手来说存在一定的难度，需要花费很多编译时间。

3.4　张量

绝大部分的深度学习计算框架的设计都离不开张量（Tensor）这一核心概念，如今成熟的各类深度学习算子以及优化算法也都基于高效的张量系统的支持。本节将介绍 PyTorch 中的张量系统以及一些常用的张量操作。

3.4.1　张量的概念

在机器学习领域，张量被定义为一种抽象的数据结构，它与第 1 章所介绍的 NumPy 的 ndarray 十分类似，都用来表示多维数组，例如 0 维张量即一个数（标量）、1 维张量即 1 维数组（向量）、2 维张量即 2 维数组（矩阵）、高阶张量即高维数组，如图 3-4 所示，1~6 维的张量可以看作沿着不同维度的轴（axis）展开的多维数组。

PyTorch 中的张量及相关操作接口与 NumPy 十分相似，同样支持矩阵运算、切片等操作，同时比 NumPy 多了对 GPU 加速的支持。PyTorch 提供了快速对 Tensor 和 NumPy 数组进行相互转换的操作接口，因此 NumPy 用户可以很快地熟悉 Tensor。

3.4.2　张量的基本操作

本节将参考 PyTorch 官网的张量教程（https://pytorch.org/tutorials/beginner/basics/ten-

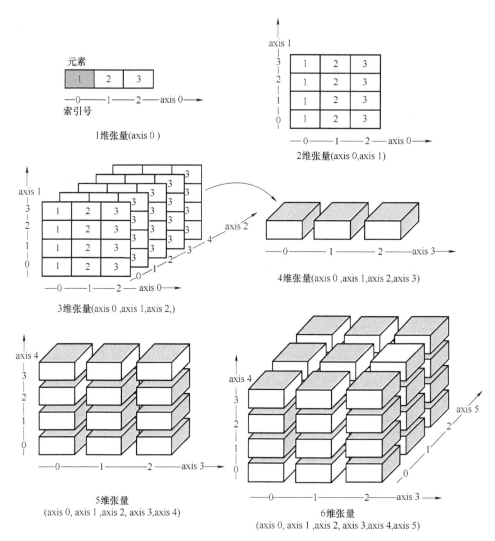

图 3-4　张量及其维度示意图

sorqs_tutorial. html#）来介绍张量的基本操作，感兴趣的读者也可以到 PyTorch 官网查阅最新版的教程。

1. 张量的创建

（1）以 Python 列表形式创建张量

使用 torch. tensor( ) 函数可以直接接收一个 Python 列表来创建张量，张量的数据类型与列表数据类型一致。

```
data=[[1,2],[3,4]]
x_list=torch.tensor(data)
print(x_list)
```

输出：

```
tensor([[1,2],
        [3,4]])
```

（2）以 NumPy 数组形式创建张量

使用 torch.from_numpy() 函数可以直接接收一个 NumPy 数组来创建张量，张量的数据类型与 NumPy 数组一致。

```
np_array=np.array(data,dtype=float)
x_np=torch.from_numpy(np_array)
print(x_np)
```

输出：

```
tensor([[1.0000,2.2000],
        [3.0000,4.0000]],dtype=torch.float64)
```

（3）以指定形状、常量创建张量

torch.ones()、torch.zeros()、torch.rand()、torch.randn() 函数都以指定的形状为输入并创建对应形状的全 1、全 0、均匀分布、标准分布的张量。

```
x_ones=torch.ones(2,3)
x_zeros=torch.zeros(2,3)
x_rand=torch.rand(2,3)
x_randn=torch.randn(2,3)

print(x_ones)
print(x_zeros)
print(x_rand)
print(x_randn)
```

输出：

```
tensor([[1.,1.,1.],
        [1.,1.,1.]])
tensor([[0.,0.,0.],
        [0.,0.,0.]])
tensor([[0.2672,0.3731,0.0026],
        [0.9448,0.7524,0.4748]])
tensor([[ 0.1312,0.2979,-0.7023],
        [-0.3529,-0.6077,-0.2448]])
```

（4）根据已有张量创建张量

torch.ones_like()、torch.zeros_like()、torch.rand_like()、torch.randn_like() 可以接收一个已有的张量数据，并输出维度、数据类型与输入张量一致的张量，当输入张量的数据类型和输出张量类型冲突时，需要重载数据类型。

```
x_ones_like=torch.ones_like(x_list)
x_zeros_like=torch.zeros_like(x_list)

#x_list 为整型数据,与均匀分布和标准分布需要的浮点型数据冲突
x_rand_like=torch.rand_like(x_list,dtype=torch.float)    #以 dtype 参数
                                                         #重载数据类型
x_randn_like=torch.randn_like(x_list,dtype=torch.float)
```

输出:

```
tensor([[1,1],
        [1,1]])
tensor([[0,0],
        [0,0]])
tensor([[0.7716,0.1138],
        [0.7215,0.2492]])
tensor([[ 0.1966,-0.8475],
        [-0.4188,-1.0212]])
```

(5) 其他常用张量创建方法

torch.full(size, value) 根据输入的形状和值来创建张量。

```
x_full=torch.full([3,4],3.14)
print(x_full)
```

输出:

```
tensor([[3.1400,3.1400,3.1400,3.1400],
        [3.1400,3.1400,3.1400,3.1400],
        [3.1400,3.1400,3.1400,3.1400]])
```

torch.arange(start, end, step) 将创建一个左闭右开区间 [start, end) 内的一维张量,其步长为 step。

```
x_arange=torch.arange(1,10,1)
print(x_arange)
```

输出:

```
tensor([1,2,3,4,5,6,7,8,9])
```

torch.linspace(start, end, steps) 将创建一个闭区间 [start, end] 内的一维向量,其中的元素个数为 steps, 呈等间隔分布。

```
x_linspace=torch.linspace(0,10,21)
print(x_linspace)
```

输出:

```
tensor([ 0.0000, 0.5000, 1.0000, 1.5000, 2.0000, 2.5000, 3.0000, 3.5000,
         4.0000, 4.5000, 5.0000, 5.5000, 6.0000, 6.5000, 7.0000, 7.5000,
         8.0000, 8.5000, 9.0000, 9.5000,10.0000])
```

2. 张量的数据类型、类型转换

（1）PyTorch 张量的数据类型

PyTorch 的张量系统支持多种数据类型，在上面的张量创建中已经用到了最常用的整型以及浮点型。常见的 PyTorch 张量数据类型见表 3-2。

表 3-2　常见的 **PyTorch** 张量数据类型

数据类型	PyTorch 表示
32bit 浮点型	torch. FloatTensor
64bit 浮点型	torch. DoubleTensor
8bit 无符号整型（0~255）	torch. ByteTensor
8bit 有符号整型（−128~127）	torch. CharTensor
16bit 有符号整型	torch. ShortTensor
32bit 有符号整型	torch. IntTensor
64bit 有符号整型	torch. LongTensor

可以直接通过 type( ) 函数来指定数据类型。

```
x_ones=torch. ones(2,3)
x_ones_8bit_int=x_ones. type(torch. CharTensor)
x_ones_32bit_int=x_ones. type(torch. IntTensor)

print(x_ones_8bit_int)
print(x_ones_32bit_int)
```

输出：

```
tensor([[1,1,1],
        [1,1,1]],dtype=torch. int8)
tensor([[1,1,1],
        [1,1,1]],dtype=torch. int32)
```

PyTorch 也支持在定义张量时直接通过 dtype 参数指定数据类型，这种写法更为直观。

```
x_ones_int8=torch. ones(2,3,dtype=torch. int8)
x_ones_int16=torch. ones(2,3,dtype=torch. int16)
x_ones_int32=torch. ones(2,3,dtype=torch. int32)
x_ones_int64=torch. ones(2,3,dtype=torch. int64)
x_ones_float16=torch. ones(2,3,dtype=torch. float16)
```

```
x_ones_float32=torch.ones(2,3,dtype=torch.float32)
x_ones_float64=torch.ones(2,3,dtype=torch.float64)

print(x_ones_int8.type())
print(x_ones_int16.type())
print(x_ones_int32.type())
print(x_ones_int64.type())
print(x_ones_float16.type())
print(x_ones_float32.type())
print(x_ones_float64.type())
```

输出：

```
torch.CharTensor
torch.ShortTensor
torch.IntTensor
torch.LongTensor
torch.HalfTensor
torch.FloatTensor
torch.DoubleTensor
```

（2）PyTorch 张量与 NumPy 数组的互相转换

Tensor 和 NumPy 数组之间具有很高的相似性，彼此之间的互操作也非常简单高效。需要注意的是，NumPy 和 Tensor 共享内存。由于 NumPy 历史悠久，支持丰富的操作，所以当遇到 Tensor 不支持的操作时，可先转成 NumPy 数组，处理后再转回 Tensor，其转换开销很小。

```
import numpy as np
a=np.ones([3,2],dtype=np.float32)
print(a)
```

输出：

```
array([[1.,1.],
       [1.,1.],
       [1.,1.]],dtype=float32)
```

NumPy 转化成 Tensor，PyTorch 中提供如下方法：

```
b=torch.from_numpy(a)
print(b)
b=torch.Tensor(a)
print(b)
```

输出：

```
tensor([[1.,1.],
        [1.,1.],
        [1.,1.]])
tensor([[1.,1.],
        [1.,1.],
        [1.,1.]])
```

Tensor 转化为 NumPy：

```
c=b.numpy()
```

输出：

```
array([[1.,1.],
       [1.,1.]
       [1.,1.]],dtype=float32)
```

NumPy 和 Tensor 共享内存的示例：

```
a[0,1]=10        #将 10 赋值给第一行第二列元素
print(b)
print(c)
```

输出：

```
tensor([[  1.,  10.],
        [  1.,   1.],
        [  1.,   1.]])
array([[  1.,  10.],
       [  1.,   1.]
       [  1.,   1.]],dtype=float32)
```

注意，当 NumPy 的数据类型和 Tensor 的数据类型不一样时，数据会被复制，不会共享内存。

（3）CPU 张量与 GPU 张量的互相转换

Tensor 可以很便捷地在 GPU/CPU 上互相转换（前提是已安装了支持 GPU 加速的 PyTorch 版本）。使用 tensor.cuda（device_id）或者 tensor.cpu（）。另外一个更通用的方法是 tensor.to（device）。下面通过例子进行说明。

默认情况下，张量会创建在 CPU 上。

```
a=torch.randn(2,3)
print(a.device)
```

输出：

```
cpu
```

创建 GPU 张量。

```
if torch.cuda.is_available():#如果支持GPU加速
    a=torch.randn(2,3,device=torch.device('cuda:0'))
    #等价于
    #a.torch.randn(2,3).cuda(0)
    #但是前者更快
    print(a.device)
```

输出:

```
cuda:0
```

GPU 张量和 CPU 张量相互转化。

```
device=torch.device('cpu')
b=a.to(device)
print(b.device)
device=torch.device('cuda:0')
c=b.to(device)
print(c.device)
```

输出:

```
cpu
cuda:0
```

3. 张量的形状调整操作

通过 tensor.view 方法可以调整 Tensor 的形状,但必须保证调整前后元素总数一致。view 不会修改自身的数据,返回的新 Tensor 与原 Tensor 共享内存,也即更改其中的一个,另外一个也会跟着改变。

```
a=torch.arange(0,8)
print(a.view(2,4))
```

输出:

```
tensor([[0,1,2,3],
        [4,5,6,7]])
```

tensor.view 当某一维为-1 时,会自动计算它的大小。

```
b=a.view(-1,4)
print(b.shape)
```

输出:

```
torch.Size([2,4])
```

由于 a 和 b 共享内存,因此 a 修改,b 也会跟着修改。

```
a[1]=10
print(b)
```

输出:

```
tensor([[ 0, 10,  2,  3],
        [ 4,  5,  6,  7]])
```

避免内存共享可采取复制方法, torch. clone( ) 函数可以返回一个完全相同的 Tensor, 新的 Tensor 将开辟新的内存。

```
c=b.clone()
b[1]=1   #改变 b,不会发生改变
print(c)
```

输出:

```
tensor([[ 0, 10,  2,  3],
        [ 4,  5,  6,  7]])
```

在实际应用中可能经常需要添加或减少某一维度, 这时候 squeeze 和 unsqueeze 两个函数就派上用场了, 这里通过例子说明。

unsqueeze 操作如下:

```
c=b.unsqueeze(dim=1)#在第 1 维(下标从 0 开始)上增加"1"
#等价于 b[:,None]
print(c.shape)
d=b.unsqueeze(-1)#-1 表示倒数第一个维度
print(d.shape)
```

输出:

```
torch.Size([2,1,4])
torch.Size([2,4,1])
```

squeeze 操作如下:

```
#注意每次压缩的形状
c=b.unsqueeze(dim=1)#在第 1 维(下标从 0 开始)上增加"1"
c=b.view(1,1,1,2,4)
print(c)
d=c.squeeze(0)#压缩第 0 维的"1"
print(d)
d=c.squeeze()#把所有维度为"1"的压缩
print(d)
```

输出:

```
tensor([[[[[0,1,2,3],
           [4,5,6,7]]]]])
tensor([[[[0,1,2,3],
          [4,5,6,7]]]])
tensor([[0,1,2,3],
        [4,5,6,7]])
```

resize 是另一种可用来调整 size 的方法，但与 view 不同，它可以修改 Tensor 的大小。如果新大小超过了原大小，会自动分配新的内存空间，而如果新大小小于原大小，则之前的数据依旧会被保存。

```
c=b.resize_(1,4)
print(c)
c=b.resize_(3,4)    #旧的数据依旧保存着,多出的大小会分配新空间
print(c)
```

输出：

```
tensor([[ 0,  1,  2,  3]])
tensor([[ 0,  1,  2,  3],
        [ 4,  5,  6,  7],
        [28429436510666849,29273822787207263,12948265547661413,
          34058472189919344]])
```

repeat 方法会根据给定的 size，每个维度扩展 size 对应数，得到新的 Tensor 张量。

```
a=torch.arange(0,3).view(3,1)
print(a.shape)
b=a.repeat(3,4)
c=a.repeat(2,3,4)
print(b.shape)
print(c.shape)
```

输出：

```
torch.Size([3,1])
torch.Size([9,4])
torch.Size([2,9,4])
```

Tensor 张量的维度变换可以采用 permute 方法和 transpose 方法。transpose（input，dim0，dim1）交换给定的 dim0 和 dim1。permute()可以一次操作多个维度，但每次操作必须传入所有维度。

```
a=torch.arange(0,6).view(2,1,3)
b=torch.transpose(a,0,1)
```

```
#注意没有 torch.permute,只有 x.permute()
c=a.permute(2,0,1)
print(a.shape)
print(b.shape)
print(c.shape)
```

输出:

```
torch.Size([2,1,3])
torch.Size([1,2,3])
torch.Size([3,2,1])
```

注意,permute 方法和 transpose 方法均返回原 Tensor 的 view,即改变其中一个值,也会导致另一个值改变。

```
c[0,1]=100
print(a)
print(b)
print(c)
```

输出:

```
tensor([[[  0,   1,   2]],
        [[100,   4,   5]]])
tensor([[[  0,   1,   2],
        [100,   4,   5]]])
tensor([[[  0],
        [100]],

        [[  1],
        [  4]],

        [[  2],
        [  5]]])
```

4. 张量的逐元素操作

逐元素操作会对 Tensor 的每一个元素(point-wise,又名 element-wise)进行操作,此类操作的输入与输出形状一致。常用的操作见表 3-3。

表 3-3　常用的张量逐元素操作

函数	功能
abs/sqrt/div/exp/fmod/log/pow..	绝对值/平方根/除法/指数/求余/求幂等
cos/sin/asin/atan2/cosh..	相关三角函数

(续)

函数	功能
ceil/round/floor/trunc	上取整/四舍五入/下取整/只保留整数部分
clamp（input，min，max）	将输入向量的值截断在某一区间内

对于很多操作，例如 div、mul、pow、fmod 等，PyTorch 都实现了运算符重载，所以可以直接使用运算符。如 a＊＊2 等价于 torch. pow(a, 2)，a＊2 等价于 torch. mul(a, 2)。

```
a=torch. arange(0,6). float()
print(torch. cos(a))
print(a % 2)#等价于 t. fmod(a,3)
print(a ＊＊ 3)#等价于 t. pow(a,2)
```

输出：

```
tensor([ 1.0000,  0.5403,-0.4161,-0.9900,-0.6536,  0.2837])
tensor([0.,1.,0.,1.,0.,1.])
tensor([  0.,  1.,  8.,  27.,  64.,125.])
```

5. 张量的归并操作

此类操作会使输出形状小于输入形状，并可以沿着某一维度进行指定操作。如加法 sum，既可以计算整个 Tensor 的和，也可以计算 Tensor 中每一行或每一列的和。常用的张量归并操作见表 3-4。

表 3-4　常用的张量归并操作

函数	功能
mean/sum/median/mode	均值/和/中位数/众数
norm/dist	范数/距离
std/var	标准差/方差
comsum/cumprod	累加/累乘

以上大多数函数都有一个参数 dim，用来指定这些操作是在哪个维度上执行的。关于 dim（对应于 NumPy 中的 axis）的解释众说纷纭，这里提供一个简单的记忆方法。

假设输入的形状是（m，n，k），如果指定 dim=0，输出的形状就是（1，n，k）或者（n，k）；如果指定 dim=1，输出的形状就是（m，1，k）或者（m，k）；如果指定 dim=2，输出的形状就是（m，n，1）或者（m，n）。

size 中是否有 1，取决于参数 keepdim，keepdim=True 会保留维度 1。注意，以上只是经验总结，并非所有函数都符合这种形状变化方式，如 cumsum。

```
b=torch. ones(3,2)
c=b. sum(dim=0,keepdim=True)
print(c)
```

```
#keepdim=False,不保留维度"1",注意形状从(1,2)变为(2)
c=b.sum(dim=0,keepdim=False)
print(c)
```

输出:

```
tensor([[3.,3.]])
tensor([3.,3.])
```

cumsum 沿着行累加。

```
a=torch.arange(0,6).view(2,3)
print(a)
b=a.cumsum(dim=1)
print(b)
```

输出:

```
tensor([[0,1,2],
        [3,4,5]])
tensor([[ 0,  1,  3],
        [ 3,  7,12]])
```

6. 张量的索引操作

（1）基础索引

Tensor 支持与 numpy.ndarray 类似的索引操作，语法上也类似，下面通过一些例子，讲解常用的索引操作（如无特殊说明，索引出来的结果与原 Tensor 共享内存，即修改一个，另一个会跟着修改）。

```
a=torch.randn(3,4)

print(a)
print(a[0])#第 0 行(下标从 0 开始)
print(a[:,0])#第 0 列
print(a[0][2])#第 0 行第 2 个元素,等价于 a[0,2]
print(a[0,-1])#第 0 行最后一个元素
print(a[:2])#前两行
print(a[:2,0:2])#前两行,第 0、1 列
print(a[0:1,:2])#第 0 行,前两列
print(a[0,:2])#注意与上一个 print 的区别:形状不同
```

输出:

```
tensor([[ 1.0581,  1.1720,-1.3178,  1.2007],
        [-1.3291,-1.1565,  0.4859,-0.0827],
        [ 0.9395,  0.1724,-1.1456,-0.2495]])
```

```
tensor([ 1.0581,  1.1720,-1.3178,  1.2007])
tensor([ 1.0581,-1.3291,  0.9395])
tensor(-1.3178)
tensor(1.2007)
tensor([[ 1.0581,  1.1720,-1.3178,  1.2007],
        [-1.3291,-1.1565,  0.4859,-0.0827]])
tensor([[ 1.0581,  1.1720],
        [-1.3291,-1.1565]])
tensor([[1.0581,1.1720]])
tensor([1.0581,1.1720])
```

None 类似于 np. newaxis，为 a 新增了一个轴，等价于 a. view(1, a. shape[0], a. shape[1])，如下所示：

```
a=torch. randn(3,4)

print(a[None]. shape) #等价于 a[None,:,:]
print(a[:,None,:]. shape)
print(a[:,None,:,None,None]. shape)
print(a>1) #返回一个 ByteTensor
print(a[a>1]) #等价于 a. masked_select(a>1),选择结果与原 Tensor 不共享内存空间
print(a[torch. LongTensor([0,1])]) #第 0 行和第 1 行
```

输出：

```
torch. Size([1,3,4])
torch. Size([1,3,4])
torch. Size([3,1,4])
torch. Size([3,1,4,1,1])
tensor([[False,False,False,False],
        [False,False,False,False],
        [False,  True,False,False]])
tensor([2.3262])
tensor([[ 0.3941,  0.3292,-1.3119,-2.0763],
        [ 0.5678,-0.2160,-0.4289,-1.1931]])
```

其他常用的选择函数见表 3-5。

表 3-5　常用的选择函数

函数	功能
index_select（input, dim, index）	在指定维度 dim 上选取，比如选取某些行、某些列
masked_select（input, mask）	例子如上，a[a>0]，使用 ByteTensor 进行选取

（续）

函数	功能
non_zero（input）	非 0 元素的下标
gather（input，dim，index）	根据 index，在 dim 维度上选取数据，输出的 size 与 index 一样

gather 是一个比较复杂的操作，三维 Tensor 的 gather 操作如下面例子所示：

```
a=torch.arange(0,16).view(4,4)
index1=torch.LongTensor([[0,1,2,3]])
index2=torch.LongTensor([[3,2,1,0]]).t()
index3=torch.LongTensor([[3,2,1,0]])
index4=torch.LongTensor([[0,1,2,3],[3,2,1,0]]).t()

print(a)
print(a.gather(0,index1))     #选取对角线的元素
print(a.gather(1,index2))     #选取反对角线上的元素
print(a.gather(0,index3))     #选取反对角线上的元素,注意与上面的不同
print(a.gather(1,index4))     #选取两个对角线上的元素
```

输出：

```
tensor([[ 0,  1,  2,  3],
        [ 4,  5,  6,  7],
        [ 8,  9,10,11],
        [12,13,14,15]])
tensor([[ 0,  5,10,15]])
tensor([[ 3],
        [ 6],
        [ 9],
        [12]])
tensor([[12,  9,  6,  3]])
tensor([[ 0,  3],
        [ 5,  6],
        [10,  9],
        [15,12]])
```

对 Tensor 的任何索引操作仍是一个 Tensor，想要获取标准的 Python 对象数值，需要调用 tensor.item()，这个方法只对包含一个元素的 Tensor 适用，如下面例子所示：

```
d=torch.arange(0,16).view(4,4)
d=a[0:1,0:1,None]

print(a[0,0])          #依旧是 Tensor
```

```
print(a[0,0].item())        #Python 数值
print(d.shape)
print(d.item())             #只包含一个元素的 Tensor 即可调用 tensor.item,与形
                            #状无关
```

输出:

```
tensor(0)
0
torch.Size([1,1,1])
0
```

(2) 高级索引

PyTorch 在 0.2 版本中完善了索引操作,目前已经支持绝大多数 NumPy 的高级索引。高级索引可以看成是普通索引操作的扩展,但是高级索引操作的结果一般不和原 Tensor 共享内存,如下面例子所示:

```
x=torch.arange(0,27).view(3,3,3)

print(x)
print(x[[1,2],[1,2],[2,0]])      #x[1,1,2]和 x[2,2,0]
print(x[[2,1,0],[0],[1]])        #x[2,0,1],x[1,0,1],x[0,0,1]
print(x[[0,2],...])              #x[0] 和 x[2]
```

输出:

```
tensor([[[ 0,  1,  2],
         [ 3,  4,  5],
         [ 6,  7,  8]],
        [[ 9,10,11],
         [12,13,14],
         [15,16,17]],
        [[18,19,20],
         [21,22,23],
         [24,25,26]]])
tensor([14,24])
tensor([19,10, 1])
tensor([[[ 0,  1,  2],
         [ 3,  4,  5],
         [ 6,  7,  8]],
        [[18,19,20],
         [21,22,23],
         [24,25,26]]])
```

7. 张量的比较操作

比较函数中有一些是逐元素比较，操作类似于逐元素操作，还有一些则类似于归并操作。常用比较函数见表 3-6。

表 3-6　常用的比较函数

函数	功能
gt/lt/ge/le/eq/ne	大于/小于/大于等于/小于等于/等于/不等
topk	最大的 k 个数
sort	排序
max/min	比较两个 Tensor 最大最小值

表中第一个函数的比较操作已经实现了运算符重载，因此可以使用 a>=b、a>b、a!=b、a==b，其返回结果是一个 ByteTensor，可用来选取元素。max/min 这两个操作比较特殊，以 max 来说，它有三种使用情况：

1）torch. max（tensor）：返回 Tensor 中最大的一个数。

2）torch. max（tensor，dim）：指定维上最大的数，返回 Tensor 和下标。

3）torch. max（tensor1，tensor2）：两个 Tensor 相比较大的元素。

至于比较一个 Tensor 和一个数，可以使用 clamp 函数，下面举例说明。

```
a=torch. linspace(0,15,6). view(2,3)
b=torch. linspace(15,0,6). view(2,3)

print(a)
print(b)
print(a>b)
print(a[a>b]) #a 中大于 b 的元素
print(torch. max(a))
print(torch. max(b,dim=1))
#第一个返回值的 15 和 6 分别表示第 0 行和第 1 行最大的元素
#第二个返回值的 0 和 0 表示上述最大的数是该行第 0 个元素
print(torch. max(a,b))
print(torch. clamp(a,min=10)) #比较 a 和 10 较大的元素
```

输出：

```
tensor([[ 0.,  3.,  6.],
        [ 9.,12.,15.]])
tensor([[15.,12., 9.],
        [ 6., 3., 0.]])
tensor([[False,False,False],
        [True,  True,  True]])
```

```
tensor([ 9.,12.,15.])
tensor(15.)
torch.return_types.max(
    values=tensor([15., 6.]),
    indices=tensor([0,0]))
tensor([[15.,12., 9.],
        [ 9.,12.,15.]])
tensor([[10.,10.,10.],
        [10.,12.,15.]])
```

8. 张量的线性代数操作

PyTorch 的线性函数主要封装了 Blas 和 Lapack，其用法和接口都与之类似。常用的线性代数函数见表 3-7。

表 3-7 常用的线性代数函数

函数	功能
trace	对角线元素之和（矩阵的迹）
diag	对角线元素
triu/tril	矩阵的上三角/下三角，可指定偏移量
mm/bmm	矩阵乘法，batch 的矩阵乘法
addmm/addbmm/addmv/addr/badbmm	矩阵运算
t	转置
dot/cross	内积/外积
inverse	求逆矩阵
svd	奇异值分解

这里以几个例子进行说明。

```
a=torch.tensor([[1,2,3],[4,5,6],[7,8,9]])

print(a)
print(torch.trace(a))              #求矩阵 a 的迹
print(torch.diag(a))               #求矩阵 a 的对角线元素
print(torch.triu(a))               #求矩阵 a 的上三角矩阵,无偏移量
print(torch.triu(a,diagonal=1))    #求矩阵 a 的上三角矩阵,偏移量为 1
print(torch.tril(a))               #求矩阵 a 的下三角矩阵,无偏移量
print(torch.tril(a,diagonal=-1))   #求矩阵 a 的下三角矩阵,偏移量为 1
```

输出：

```
tensor([[1,2,3],
        [4,5,6],
        [7,8,9]])
tensor(15)
tensor([1,5,9])
tensor([[1,2,3],
        [0,5,6],
        [0,0,9]])
tensor([[0,2,3],
        [0,0,6],
        [0,0,0]])
tensor([[1,0,0],
        [4,5,0],
        [7,8,9]])
tensor([[0,0,0],
        [4,0,0],
        [7,8,0]])
```

mm 函数用于计算两个矩阵的乘法（矩阵形状应满足矩阵乘法的要求），如下所示：

```
b=a.t()      #a 的转置
print(b)
print(a.mm(b))
```

输出：

```
tensor([[1,4,7],
        [2,5,8],
        [3,6,9]])
tensor([[ 14,  32, 50],
        [ 32,  77,122],
        [ 50,122,194]])
```

bmm 函数用于计算批量矩阵的乘法，即同时对批量中的每一组矩阵进行乘法计算，如下所示：

```
c=torch.randn((2,2,5))      #批量大小为 2，即两组 2*5 的矩阵
d=torch.reshape(c,(2,5,2))  #两组 5*2 的矩阵

print(c)
print(d)
print(torch.bmm(c,d))
```

输出：

```
tensor([[[-1.0481,-1.1563, 0.2072,-1.2818,-0.0981],
         [ 0.1215, 1.6680, 0.5403, 1.3834,-0.0094]],

        [[ 1.5487, 0.9523,-0.2008, 1.3626, 0.5051],
         [-1.2840,-0.7906, 1.4552,-0.8437, 0.7565]]])
tensor([[[-1.0481,-1.1563],
         [ 0.2072,-1.2818],
         [-0.0981, 0.1215],
         [ 1.6680, 0.5403],
         [ 1.3834,-0.0094]],

        [[ 1.5487, 0.9523],
         [-0.2008, 1.3626],
         [ 0.5051,-1.2840],
         [-0.7906, 1.4552],
         [-0.8437, 0.7565]]])
tensor([[[-1.4352, 2.0277],
         [ 2.4599,-1.4654]],

        [[ 0.6024, 5.3954],
         [-1.0660,-4.8239]]])
```

需要注意，矩阵的转置会导致存储空间不连续。PyTorch 与 NumPy 在存储 M×N 的数组时，均是按照行优先将数组拉伸至一维存储，比如对于一个二维张量 t = torch. tensor（[[2,1,3]，[4,5,9]]），在内存中按照行优先原则实际上是 [2,1,3,4,5,9]，数字在语义和在内存中都是连续的，当我们使用 t2 = torch. t（ ）方法对张量翻转后，改变了张量的形状。改变了形状的 t2 语义上是 3 行 2 列的，在内存中还是与 t 一样，没有改变，torch. view 等方法操作需要连续的 Tensor，导致如果按照语义的形状进行 view 拉伸，数字在内存中出现不连续的情况。

```
t=torch. tensor([[2,1,3],[4,5,9]])
t1=t.t()
print(t)
print(t.view(1,6))
print(t1)
print(t1.view(1,6))
```

输出：

```
tensor([[2,1,3],
        [4,5,9]])
tensor([[2,1,3,4,5,9]])
```

```
tensor([[2,4],
        [1,5],
        [3,9]])
RuntimeError: view size is not compatible with input tensor's size and
stride (at least one dimension spans across two contiguous subspaces).Use.
reshape(...) instead.
```

此时需调用它的 .contiguous 方法将其转为连续。

```
t2=t1.contiguous()

print(t2)
print(t2.view(1,6))
```

输出：

```
tensor([[2,4],
        [1,5],
        [3,9]])
tensor([[2,4,1,5,3,9]])
```

可以看出，contiguous 方法改变了多维数组在内存中的存储顺序，以便配合 view 方法使用。torch.contiguous() 方法首先复制了一份张量在内存中的地址，然后将地址按照形状改变后的张量的语义进行排列。

3.5　动态计算图

计算图是目前主流深度学习计算框架的设计核心，它为梯度反向传播（Back Propagation）以及神经网络参数优化提供了支持。计算图是对计算过程的一种描述，它由节点（node）和边（edge）构成，其中节点表示参与计算的变量，边表示各种计算操作。以第 2 章介绍过的单层感知机的计算过程为例：

$$loss = CE(wx+b, y)$$

式中，x、y 是输入变量和标签，w、b 是待优化的参数，CE 是交叉熵（Cross Entropy）损失函数，它用来计算损失值（loss），衡量 wx+b 与标签 y 的接近程度，根据损失值的大小，神经网络将对待优化参数 w 和 b 进行调整。上述计算过程可以用计算图表示，如图 3-5 所示。

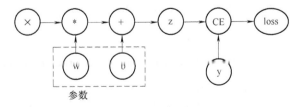

图 3-5　计算图示意图

101

在神经网络中，待优化参数是依靠梯度反向传播来进行优化的，这要求根据最后的损失值求出每个待优化参数的梯度。依靠计算图，神经网络计算框架将支持自动使用反向传播算法计算梯度，而无需用户手动实现。

PyTorch 中的 torch. autograd 就是为了达到上述目的所开发的自动求导引擎，它能够根据输入参数和计算过程自动构建计算图，并自动执行反向传播，计算待优化参数的梯度。在 PyTorch 中，计算图的构建是一个动态过程，也称为动态计算图（Dynamic Computation Graph），即随着程序的运行对每一步计算操作动态地更新计算图，这种模式与 Python 这门解释型编程语言的执行过程是兼容的，因此使用 PyTorch 定义网络的运算过程可以自然地使用 Python 的控制流语句（类似 if、else、while 等），并支持对程序内部的任意操作进行便捷的调试。而在较早期的 TensorFlow 中，则默认使用静态计算图，它要求考虑到完整的计算过程和可能的出现情况并预先定义在计算图内，在执行网络运算前需要预先编译，因此不能直接使用 Python 自带的解释型控制流语句，也导致不得不为此开发专用的逻辑控制语法。这也是 PyTorch 相比使用静态计算图的计算框架的一大优势所在。

接下来将使用 PyTorch 来实现前面单层感知机的例子，并进一步分析 PyTorch 的自动求导机制。首先需要使用 PyTorch 来表示上述计算过程。

```python
import torch

x=torch. ones (5)                               #输入 x: [1,1,1,1,1]
y=torch. zeros (3)                              #标签 y: [0,0,0]
w=torch. randn (5,3,requires_grad=True)         #使用标准分布初始化参数矩阵 w
b=torch. randn (3,requires_grad=True)           #使用标准分布初始化参数向量 b
z=torch. matmul (x,w) +b                         #中间变量 z=xw+b
loss=torch. nn. functional. binary_cross_entropy_with_logits (z,y)
                                                #求交叉熵损失值
```

需要注意，在上面的语句中，对于待优化参数 w 和 b 的初始化，额外传入了一个参数 requires_grad=True，它在计算图中指定了这两个变量是需要计算梯度的，因此 PyTorch 会自动地根据计算图来求解并保存它们的梯度。求解梯度的过程实际上就是从计算图最后的输出函数进行反向传播，逐步向前求解每一步计算过程的导数。可以使用 PyTorch 的 grad_fn 函数来查看中间变量的梯度函数类型，它将记录中间变量是由什么操作得到输出的（对于用户创建并初始化的变量则不需要记录梯度函数）。

```python
print(f"Gradient function for z={z. grad_fn}")
print(f"Gradient function for loss={loss. grad_fn}")
print(f"Gradient function for w={w. grad_fn}")
print(f"Gradient function for b={b. grad_fn}")
```

输出：

```
Gradient function for z=<AddBackward0 object at 0x7fe9e3967a90>
Gradient function for loss=<BinaryCrossEntropyWithLogitsBackward0
    object at 0x7fe9e38fabd0>
```

```
Gradient function for w=None
Gradient function for b=None
```

可以看到，对于计算过程中的中间变量 z 和最终输出 loss，PyTorch 会自动地记录它们所参与的运算。而对于用户定义初始化的变量 w、b，它们被称为叶子节点，其对应的梯度函数为 None。

PyTorch 提供了 backward( ) 函数，用以自动地求解所有 requires_grad = True 的张量的梯度：

```
loss.backward()
print(w.grad)
print(b.grad)
```

输出：

```
tensor([[0.3006,0.2150,0.2775],
        [0.3006,0.2150,0.2775],
        [0.3006,0.2150,0.2775],
        [0.3006,0.2150,0.2775],
        [0.3006,0.2150,0.2775]])
tensor([0.3006,0.2150,0.2775])
```

PyTorch 的动态计算图和自动求导引擎为深度神经网络的优化算法提供了强大的支持，有关梯度反向传播和使用梯度下降法进行网络参数调整的内容详见第 2 章。

3.6　神经网络层和模块

神经网络是由一系列对张量数据进行操作的层/模块（layer/module）组成的。在第 2 章中介绍了最基础的神经网络层——感知机，由于输入向量的每一个元素都会影响层的每个输出，而权重矩阵指定了影响的程度，因此感知机也称为全连接层（Fully Connected Layer）。

在 PyTorch 中，torch.nn 中封装了大量可供直接调用的模块，包括常用的全连接层、卷积层（Convolutional Layer）、池化层（Pooling Layer）等神经网络基础模块，也包括各种激活函数、损失函数等常用的数学运算操作，用户可以直接调用这些模块完整地搭建各种神经网络模型，而无需像第 2 章的 NumPy 实现一样需要考虑底层的实现细节。

如图 3-6 所示，PyTorch 的 torch 基类派生了 nn 类和 optim 类。nn 类又派生了各种卷积层、池化层、时序网络层等各种神经网络模块，optim 类则定义了各种训练用优化器。

PyTorch 所提供的神经网络模块数量众多，这里只举例介绍其中几个最常用的模块，有关完整的模块可以参考官方文档：https://pytorch.org/docs/stable/nn.html。

（1）torch.nn.Flatten

使用 torch.nn.Flatten( ) 可以定义一个展开层，它可以将输入的高维张量展开为 1 维（保留第一个维度，即默认输入的是批量数据，输出批量的 1 维向量）。

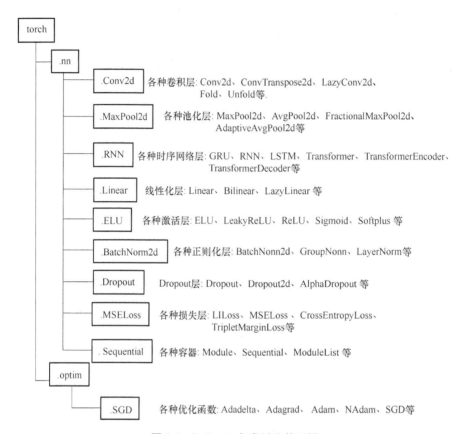

图 3-6 PyTorch 各类派生关系图

```
input_image=torch.rand(3,128,128)     #假设输入 3 个 128 * 128 的矩阵
flatten=torch.nn.Flatten()            #定义一个展平层
flat_image=flatten(input_image)       #使用展平层将矩阵展开成向量
print(flat_image.shape)
```

输出得到 3 个长度为 16384 的 1 维向量。

```
torch.Size([3,16384])
```

（2）torch.nn.Linear

使用 torch.nn.Linear（in_features，out_features）可以直接定义一个输入和输出分别为 in_features 和 out_features 的全连接层。

```
fc=torch.nn.Linear(128 * 128,20)      #定义一个 128 * 128 到 20 的全连接层
output=fc(flat_image)
print(output.size())
```

输出得到 3 个长度为 20 的 1 维向量。

```
torch.Size([3,20])
```

　　需要注意的是，这里所定义的全连接层包含有两组待优化参数，分别是权重矩阵和偏置向量，可以通过 named_parameters( ) 来输出模块中的参数。

```
for name,param in fc.named_parameters():
    print(f"Layer:{name} |Size:{param.size()} |Values:{param[:2]}\n")
```

输出：

```
Layer: weight |Size: torch.Size([20,16384]) |Values:tensor(
    [[-0.0002, 0.0011, 0.0026, ..., 0.0029,-0.0068,-0.0045],
     [-0.0015,-0.0015, 0.0007, ..., 0.0014,-0.0001,-0.0005]],
     grad_fn=<SliceBackward>)

Layer: bias |Size: torch.Size([20]) |Values:tensor([-0.0012, 0.0047],
    grad_fn=<SliceBackward>)
```

可以看到，weight 参数和 bias 参数均是具有梯度函数 grad_fn 的待优化参数。

（3）torch.nn.ReLU

使用 torch.nn.ReLU( ) 可以定义一个 ReLU 激活函数层。

```
relu=torch.nn.ReLU()
output=relu(output)
print(output)
```

得到的输出将全部大于或等于零。

```
tensor([[ 0.0757,0.1382,0.0000,0.0000,0.5103,0.0000,0.1099,0.1581,
          0.0000,0.0000,0.0993,0.0000,0.0000,0.0217,0.0000,0.0000,
          0.1585,0.4678,0.4246,0.0000],
         [0.0000,0.1455,0.0097,0.0000,0.1766,0.0000,0.0000,0.1209,0.0000,
          0.0000,0.1719,0.0346,0.0000,0.0000,0.3703,0.3472,0.1347,0.3385,
          0.4956,0.0000],
         [0.2204,0.0254,0.0000,0.0000,0.2820,0.0000,0.0000,0.0000,0.0000,
          0.0000,0.1365,0.0000,0.0000,0.0000,0.0853,0.0000,0.0000,0.3033,
          0.7322,0.3675]],grad_fn=<ReluBackward0>)
```

（4）torch.nn.Sequential

torch.nn.Sequential( ) 是一个有序的模块容器，它能够按顺序封装多个模块，当数据输入到 Sequential 容器时，将依序经过容器内的模块得到输出。例如下面的例子，将上面介绍的三个模块封装到 Sequential 容器内。

```
seq_modules=torch.nn.Sequential(
    torch.nn.Flatten(),
    torch.nn.Linear(128*128,20),
```

```
        torch.nn.ReLU(),
)
input_image=torch.rand(3,128,128)
output=seq_modules(input_image)
print(output.shape)
```

输出：

```
torch.Size([3,20])
```

上例可以看到，使用 Sequential 容器，能够快速地将多个神经网络模块组合到一起形成一个新的模块，这也为搭建大规模的神经网络提供了支持。

（5）torch.optim

PyTorch 的 optim 模块内封装了一系列的优化方法，也称为优化器（optimizer），例如 torch.optim.SGD（随机梯度下降）、torch.optim.Adagrad、torch.optim.Adam 等（详见第 2 章 2.5.1 节）。这些优化器能够根据梯度反向传播后的结果自动地更新模型中的待优化参数。3.7 节将通过具体的例子来介绍如何使用优化器进行模型优化。

3.7　PyTorch 神经网络学习实践

本节将继续使用第 2 章中的 MNIST 数据集，并使用本章所介绍的 PyTorch 模块来搭建一个具有 3 层全连接层的神经网络并完成训练。

1. 模型定义

在 PyTorch 中，torch.nn.Module 是所有的网络模块和神经网络模型的基类，用户在自定义模型时，也需要继承该基类，同时必须定义以下两个函数：

1）__init__()：构造函数，定义模型所需要用的神经网络层，并完成模型的初始化。

2）forward()：前向传播函数，定义输入数据前向传播的计算过程。

这里以 3 层全连接层神经网络的定义为例。

```
import torch
import torch.nn as nn

class FullyConnectedNetwork(nn.Module):
    #构造函数,定义网络中的模块
    def __init__(self):
        super(FullyConnectedNetwork,self).__init__()

        #展开层,将输入图片展开为一维向量
        self.flatten=nn.Flatten()
        #3 层全连接层
        self.linear_layers=nn.Sequential(
```

```
            nn. Linear(28 * 28,512),        #输入层:将输入映射到长度为 512
            nn. ReLU(),                      #ReLU 激活函数
            nn. Linear(512,512),             #隐藏层
            nn. ReLU(),
            nn. Linear(512,10),              #输出层:将特征向量映射到 10 个类别
        )

        #前向传播函数
        def forward(self,x):
            x = self. flatten(x)             #展开图片
            outputs = self. linear_layers(x) #经过全连接层得到输出
            return outputs

#实例化模型
model = FullyConnectedNetwork()
```

2. 载入数据

使用 torchvision 库可以直接下载并导入 MNIST 数据集,并使用 PyTorch 的 DataLoader 模块将数据集处理成神经网络所需的批量数据。有关 PyTorch 的数据处理模块读者可以查看官网的介绍(https://pytorch. org/tutorials/beginner/basics/data_tutorial. html)。

```
from torch. utils. data import DataLoader
from torchvision import datasets
from torchvision. transforms import ToTensor,Lambda

#定义训练集
training_data = datasets. MNIST(
    root = "data",
    train = True,
    download = True,
    transform = ToTensor()
)

#定义测试集
test_data = datasets. MNIST(
    root = "data",
    train = False,
    download = True,
    transform = ToTensor()
)
```

```
#设置批量大小为 64
train_dataloader=DataLoader(training_data,batch_size=64)
test_dataloader=DataLoader(test_data,batch_size=64)
```

3. 定义超参数

在开始训练神经网络前，需要定义以下几个主要的超参数：

- 训练轮数（epochs）。
- 学习率（learning_rate）。
- 批量大小（batch_size）。

```
epochs=5
learning_rate=1e-3
batch_size=64
```

4. 定义损失函数

这里使用第 2 章所介绍的常用分类损失函数——交叉熵损失（Cross Entropy Loss），在 PyTorch 中，可以直接调用 nn.CrossEntropyLoss() 模块来定义。

```
loss_fn=nn.CrossEntropyLoss()
```

5. 定义优化器

这里使用第 2 章所介绍的随机梯度下降优化方法作为优化器，在 PyTorch 中，可以直接调用 torch.optim.SGD() 模块来定义，这里需要传入两个参数：①模型参数；②学习率。

```
optimizer=torch.optim.SGD(model.parameters(),lr=learning_rate)
```

6. 定义单轮训练函数及单轮测试函数

一般情况下，可以先定义出单轮的训练及测试函数，在这里只考虑遍历一次数据集所需要完成的操作，主要包括前向传播、梯度反向传播、梯度更新和打印相关指标。

```
#单轮训练函数
def train_one_epoch(dataloader,model,loss_fn,optimizer):
    size=len(dataloader.dataset)

    #遍历训练集
    for batch,(X,y) in enumerate(dataloader):
        #前向传播:直接向实例化后的模型传入数据
        pred=model(X)

        #计算损失函数值
        loss=loss_fn(pred,y)

        #反向传播前将优化器的梯度清空
```

```
        optimizer.zero_grad()

        #梯度反向传播
        loss.backward()

        #优化器对模型内的参数进行更新
        optimizer.step()

        #每 100 个批量样本打印一次损失函数值
        if batch % 100==0:
            loss,current=loss.item(),batch * len(X)
            print("loss: %.5f  [%d/%d]" % (loss,current,size))

#单轮测试函数
def test_one_epoch(dataloader,model,loss_fn):
    size=len(dataloader.dataset)
    num_batches=len(dataloader)

    #初始化测试指标
    test_loss,correct=0,0

    #关闭梯度记录
    with torch.no_grad():
        for X,y in dataloader:
            pred=model(X)
            test_loss+=loss_fn(pred,y).item()
            correct+=(pred.argmax(1)==y).type(torch.float).sum().item()

    #计算测试指标并打印
    test_loss/=num_batches
    correct/=size
    print("Accuracy: %.2f,Avg loss: %.5f \n" % (correct,test_loss))
```

需要注意的是

- PyTorch 中模型的前向传播，即调用模型的 forward() 函数，无需显式调用 forward 函数——model.forward(data)，而是将实例化后的模型直接看作一个方法，直接传入参数——model(data)。

- 在对损失函数进行梯度反向传播 loss.backward() 之前，需要手动对优化器进行梯度清空——optimizer.zero_grad()。PyTorch 的优化器不会自动清空上一批数据的梯度是为了让用户可以使用一种灵活的训练技巧——梯度累加，感兴趣的读者可以自行查阅相关资料。

● 使用 optimizer. step( ) 函数将根据反向传播的结果自动地对模型中的待优化参数进行优化。

● 在测试函数中,由于不需要进行梯度反向传播,因此应该在进行前向传播之前声明torch. no_grad( ),它能够关闭动态计算图中对变量梯度函数的记录,进而有效地降低内存空间的使用,加快网络的测试进度。

7. 完整训练流程

在完整的训练流程中,只需要执行对应轮数次的循环,每个循环内执行一次单轮训练和单轮测试(也可以多轮训练后测试一次)。

```
for t in range(epochs):
    print("Epoch %d\n-----------------------------" % (t+1))
    train_one_epoch(train_dataloader,model,loss_fn,optimizer)
    test_one_epoch(test_dataloader,model,loss_fn)
print("Done!")
```

输出:

```
Epoch 1
-----------------------------
loss: 2.30540 [0/60000]
loss: 2.29697 [6400/60000]
loss: 2.29754 [12800/60000]
loss: 2.28898 [19200/60000]
loss: 2.28843 [25600/60000]
loss: 2.27907 [32000/60000]
loss: 2.26519 [38400/60000]
loss: 2.28531 [44800/60000]
loss: 2.26456 [51200/60000]
loss: 2.25195 [57600/60000]
Accuracy: 0.38,Avg loss: 2.25418


Epoch 2
-----------------------------
loss: 2.25538 [0/60000]
loss: 2.24471 [6400/60000]
loss: 2.25657 [12800/60000]
loss: 2.21894 [19200/60000]
loss: 2.23457 [25600/60000]
loss: 2.22616 [32000/60000]
......
```

```
Epoch 5
------------------------------
loss: 1.87257  [0/60000]
loss: 1.81679  [6400/60000]
loss: 1.88736  [12800/60000]
loss: 1.69654  [19200/60000]
loss: 1.75183  [25600/60000]
loss: 1.73857  [32000/60000]
loss: 1.66769  [38400/60000]
loss: 1.76879  [44800/60000]
loss: 1.62859  [51200/60000]
loss: 1.57995  [57600/60000]
Accuracy: 0.73,Avg loss: 1.57356


Done!
```

8. 模型参数保存及调用

当模型训练结束后，可以将模型保存至 PyTorch 的 pth 文件中，后续就可以无需训练直接调用文件中的已训练模型进行测试。

使用 torch.save() 函数可以将模型保存至 pth 文件。

```
torch.save(model,'model.pth')
```

使用 torch.load() 函数可以将模型从 pth 中读取出来，这时模型中的参数已经训练过，可以直接调用测试。

```
model_new=torch.load('model.pth')


test_one_epoch(test_dataloader,model_new,loss_fn)
```

输出与前面已训练模型一致的测试指标。

```
Accuracy: 0.73,Avg loss: 1.58812
```

从本节的实践可以看出，使用 PyTorch 中成熟的神经网络模块，可以快速搭建自定义的神经网络，并且得益于动态计算图和自动求导引擎，用户无需关注梯度计算的具体实现，仅仅通过两个函数 loss.backward() 和 optimizer.step() 就可以完成复杂的梯度反向传播和参数优化，大大降低了深度神经网络的实现难度和学习门槛。

3.8 小结

本章详细介绍了目前最为流行的深度学习计算框架——PyTorch 的安装配置及基础功能，并通过在 MNIST 数据集上的完整实践例子展示了如何使用 PyTorch 搭建并训练一个自定义神经网络。在接下来的章节中，本书还将继续结合 PyTorch 来介绍并实现更为复杂的深度神经网络模型。

参 考 文 献

［1］ LSHAWI R，WAHAB A，BARNAWI A，et al. DLBench：a comprehensive experimental evaluation of deep learning frameworks［J］. Cluster Computing，2021，24（3）：2017-2038.

［2］ HOTBALL. 深入浅出谈 CUDA［EB/OL］. （2017-08-29）［2022-06-24］. https：//hpc. pku. edu. cn/docs/20170829223804057249. pdf.

［3］ NVIDIA. CUDA Toolkit Documentation：version 11. 7. 0［EB/OL］. （2022-05-11）［2022-06-24］. https：//docs. nvidia. com/cuda/cuda-c-programming-guide/index. html#thread-hierarchy.

第4章 卷积神经网络

前面的章节介绍了神经网络的基础结构，其由多层节点构成，相邻层的所有节点之间通过权重和偏置连接，后接激活函数。这种相邻层所有节点全部互相连接的神经网络结构也称为全连接层（fully-connected layer）。虽然借助各类激活函数，全连接层能够获得丰富的非线性表示能力，但在处理图像数据时，它需要将输入图片展开为一维向量，这种操作不可避免地破坏了图像本身的几何结构，因此全连接层难以理解形状等复杂概念[10]。

本章将介绍一种最为流行的神经网络架构——卷积神经网络（Convolutional Neural Network，CNN）。卷积神经网络能够以三维形状直接读取图像数据，其输出同样为三维形状，这使得卷积神经网络能够更好地建模图像形状等几何特征。在卷积神经网络中，使用了卷积核（convolution kernel）这一基本概念，它使得卷积网络能够捕捉图像的局部特征。而且卷积核还具有共享权重这一重要性质，这将在很大程度上节省卷积神经网络的参数量。本章首先简要介绍卷积神经网络的基本架构，再详细介绍卷积神经网络的基本原理，最后结合源码的实现介绍目前几种主流的经典卷积神经网络。

4.1 卷积神经网络的基本原理

本节将从卷积神经网络的基本架构和具体的卷积层操作两方面来介绍卷积神经网络的基本原理。

4.1.1 卷积神经网络的基本架构

以图像分类为例，如图 4-1 所示，与全连接层输入层的一维展开形式不同，卷积神经网络的输入是三维（宽、高和颜色通道）的图片，随后经过卷积（convolution）—激活函数（activation function）—池化操作（pooling），图片被映射为一个新的三维张量，其宽度和高度逐层减少，而通道数逐层加深，也称这个张量为特征图（feature map）。经过足够多卷积层后，将特征图展开为一维向量，再接上全连接层降维，输出维度为图像类别数的输出向量，完成对图像类别的预测。

在上面的例子中，卷积—激活函数—池化操作起到了对图像数据提取特征的作用。卷积操作使得图像数据能够以三维形式在神经网络中输入，并输出三维特征图，这使得神经网络能够捕捉图像的空间结构，进而通过多层卷积操作将图像映射为具有丰富语义信息的特征向量，这是卷积神经网络的一个核心优势。

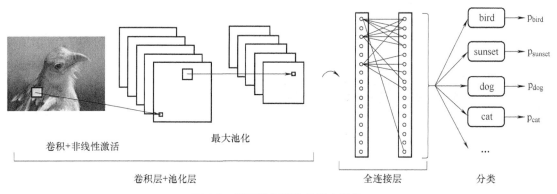

图 4-1　卷积神经网络的基本架构

下面将从卷积运算、池化操作、填充、步幅等核心概念详细介绍卷积层的基本操作原理。

4.1.2　卷积运算

本节将详细介绍卷积运算。首先介绍卷积运算中的核心概念——卷积核（convolution kernel）。卷积核也称为滤波器（filter），和图像数据一样具有宽、高、通道三个维度，且在神经网络中一般设置宽度和高度一致，卷积核内部的数据称为卷积核权重。这里以 4×4 的输入数据和 3×3 的卷积核为例（为便于解释，这里取通道数为 1），如图 4-2 所示，对于输入数据，卷积核在输入数据上依序滑动，同时卷积核与输入数据对应位置的元素相乘后求和，每次滑动对应的窗口称为局部感受野（local receptive field），在每次滑动对应的窗口得到一个输出值，当在所有位置都经过运算后，将得到该卷积核完整运算的输出，即一个二维张量。

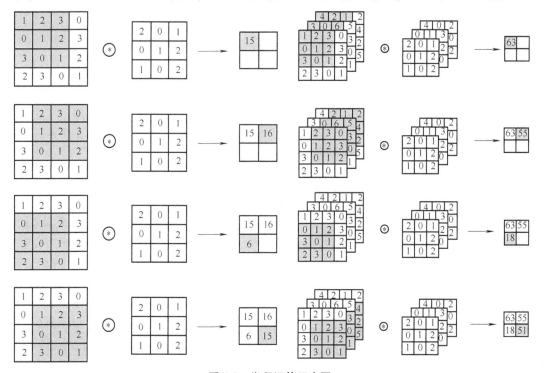

图 4-2　卷积运算示意图

对于三维数据，其多了通道这一维度，因此卷积核也应该设置与输入相同的通道数，这里以三通道输入数据为例，为了与滑动窗口内的元素对应相乘，卷积核也应该设置为三通道，与上述操作一致，在每个窗口内卷积核与对应元素相乘后求和得到一个输出值，在所有位置完成运算后得到输出，同样为一个二维张量。

单个卷积核的卷积运算得到的输出为二维张量，而在卷积神经网络中，每个卷积层往往具有多个卷积核，每个卷积核进行卷积运算的结果叠加起来，便得到具有多个通道的特征图，显然特征图的通道数等于卷积核的个数，如图 4-3 所示。

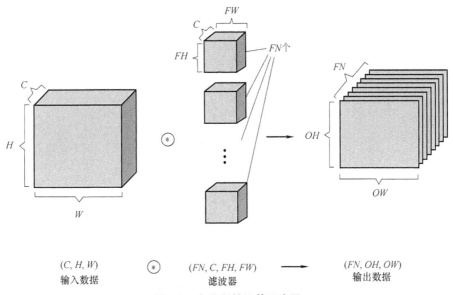

(C, H, W)　　　⊛　　　(FN, C, FH, FW)　　　　(FN, OH, OW)
输入数据　　　　　　　　滤波器　　　　　　　　　输出数据

图 4-3　多卷积核运算示意图

接下来将使用 PyTorch 来实现卷积运算，在下面的代码中，张量 X 为输入，张量 K 为卷积核，张量 Y 为输出。

PyTorch 实现代码如下：

```
import torch
from torch import nn

#二维卷积运算
def corr2d(X,K):
    h,w=K.shape
    Y=torch.zeros((X.shape[0]-h+1,X.shape[1]-w+1))
    for i in range(Y.shape[0]):
        for j in range(Y.shape[1]):
            Y[i,j]=torch.sum((X[i:i+h,j:j+w]*K))
    return Y

X=torch.tensor([[0.0,1.0,2.0,3.0,4.0],
```

```
                        [1.0,1.0,2.0,3.0,3.0],
                        [2.0,2.0,2.0,3.0,2.0],
                        [3.0,3.0,3.0,3.0,1.0],
                        [4.0,3.0,2.0,1.0,0.0]])

    K=torch.tensor([[1.0,1.0,1.0],
                    [2.0,2.0,2.0],
                    [3.0,3.0,3.0]])

    print(corr2d(X,K))
```

输出：

```
    tensor([[29.,39.,46.],
            [43.,47.,43.],
            [51.,43.,30.]])
```

4.1.3 卷积运算实例：边缘检测

前面介绍过，卷积核在每个局部感受野内与对应元素相乘后求和，这也可以视为一种滤波操作。当输出值较大时可以认为在该局部感受野内的元素与该滤波器的相关性较大，反之较小。因此也可以认为，每个卷积核都在原始图像上滑动并滤波，输出特定的特征图。为了检测特定的图像特征，可以设计一些特殊的卷积核，这里以边缘检测为例。

Sobel 算子是一种常用的边缘检测卷积核，是由斯坦福大学人工智能实验室（Stanford Artificial Intelligence Laboratory，SAIL）的 Irwin Sobel 和 Gary Feldman 的名字命名的，全称为 Sobel-Feldman Operator[1]。Sobel 算子是 3×3 的卷积核，表示如下：

$$G_x = \begin{bmatrix} +1 & 0 & -1 \\ +2 & 0 & -2 \\ +1 & 0 & -1 \end{bmatrix} * A \quad G_y = \begin{bmatrix} +1 & +2 & +1 \\ 0 & 0 & 0 \\ -1 & -2 & -1 \end{bmatrix} * A$$

G_x 表示在 x 轴方向上从左向右检测像素值的梯度变化，G_y 表示在 y 轴方向上从上向下检测像素值的梯度变化，每个像素点上近似梯度变化，其幅值表达式为

$$G = \sqrt{G_x^2 + G_y^2}$$

相角表达式为

$$\theta = \arctan\left(\frac{G_y}{G_x}\right)$$

下面通过一个例子来举例说明。对于图 4-4 所示的图片，先将其转换为二维灰度图，然后使用 Sobel 算子进行边缘检测，其中 Sobel 算子通过前面实现的 corr2d 函数实现。

图 4-4 使用边缘检测前的样例图片

116

```
import torch
import cv2
from  matplotlib import pyplot as plt
%matplotlib inline
%config InlineBackend.figure_format='retina'


img=cv2.imread("data/sobel_img.png",cv2.IMREAD_GRAYSCALE)
X=torch.tensor(img)
K=torch.tensor([[1.0,0.0,-1.0],[2.0,0.0,-2.0],[1.0,0.0,-1.0]])
Gx=corr2d(X,K)
K=torch.tensor([[1.0,2.0,1.0],[0.0,0.0,0.0],[-1.0,-2.0,-1.0]])
Gy=corr2d(X,K)
Y=torch.sqrt(Gx*Gx+Gy*Gy)-50.0   #50.0 为过滤的阈值


plt.imshow(Y,cmap='Greys_r')
plt.show()
```

得到的输出特征图如图 4-5 所示。

图 4-5　使用 Sobel 算子进行边缘检测得到的输出特征图

4.1.4　卷积层及其代码实现

卷积层是卷积神经网络的核心模块，它是在前面介绍的卷积运算的基础上，加上一组偏置参数，得到输出。偏置是一组形状为 $1\times1\times C$ 的可学习参数，通过前面介绍的广播机制和卷积核输出的特征图逐通道相加，如图 4-6 所示。

在 4.1.3 节边缘检测的例子中，Sobel 算子是一组人为设置的卷积核。而在卷积神经网络中，往往需要定义几十层乃至上百层的卷积层，不可能人为一一设置其中的卷积核。类似于全连接层，卷积层中的卷积核权重和偏置同样也都是可学习参数，在模型训练过程中自动根据梯度调整优化。

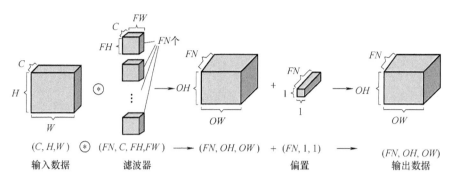

图4-6 带有偏置项的卷积层运算过程

下面将基于 4.1.2 节实现的 corr2d 函数实现一个卷积层。在构造函数中声明 weight 和 bias 作为卷积核权重和偏置参数，并分别进行随机和全 0 初始化；在前向传播函数中进行卷积计算并与偏置求和。

PyTorch 实现代码如下：

```
class Conv2D(nn.Module):
    def __init__(self,kernel_size):
        super().__init__()
        self.weight=nn.Parameter(torch.rand(kernel_size))
        self.bias=nn.Parameter(torch.zeros(1))

    def forward(self,x):
        return corr2d(x,self.weight)+self.bias
```

PyTorch 和 TensorFlow 等框架也提供了标准的卷积层模块，这里以 PyTorch 的卷积层为例。

```
torch.nn.Conv2d(in_channels,out_channels,kernel_size,stride=1,
padding=0,dilation=1,groups=1,bias=True,padding_mode='zeros',device=
None,dtype=None)
```

定义一个卷积层，必须指定卷积层输入特征图的通道数（in_channels）、输出层的通道数（out_channels）、卷积核的尺寸（kernel_size）。同时还有步幅（stride）、填充（padding）等可选参数，这些将在后续章节进行介绍。这里以将 3 通道 20×20 的输入数据通过 3×3 卷积核映射到 50 通道为例。

```
conv_layer=nn.Conv2d(3,50,3)
input=torch.randn(1,3,20,20)
output=conv_layer(input)
print(output.shape)
```

得到输出为

```
torch.size([1,50,18,18])
```

从这里可以看到，一般的卷积运算后得到的输出特征图的宽和高小于输入尺寸，这是由于选择的卷积核的宽和高不为 1 所导致的。在 4.1.5 节中我们将介绍填充操作，它使得卷积运算的输出尺寸可以人为控制。

4.1.5　填充

在常用的卷积神经网络中，往往需要在某些层保证输出和输入的尺寸一致或者得到更大尺寸的输出特征，此时需要引入填充（padding）操作。

填充操作通过扩充输入特征图的边界（通常用 0 值进行填充），这样增加了图片的有效尺寸，从而使得卷积输出的维度增加。如图 4-7 所示，对于 3×3 的输入，填充边界后变成了 5×5 的尺寸，经 2×2 核的卷积输出后，尺寸增加到了 4×4。

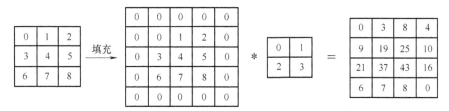

图 4-7　填充操作

PyTorch 和 TensorFlow 的卷积模块均实现了填充操作，下面通过代码说明。

```
import torch
from torch import nn

#这里给出一个自定义卷积层,能够初始化卷积层,并对输入和输出进行维度转换
def comp_conv2d(conv2d,X):
    #(1,1)代表 batch_size 和通道数都设置为 1
    X=X.reshape((1,1)+X.shape)
    Y=conv2d(X)
    #排除不感兴趣的前两个维度:batch_size 大小和通道
    return Y.reshape(Y.shape[2:])

#请注意,填充是在行和列的两侧进行的,所以填充为 1 时,输入特征图尺寸实际增
#加 2
conv2d=nn.Conv2d(1,1,kernel_size=3,padding=1)
X=torch.rand(size=(8,8))
comp_conv2d(conv2d,X).shape
```

输出：

```
torch.Size([8,8])
```

4.1.6 节将介绍另一种能够控制输出尺寸的重要概念——步幅，不同于填充操作对输入数据进行扩充，调整步幅可以控制卷积核滑动的间隔，以此改变输出形状。

4.1.6 步幅

在前面的例子中，卷积核在进行滑动时，滑动的间隔都是设定为 1，也称为步幅（Stride）为 1。为了提升计算速度，或者对图像进行向下采样，则可以增加步幅。图 4-8 所示为宽度步幅为 2、高度步幅为 3 的卷积操作过程。

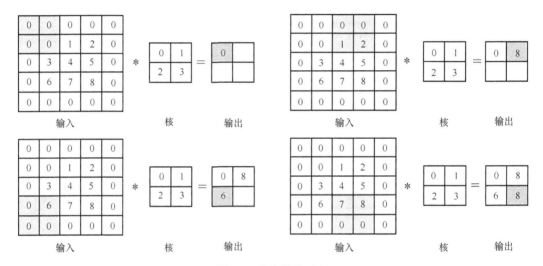

图 4-8 卷积操作过程

通常，当输入尺寸为 $n_h \times n_w$，卷积核尺寸为 $k_h \times k_w$，填充行数为 p_h，填充列数为 p_w，高度步幅为 s_h，宽度步幅为 s_w 时，输出尺寸为

$$\lfloor (n_h - k_h + p_h + s_h)/s_h \rfloor \times \lfloor (n_w - k_w + p_w + s_w)/s_w \rfloor$$

下面通过代码举例，设置高和宽的步幅均为 2 进行卷积操作。

```
conv2d=nn.Conv2d(1,1,kernel_size=3,padding=1,stride=2)
comp_conv2d(conv2d,X).shape
```

输出：

```
torch.Size([4,4])
```

增大步幅是一种有效进行下采样的方法。4.1.7 节将介绍常用的另一种下采样技术——池化。

4.1.7 池化

池化（Pooling）操作和卷积运算类似，也是采用滑动窗口机制，区别在于池化的相邻窗口之间不重叠（即池化层的步幅一般等于窗口的大小），且池化操作没有引入额外参数，而是对窗口内的元素取最大值或者平均值。图 4-9 所示是一个 2×2 最大池化层的示意图（对于平均池化，区别仅在于对窗口内的元素取平均值）。

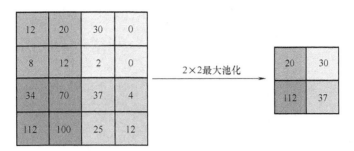

图 4-9　2×2 最大池化层示意图

此外，不同于卷积层，池化层对于多通道的特征图，是各通道独立进行计算的，不改变特征图的通道数，如图 4-10 所示。

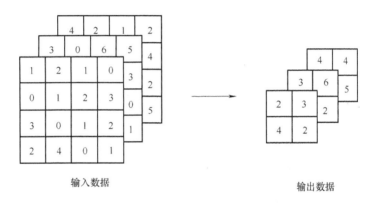

输入数据　　　　　　　　　　　　　　　输出数据

图 4-10　池化操作不改变特征图的通道数

直观上来看，池化操作对于输出的微小变化不敏感，这是因为输出的微小变化对于一个窗口内元素的最大值或平均值影响不大，一定程度上降低了模型的复杂度，使得模型更加鲁棒。

前面所介绍的填充、步幅等概念同样适用于池化层，下面将给出一些池化层的相关代码示例。首先是对单通道数据的池化操作。

```
X=torch.reshape(torch.arange(16,dtype=torch.float32),(1,1,4,4))
print(X)
pool2d=nn.MaxPool2d(3,padding=1,stride=2)
print(pool2d(X))
pool2d=nn.MaxPool2d((2,3),padding=(1,1),stride=(2,3))
print(pool2d(X))
```

输出：

```
tensor([[[[ 0.,   1.,   2.,   3.],
          [ 4.,   5.,   6.,   7.],
          [ 8.,   9.,10.,11.],
```

```
          [12.,13.,14.,15.]]]])
tensor([[[[ 5., 7.],
          [13.,15.]]]])
tensor([[[[ 1., 3.],
          [ 9.,11.],
          [13.,15.]]]])
```

对多通道输入数据，实现方式相同，其输入与输出的通道数相同，这是由于池化操作是各通道独立计算的。

```
X=torch.reshape(torch.arange(16,dtype=torch.float32),(1,1,4,4))
X=torch.cat((X,X+1),1)
print(X)
pool2d=nn.MaxPool2d(3,padding=1,stride=2)
print(pool2d(X))
```

输出：

```
tensor([[[[ 0., 1., 2., 3.],
          [ 4., 5., 6., 7.],
          [ 8., 9.,10.,11.],
          [12.,13.,14.,15.]],

         [[ 1., 2., 3., 4.],
          [ 5., 6., 7., 8.],
          [ 9.,10.,11.,12.],
          [13.,14.,15.,16.]]]])
tensor([[[[ 5., 7.],
          [13.,15.]],
         [[ 6., 8.],
          [14.,16.]]]])
```

4.2 经典卷积神经网络模型

上一节详细介绍了卷积神经网络的核心概念和基本原理。本节将首先从数据准备和训练函数出发介绍卷积神经网络的训练流程，并进一步介绍几种经典的卷积神经网络模型。

4.2.1 数据集的准备

第 2 章介绍了手写数字识别数据集 MNIST，并使用全连接层达到了 95% 以上的精度。MNIST 对于神经网络而言难度已经太低，实际上相当多的卷积神经网络能够在 MNIST 上达到 99.5% 以上的精度。Fashion-MNIST[2]是为了替代 MNIST 所提出的、用于评估神经网络性能的另一重要数据集，它提供了来自 10 种类别的共 7 万个不同商品的正面图片，如图 4-11 所示。

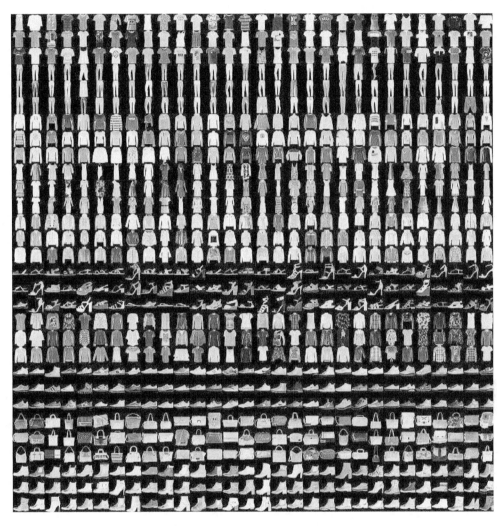

图 4-11　Fashion-MNIST 数据集

PyTorch 中 Fashion-MNIST 数据集的加载函数如下，这里输入参数中包含了 batch_size、resize（图片缩放）以及数据集根目录，可以灵活控制数据的加载。函数将返回对应的训练集 train_set 和测试集 test_set。

```
import torch
import torch.nn as nn
import torchvision
import sys
import time
```

```
import argparse
import sys
import torchvision

def load_data_fashion_mnist(batch_size,resize=None,
    root='./data/FashionMNIST'):
    #首次运行将自动下载FashionMNIST数据集
    trans=[]
    if resize:
        trans.append(torchvision.transforms.Resize(size=resize))
    trans.append(torchvision.transforms.ToTensor())


    transform=torchvision.transforms.Compose(trans)
    mnist_train=torchvision.datasets.FashionMNIST(root=root,train=True,
        download=True,transform=transform)
    mnist_test=torchvision.datasets.FashionMNIST(root=root,train=False,
        download=True,transform=transform)
    if sys.platform.startswith('win'):
        num_workers=0    #0表示不用额外的进程来加速读取数据
    else:
        num_workers=4
    train_set=torch.utils.data.DataLoader(mnist_train,
        batch_size=batch_size,
        shuffle=True,num_workers=num_workers)
    test_set=torch.utils.data.DataLoader(mnist_test,batch_size=batch_size,
        shuffle=False,num_workers=num_workers)

    return train_set,test_set
```

4.2.2 Pipeline

Pipeline 是深度学习中的一个重要概念，它指的是数据读取、数据预处理、模型构建、模型训练与验证等一系列操作的标准流程。这种流水线式训练流程使得神经网络的训练更加高效，在面对不同的模型或者数据时，仅需要修改其中的特定模块，无需重写整个训练框架。

从代码实现 Pipeline 的角度，通常可以构建一个与模型本身无关的通用训练函数，它预先规定了整个训练的流程，下面使用 PyTorch 来举例构建适用于本节所介绍卷积神经网络的 Pipeline。

首先使用 argparse 库来保存训练过程中所需使用的学习率、batchsize 等自定义参数。

```
def parse_args():
    parser=argparse.ArgumentParser(description="config")
    parser.add_argument('--dataset',default='data',type=str)
    parser.add_argument('--lr',default=0.1,type=float)
    parser.add_argument('--batch_size',default=32,type=int)
    parser.add_argument('--num_epochs',default=10,type=int)
    parser.add_argument('--resize',default=None,type=int)
    parser.add_argument('--device',default='cpu',type=str)
    args=parser.parse_args(args=[])
    return args
```

接下来构建评估函数，用于在训练过程中及训练结束后评估模型的性能，这里 net 是自定义的任何网络（输入输出格式需要符合要求），test_set 是测试集，device 是设备。

```
def evaluate_accuracy(net,test_set,device=None):
    #计算准确率
    if not device:
        device=next(iter(net.parameters())).device

    acc_sum,n=0.0,0
    with torch.no_grad():
        for X,y in test_set:
            net.eval()   #设为评估状态,dropout 失效
            acc_sum+=(net(X.to(device)).argmax(dim=1)== \
                y.to(device)).float().sum().cpu().item()
            net.train()   #改回训练模式
            n+=y.shape[0]
    return acc_sum/n
```

接下来构建训练函数，这里的 net 参数是自定义的任何网络（输入输出格式需要符合要求），train_set 和 test_set 分别是训练集和测试集，num_epochs 是训练轮数，lr 是学习率，device 是设备。

```
def train(net,train_set,test_set,num_epochs,lr,device):
    print('training on',device)
    net.to(device)
    optimizer=torch.optim.SGD(net.parameters(),lr=lr)
    loss=nn.CrossEntropyLoss()
    for epoch in range(num_epochs):
        start=time.time()
        train_l_sum,train_acc_sum,n,batch_count=0,0,0,0
        for i,(X,y) in enumerate(train_set):
```

```
        net.train()
        optimizer.zero_grad()
        X,y=X.to(device),y.to(device)
        y_hat=net(X)
        l=loss(y_hat,y)
        l.backward()
        optimizer.step()
        train_l_sum+=l.cpu().item()
        train_acc_sum+=(y_hat.argmax(dim=1)==y).sum().cpu().item()
        n+=y.shape[0]
        batch_count+=1

    train_loss=train_l_sum/batch_count
    train_acc=train_acc_sum/n
    test_acc=evaluate_accuracy(net,test_set)
    print("epoch:",epoch)
    print(f'loss {train_loss:.3f},train acc {train_acc:.3f},'
        'f'test acc {test_acc:.3f}')
    print(f'time {time.time()-start} sec on {device}')
```

需要注意的是,上面的训练及评估函数以及数据集加载函数与特定模型无关,也就是说,可以将自定义的输入输出符合要求的任意模型投入 Pipeline 训练,这里 model 需要替换为具体的模型(将在后续章节介绍)。

```
config=parse_args()
#可以根据需要对 argparse 内的参数进行更新
config.resize=None
config.device=torch.device(
    'cuda'if torch.cuda.is_available() else'cpu')

#加载数据集
train_set,test_set=load_data_fashion_mnist(
    batch_size=config.batch_size,
    resize=config.resize,
    root=config.dataset)

model=XXXNet()   #替换为具体的网络

#开始训练
train(model,train_set,test_set,config.num_epochs,config.lr,
    config.device)
```

Pipeline 规范了神经网络的训练流程，这使得模型的训练和模型本身独立开，便于迅速验证不同模型的性能。下面将具体介绍几种经典的神经网络模型。

4.2.3　LeNet

LeNet[3] 网络模型是由 AT&T 贝尔实验室的 Yann LeCun 于 1998 年提出的最早的卷积神经网络之一，在手写体数字识别任务中取得了巨大的成功，并被美国邮政部门所应用于手写邮政编码识别。可以说，LeNet 是如今许多先进神经网络架构的起点，是深度学习领域的一项奠基性工作。

如图 4-12 所示，LeNet 网络由两组卷积-池化层和三组全连接层构成，其中卷积层采用了 Sigmoid 激活函数，池化层采用了平均池化操作。在卷积层中，图像被进行下采样并映射到 16 维的特征图。三个全连接层将特征图展开后进行降维并分类。

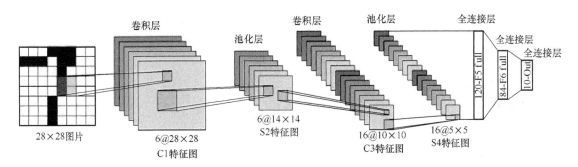

图 4-12　LeNet 网络结构图

LeNet 的 PyTorch 实现以及调用 Pipeline 训练如下：

```python
class LeNet(nn.Module):
    def __init__(self):
        super().__init__()
        self.net=torch.nn.Sequential(
            nn.Conv2d(1,6,kernel_size=5,padding=2),nn.Sigmoid(),
            nn.AvgPool2d(kernel_size=2,stride=2),
            nn.Conv2d(6,16,kernel_size=5),nn.Sigmoid(),
            nn.AvgPool2d(kernel_size=2,stride=2),
            nn.Flatten(),
            nn.Linear(16*5*5,120),nn.Sigmoid(),
            nn.Linear(120,84),nn.Sigmoid(),
            nn.Linear(84,10)
        )

    def forward(self,x):
        out=self.net(x)
        return out
```

```
config=parse_args()
config.resize=None
train_set,test_set=load_data_fashion_mnist(
    batch_size=config.batch_size,
    resize=config.resize,
    root=config.dataset)
config.device=torch.device('cuda' if torch.cuda.is_available() else 'cpu')
model=LeNet()
train(model,train_set,test_set,config.num_epochs,config.lr,
    config.device)
```

输出：

```
training on cuda
...
epoch: 96
loss 0.382,train acc 0.861,test acc 0.847
time 1.4726755619049072 sec on cuda
epoch: 97
loss 0.380,train acc 0.860,test acc 0.849
time 1.5048565864562988 sec on cuda
epoch: 98
loss 0.380,train acc 0.861,test acc 0.850
time 1.464512586593628 sec on cuda
epoch: 99
loss 0.378,train acc 0.863,test acc 0.850
time 1.4722895622253418 sec on cuda
```

在 0.1 的学习率使用 Fashion-MNIST 数据集下训练 LeNet 网络约 100 个 epoch，测试集准确率在 85%左右。

4.2.4 AlexNet

LeNet 在手写数字识别这样的小规模的简单数据集上取得了较好的性能，但是面对复杂的自然图像，LeNet 作为浅层神经网络是难以建模和表达的。随着高性能计算设备的发展以及 ImageNet[4]等大规模公开自然图像数据集的提出，在高性能计算设备上进行超大参数量模型的训练成为可能。2012 年，Alex Krizhevsky、Ilya Sutskever 和 Geoffrey Hinton 提出了一种深层卷积网络，以第一作者的名字命名为 AlexNet[5]，一举获得 ImageNet 图像分类竞赛的冠军，极大激发了学术界对神经网络以及深度学习的关注，并在全球范围内掀起深度学习的热潮，成为人工智能以及计算机视觉领域的里程碑事件。

如图 4-13 所示，AlexNet 相比 LeNet 采用了更深的网络结构、更大的图像输入尺寸、更多的卷积核，这导致其参数量达到了 LeNet 的数十倍。同时，它改进了隐藏层激活函数为更合理的 ReLU 函数，改进了池化层为更高效的最大池化层，并且采用 Dropout 机制来控制模型复杂度。以上改进使得 AlexNet 拥有了出色的特征表达能力。

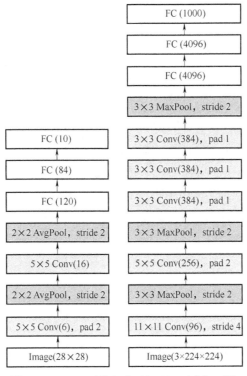

图 4-13 LeNet（左）与 AlexNet（右）对比

AlexNet 的 PyTorch 实现以及调用 Pipeline 训练如下：

```python
class AlexNet(nn.Module):
    def __init__(self):
        super().__init__()
        self.net=nn.Sequential(
            nn.Conv2d(1,96,kernel_size=11,stride=4),nn.ReLU(),
            nn.MaxPool2d(kernel_size=3,stride=2),
            nn.Conv2d(96,256,kernel_size=5,padding=2),nn.ReLU(),
            nn.MaxPool2d(kernel_size=3,stride=2),
            nn.Conv2d(256,384,kernel_size=3,padding=1),nn.ReLU(),
            nn.Conv2d(384,384,kernel_size=3,padding=1),nn.ReLU(),
            nn.Conv2d(384,256,kernel_size=3,padding=1),nn.ReLU(),
            nn.MaxPool2d(kernel_size=3,stride=2),
            nn.Flatten(),
            nn.Linear(6400,4096),nn.ReLU(),
            nn.Dropout(p=0.5),
            nn.Linear(4096,4096),nn.ReLU(),
```

```
                nn.Dropout(p=0.5),
                nn.Linear(4096,10))

        def forward(self,x):
            out=self.net(x)
            return out

config=parse_args()
config.resize=224
train_set,test_set=load_data_fashion_mnist(batch_size=config.batch_size,
    resize=config.resize,root=config.dataset)
config.device=torch.device('cuda'if torch.cuda.is_available() else'cpu')

model=AlexNet()
train(model,train_set,test_set,config.num_epochs,config.lr,config.device)
```

输出：

```
Training on cuda
epoch: 97
loss 0.120,train acc 0.955,test acc 0.917
time 25.80624532699585 sec on cuda
epoch: 98
loss 0.117,train acc 0.956,test acc 0.917
time 25.39932918548584 sec on cuda
epoch: 99
loss 0.112,train acc 0.958,test acc 0.919
time 25.43919086456299 sec on cuda
epoch: 100
loss 0.112,train acc 0.958,test acc 0.919
time 25.47207808494568 sec on cuda
```

在 0.01 的学习率使用 Fashion-MNIST 数据集下训练 AlexNet 网络约 100 个 epoch，测试集准确率在 91.9% 左右。

4.2.5　VGG

牛津大学的 Visual Geometry Group 团队提出了 VGG 网络[6]，在 2014 年的 ILSVRC 目标检测竞赛中获得冠军，启发了后续一系列的深度神经网络工作。

VGG 在神经网络的构建过程中，充分使用了模块化思想，其网络的基础卷积模块也称为 VGG Block，如图 4-14 所示，每个 VGG Block 由重复堆叠的卷积层和一个最大池化层构成，由多个 VGG Block 进一步构成整体网络。

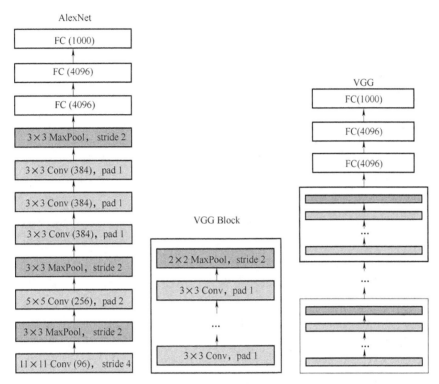

图 4-14　AlexNet（左）**与 VGG**（右）**对比**

VGG 的 PyTorch 实现以及调用 Pipeline 训练如下：

```
class VGG(nn.Module):
    def __init__(self):
        super().__init__()
        conv_arch=((1,64),(1,128),(2,256),(2,512),(2,512))
        ratio=4
        small_conv_arch=[(pair[0],pair[1]//ratio) for pair in conv_arch]
        #卷积部分
        conv_blks=[]
        in_channels=1
        for (num_convs,out_channels) in small_conv_arch:
            conv_blks.append(self.vgg_block(num_convs,in_channels,
                out_channels))
            in_channels=out_channels

        self.net=nn.Sequential(
                * conv_blks,
                nn.Flatten(),#全连接部分
```

```
                    nn.Linear(out_channels*7*7,4096),
                    nn.ReLU(),
                    nn.Dropout(0.5),
                    nn.Linear(4096,4096),nn.ReLU(),nn.Dropout(0.5),
                    nn.Linear(4096,10)
                    )

    def vgg_block(self,num_convs,in_channels,out_channels):
        layers=[]
        for _ in range(num_convs):
            layers.append(nn.Conv2d(in_channels,out_channels,
                                    kernel_size=3,padding=1))
            layers.append(nn.ReLU())
            in_channels=out_channels
        layers.append(nn.MaxPool2d(kernel_size=2,stride=2))
        return nn.Sequential(*layers)

    def forward(self,x):
        out=self.net(x)
        return out

config=parse_args()
config.resize=224
train_set,test_set=load_data_fashion_mnist(batch_size=config.batch_size,
    resize=config.resize,root=config.dataset)
config.device=torch.device('cuda' if torch.cuda.is_available() else 'cpu')

model=VGG()
train(model,train_set,test_set,config.num_epochs,config.lr,
    config.device)
```

输出:

```
trainging on cuda
...
epoch: 96
loss 0.064,train acc 0.976,test acc 0.921
time 46.10407638549805 sec on cuda
epoch: 97
loss 0.063,train acc 0.976,test acc 0.924
```

```
time 46.453309059143066 sec on cuda
epoch: 98
loss 0.061,train acc 0.977,test acc 0.923
time 45.93295407295227 sec on cuda
epoch: 99
loss 0.057,train acc 0.979,test acc 0.926
time 46.17020630836487 sec on cuda
epoch: 100
loss 0.054,train acc 0.980,test acc 0.926
time 45.82200241088867 sec on cuda
```

在 0.01 的学习率使用 Fashion-MNIST 数据集下训练 VGG 网络约 100 个 epoch，测试集准确率在 92.6% 左右。

4.2.6　GoogLeNet

Google 发布的 GoogLeNet[7] 在 2014 年的 ImageNet 图像分类竞赛中获得冠军，其最大的优势是运行速度很快，这得益于其提出的 Inception 模块，其结构如图 4-15 所示。

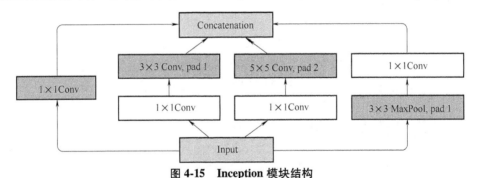

图 4-15　Inception 模块结构

Inception 模块有四条并行分支，前三条分支使用了卷积层，卷积核尺寸分别为 1×1、3×3 和 5×5，使得网络能够对同一输入提取不同空间尺度的信息。其中 3×3 和 5×5 两条分支对输入做了 1×1 卷积以减少通道数，从而降低了模型的复杂度。第四条分支直接使用 3×3 的最大池化层进行下采样，然后使用 1×1 的卷积层来降维。同时，四条分支使用合适的填充值，使得输入和输出具有相同的特征图尺寸。最终每条分支的输出按照通道维度进行拼接得到 Inception 模块的输出。

Inception 模块的 PyTorch 实现代码如下：

```
class Inception(nn.Module):
    def __init__(self,input_channels,n1x1,n3x3_reduce,n3x3,n5x5_reduce,
n5x5,pool_proj):
        super().__init__()

        #1x1 卷积分支
```

```
        self.b1=nn.Sequential(
            nn.Conv2d(input_channels,n1x1,kernel_size=1),
            nn.BatchNorm2d(n1×1),
            nn.ReLU(inplace=True)
        )


        #1×1 卷积->3×3 卷积分支
        self.b2=nn.Sequential(
            nn.Conv2d(input_channels,n3×3_reduce,kernel_size=1),
            nn.BatchNorm2d(n3×3_reduce),
            nn.ReLU(inplace=True),
            nn.Conv2d(n3×3_reduce,n3×3,kernel_size=3,padding=1),
            nn.BatchNorm2d(n3×3),
            nn.ReLU(inplace=True)
        )

        #1×1 卷积-> 5×5 卷积分支
        #使用 2 个 3×3 卷积替换 1 个 5×5 卷积以减小参数量
        self.b3=nn.Sequential(
            nn.Conv2d(input_channels,n5×5_reduce,kernel_size=1),
            nn.BatchNorm2d(n5×5_reduce),
            nn.ReLU(inplace=True),
            nn.Conv2d(n5×5_reduce,n5×5,kernel_size=3,padding=1),
            nn.BatchNorm2d(n5×5,n5×5),
            nn.ReLU(inplace=True),
            nn.Conv2d(n5×5,n5×5,kernel_size=3,padding=1),
            nn.BatchNorm2d(n5×5),
            nn.ReLU(inplace=True)
        )

        #3×3 池化-> 1×1 卷积
        self.b4=nn.Sequential(
            nn.MaxPool2d(3,stride=1,padding=1),
            nn.Conv2d(input_channels,pool_proj,kernel_size=1),
            nn.BatchNorm2d(pool_proj),
            nn.ReLU(inplace=True)
        )

    def forward(self,x):
```

```
return torch.cat([self.b1(x),self.b2(x),self.b3(x),
    self.b4(x)],dim=1)
```

Inception 模块每层的输出通道数作为超参数，可以根据网络规模所需进行调整。例如，以下的两个 Inception 模块：

```
Inception(192,64,(96,128),(16,32),32)
Inception(256,128,(128,192),(32,96),64)
```

对于第一个 Inception 模块，其输入通道数为 192，4 条线路的输出通道数分别为 64、128、32、32，总输出通道数为 256。进入第二个 Inception 模块后，通道数在各线路上分别增加到 128、192、96、64，总输出通道数为 480。

GoogLeNet 的模型结构如图 4-16 所示。

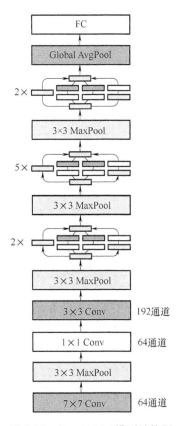

图 4-16　GoogLeNet 模型结构图

GoogLeNet 前端部分类似于 AlexNet 和 LeNet，由一系列卷积层和最大池化层组成；然后，类似 VGG 的模块化思路，使用了 9 个 Inception 模块的堆叠结构，并在第 2、7 个 Inception 模块后面使用最大池化层来缩减维度；进入全连接层前，使用全局平均池化层得到一维特征向量，最后使用了单个全连接层对输出类别进行预测。

GoogLeNet 的 PyTorch 实现代码如下：

```python
class GoogLeNet(nn.Module):

    def __init__(self,num_class=10):
        super().__init__()
        self.prelayer=nn.Sequential(
            nn.Conv2d(1,64,kernel_size=3,padding=1,bias=False),
            nn.BatchNorm2d(64),
            nn.ReLU(inplace=True),
            nn.Conv2d(64,64,kernel_size=3,padding=1,bias=False),
            nn.BatchNorm2d(64),
            nn.ReLU(inplace=True),
            nn.Conv2d(64,192,kernel_size=3,padding=1,bias=False),
            nn.BatchNorm2d(192),
            nn.ReLU(inplace=True),
        )

        self.a3=Inception(192,64,96,128,16,32,32)
        self.b3=Inception(256,128,128,192,32,96,64)

        self.maxpool=nn.MaxPool2d(3,stride=2,padding=1)

        self.a4=Inception(480,192,96,208,16,48,64)
        self.b4=Inception(512,160,112,224,24,64,64)
        self.c4=Inception(512,128,128,256,24,64,64)
        self.d4=Inception(512,112,144,288,32,64,64)
        self.e4=Inception(528,256,160,320,32,128,128)

        self.a5=Inception(832,256,160,320,32,128,128)
        self.b5=Inception(832,384,192,384,48,128,128)

        self.avgpool=nn.AdaptiveAvgPool2d((1,1))
        self.dropout=nn.Dropout2d(p=0.4)
        self.linear=nn.Linear(1024,num_class)

    def forward(self,x):

        x=self.prelayer(x)
        x=self.maxpool(x)
        x=self.a3(x)
        x=self.b3(x)
```

```
        x=self.maxpool(x)

        x=self.a4(x)
        x=self.b4(x)
        x=self.c4(x)
        x=self.d4(x)
        x=self.e4(x)

        x=self.maxpool(x)

        x=self.a5(x)
        x=self.b5(x)

        x=self.avgpool(x)
        x=self.dropout(x)
        x=x.view(x.size()[0],-1)
        x=self.linear(x)

        return x

config=parse_args()
config.batch_size=4
config.resize=96
train_set,test_set=load_data_fashion_mnist(batch_size=config.batch_size,
    resize=config.resize,root=config.dataset)
config.device=torch.device('cuda' if torch.cuda.is_available() else 'cpu')

model=GoogLeNet()
train(model,train_set,test_set,config.num_epochs,config.lr,
    config.device)
```

输出:

```
training on cuda
epoch:0
loss 0.604,train acc 0.781,test acc 0.851
time 1255.2528567314148 sec on cuda
epoch:1
loss 0.336,train acc 0.878,test acc 0.894
time 841.2586498260498 sec on cuda
...
```

在 0.01 的学习率使用 Fashion-MNIST 数据集下训练 GoogLeNet 网络约 50 个 epoch，测试集准确率在 91.5%左右。

4.2.7 ResNet

随着神经网络结构设计朝着更深的方向发展，通过简单叠加卷积层来扩大网络复杂度进而提升网络的表达能力的方法并不是最终的解决方案，反而可能使得网络的性能趋于饱和，甚至下降，这称为神经网络的退化问题（Degradation Problem[8]）。

退化问题的其中一种可能原因是梯度消失或梯度爆炸（Gradients Vanishing/Exploding）。然而，该问题已经被批量归一化（Batch Normalization）和 ReLU 激活函数等方法解决。

在 ResNet[9]中提出了这样一个设想：如果在网络不断堆叠新的层的过程中，想要保持住网络性能，那么极端情况下，新增加的深层网络应该表现出什么也不学习、仅仅复制较浅层网络的特征。在这种有趣的假设下，ResNet 提出了残差模块，它使得浅层网络的输出直接跨层传播到深层，如图 4-17 所示。

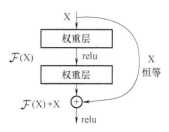

图 4-17　残差模块结构图

残差模块类似电路中的短路连接，一定程度解决了深度网络的退化问题，大大提高了神经网络在更深结构下的特征表达能力，ResNet 也一举拿下 2015 年 ILSVRC 和 COCO 的图像分类、目标检测、语义分割等五项竞赛的冠军，成为计算机视觉史上的里程碑事件，影响了后续大量深度学习的工作。

残差模块的 PyTorch 实现代码如下：

```
class Residual(nn.Module):
    def __init__(self,input_channels,num_channels,
        use_1x1conv=False,strides=1):
        super().__init__()
        self.conv1=nn.Conv2d(input_channels,num_channels,
            kernel_size=3,padding=1,stride=strides)
        self.conv2=nn.Conv2d(num_channels,num_channels,
            kernel_size=3,padding=1)
        if use_1x1conv:
            self.conv3=nn.Conv2d(input_channels,num_channels,
                kernel_size=1,stride=strides)
        else:
            self.conv3=None
        self.bn1=nn.BatchNorm2d(num_channels)
        self.bn2=nn.BatchNorm2d(num_channels)
        self.relu=nn.ReLU(inplace=True)

    def forward(self,X):
        Y=F.relu(self.bn1(self.conv1(X)))
```

```
Y = self.bn2(self.conv2(Y))
if self.conv3:
    X = self.conv3(X)
Y += X
return F.relu(Y)
```

ResNet 网络结构如图 4-18 所示。

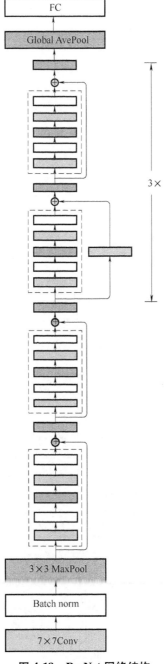

图 4-18　ResNet 网络结构

ResNet 的前两层和 GoogLeNet 类似使用 7×7 的卷积层，并额外添加了 BatchNormalization 层。与 GoogLeNet 使用四个 Inception 模块进行堆叠相仿，ResNet 使用了四个由残差模块的堆叠结构，其中每个残差块具有相同的输出通道数。除了前馈输入回路中的 1×1 卷积层，每个模块具有 4 个卷积层，加上第一个 7×7 的卷积层和最后一个全连接层，总共有 18 层，因此这个模型称为 ResNet-18。

通过配置不同的通道数，并且可以在残差模块中增加残差块的数量，来构建更深的 ResNet 网络，例如具有 152 层的 ResNet-152 等。

下面是 ResNet-18 的 PyTorch 实现代码：

```python
class ResNet18(nn.Module):
    def __init__(self):
        super().__init__()
        b1=nn.Sequential(
            nn.Conv2d(1,64,kernel_size=7,stride=2,padding=3),
            nn.BatchNorm2d(64),nn.ReLU(),
            nn.MaxPool2d(kernel_size=3,stride=2,padding=1))

    def resnet_block(
        input_channels,num_channels,num_residuals,
        first_block=False):
        blk=[]
        for i in range(num_residuals):
            if i==0 and not first_block:
                blk.append(Residual(input_channels,num_channels,
                    use_1x1conv=True,strides=2))
            else:
                blk.append(Residual(num_channels,num_channels))
        return blk

    b2=nn.Sequential(*resnet_block(64,64,2,first_block=True))
    b3=nn.Sequential(*resnet_block(64,128,2))
    b4=nn.Sequential(*resnet_block(128,256,2))
    b5=nn.Sequential(*resnet_block(256,512,2))
    net=nn.Sequential(b1,b2,b3,b4,b5,
        nn.AdaptiveMaxPool2d((1,1)),
        nn.Flatten(),nn.Linear(512,10))

    X=torch.rand(size=(1,1,224,224))
    for layer in net:
        X=layer(X)
        print(layer.__class__.__name__,'output shape:\t',X.shape)
```

```
        self.net=net

    def forward(self,x):
        out=self.net(x)
        return out

config=parse_args()
train_set,test_set=load_data_fashion_mnist(
    batch_size=config.batch_size,
    resize=config.resize,root=config.dataset)
config.device=torch.device(
    'cuda' if torch.cuda.is_available() else 'cpu')

model=ResNet18()
train(model,train_set,test_set,config.num_epochs,config.lr,
    config.device)
```

输出:

```
Sequential output shape:        torch.Size([1,64,56,56])
Sequential output shape:        torch.Size([1,64,56,56])
Sequential output shape:        torch.Size([1,128,28,28])
Sequential output shape:        torch.Size([1,256,14,14])
Sequential output shape:        torch.Size([1,512,7,7])
AdaptiveMaxPool2d output shape:   torch.Size([1,512,1,1])
Flatten output shape:     torch.Size([1,512])
Linear output shape:     torch.Size([1,10])
trainging on cuda
...
epoch: 6
loss 0.020,train acc 0.995,test acc 0.902
time 23.870479106903076 sec on cuda
epoch: 7
loss 0.007,train acc 0.999,test acc 0.916
time 23.92072367668152 sec on cuda
epoch: 8
loss 0.003,train acc 1.000,test acc 0.920
time 23.66318917274475 sec on cuda
epoch: 9
loss 0.002,train acc 1.000,test acc 0.918
```

```
time 23.917259693145752 sec on cuda
epoch: 10
loss 0.001,train acc 1.000,test acc 0.919
time 23.62007427215576 sec on cuda
```

在 0.01 的学习率使用 Fashion-MNIST 数据集下训练 ResNet 网络约 10 个 epoch，测试集准确率在 92%左右。

4.3 小结

本章从卷积运算、填充、池化等基础概念出发，详细讲解了卷积神经网络的基本原理，并进一步介绍了几种经典卷积神经网络模型。由于具有局部感受野、共享权重等优秀的特质，卷积神经网络对于图像这类三维数据具有强大的特征表示能力，能够提取到丰富的高维语义特征。然而，卷积神经网络同样存在缺陷，它难以对语音、文本等具有时序结构的数据进行处理。下一章将针对这一问题，介绍循环神经网络。

参 考 文 献

［1］ IRWIN SOBEL. History and Definition of the Sobel Operator ［EB/OL］.（2015-06-14）［2022-06-24］. https://www. researchgate. net/publication/239398674_An_Isotropic_3_3_Image_Gradient_Operator.

［2］ XIAO H, RASUL K, VOLLGRAF R. Fashion-mnist: a novel image dataset for benchmarking machine learning algorithms ［J］. arXiv preprint arXiv: 1708. 07747, 2017: 1-6.

［3］ LECUN Y, BOTTOU L, BENGIO Y, et al. Gradient-based learning applied to document recognition ［J］. Proceedings of the IEEE, 1998, 86（11）: 2278-2324.

［4］ DENG J, DONG W, SOCHER R, et al. Imagenet: A large-scale hierarchical image database ［C］//2009 IEEE conference on computer vision and pattern recognition, June 20-25, 2009, Miami, Florida. New York: IEEE, c2009: 248-255.

［5］ KRIZHEVSKY A, SUTSKEVER I, HINTON G E. Imagenet classification with deep convolutional neural networks ［J］. Advances in neural information processing systems, 2012, 25: 1-9.

［6］ SIMONYAN K, ZISSERMAN A. Very deep convolutional networks for large-scale image recognition ［J］. arXiv preprint arXiv: 1409. 1556, 2014: 1-14.

［7］ SZEGEDY C, LIU W, JIA Y, et al. Going deeper with convolutions ［C］//Proceedings of the IEEE conference on computer vision and pattern recognition, June 7-12, 2015, Boston, Massachusetts. New York: IEEE, c2015: 1-9.

［8］ BENGIO Y, SIMARD P, FRASCONI P. Learning long-term dependencies with gradient descent is difficult ［J］. IEEE transactions on neural networks, 1994, 5（2）: 157-166.

［9］ HE K, ZHANG X, REN S, et al. Deep residual learning for image recognition ［C］//Proceedings of the IEEE conference on computer vision and pattern recognition, June 27-30, 2016, Las Vegas, Nevada. New York: IEEE, c2016: 770-778.

［10］ 斋藤康毅. 深度学习入门: 基于 Python 的理论与实现 ［M］. 陆宇杰, 译. 北京: 人民邮电出版社, 2018.

第 5 章　序列到序列网络

前面的章节中介绍的全连接神经网络和卷积神经网络所接收的输入数据都是互相独立且完整的样本，可以编码为一个向量（全连接层输入一维向量，卷积网络输入二维向量），能够在单次前向传播后输出预测结果，例如输入一张完整的图片，输出预测的图像类别。然而，针对视频、语音、文本这类具有时序结构的数据的相关任务却无法采用这种模式，这是因为它们的输入和输出均为向量序列，因此此类问题称为序列到序列（Sequence-to-Sequence，Seq2seq）问题。

根据输入与输出向量序列的长度，常见的模型有以下几类：

1）输入向量序列与输出向量序列长度一致，常见于词性分析，即对文本数据的每个单词预测词性，如图 5-1 所示。

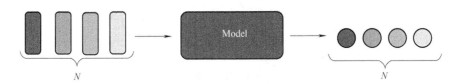

图 5-1　*N-N* 序列预测

2）输入向量序列长度不定，输出向量序列长度为 1，常见于文本分类，如图 5-2 所示。

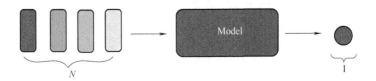

图 5-2　*N-1* 序列预测

3）输入向量序列与输出向量序列的长度均不固定，常见于机器翻译，如图 5-3 所示。

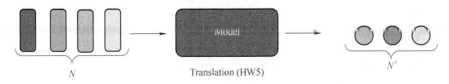

Translation (HW5)

图 5-3　*N-N'* 序列预测

对于语音数据，常用的编码方法是使用 25ms 的滑动窗口，以 10ms 为步长，对窗口内的语音数据提取特征，得到语音的向量序列，如图 5-4 所示。

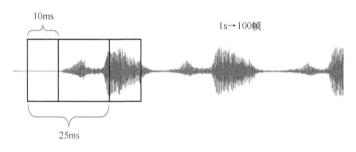

图 5-4　语音数据编码示意图

对于文本数据，则常常将每个单词映射到特征向量（Word Embedding），其中具有相似语义的单词特征向量可以形成聚类，这在自然语言处理领域已有大量研究工作对此进行了探索。以最基础的独热编码（One-hot Encoding）为例，如图 5-5 所示。

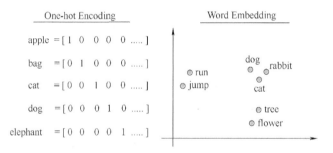

图 5-5　文本数据编码示意图

为了解决单个输入样本是一个向量序列的问题，本章将介绍循环神经网络（Recurrent Neural Network，RNN），如图 5-6 所示，与卷积神经网络不同，它的输入是长度不定的向量序列，其同时对序列中每个向量都进行特征提取得到输出。

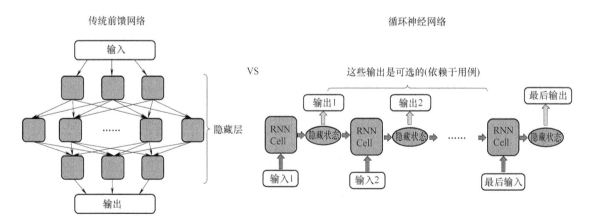

图 5-6　传统前馈网络与循环神经网络对比示意图

接下来将首先介绍基础的循环神经网络框架，以及它的变种——长短期记忆神经网络（Long Short-Term Memory Network，LSTM）。随后本章将介绍近年来在深度学习领域应用广泛、有着巨大影响力的 Seq2seq 框架——Transformer。

5.1　循环神经网络（RNN）

本节将分别从基本原理和代码实现的角度来介绍最基础的一种 Seq2seq 模型——RNN。

5.1.1　RNN 的基本原理

RNN 的基础结构如图 5-7 所示，它的基本单元称为 Cell，它能够以隐藏状态（hidden state）的形式来连接序列数据。RNN Cell 的每个时间步（timestep，即序列数据中的各个元素的位置）的输入是向量序列数据的一个元素和隐藏状态，并输出一个新的隐藏状态。在初始时刻，隐藏状态使用随机初始化，随着序列数据的输入，它被逐步进行编码，每个时间步的输出都依赖于之前所有时间步的数据。

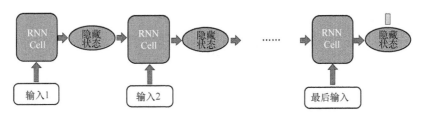

图 5-7　循环神经网络结构示意图

隐藏状态可以被进一步编码得到输出向量，针对不同的任务，最终的输出形式有所不同。例如，在输入向量序列与输出向量序列长度一致的任务中，对每个隐藏状态都预测输出向量，如图 5-8 所示。

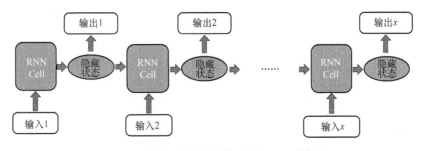

图 5-8　每个隐藏状态都输出的 RNN 示意图

而对于仅需要单一输出向量的任务，则一般只对最后一个隐藏状态进行编码输出，如图 5-9 所示。

应该注意的是，在图 5-9 中序列数据的每个时间步使用的是同一个 Cell 单元，即同一个 Cell 单元在 RNN 中被重复使用，因此图 5-9 也可以表示为图 5-10。

RNN Cell 的内部计算逻辑可以用图 5-11 表示，输入向量首先经过权重矩阵 W_{ax} 和偏置

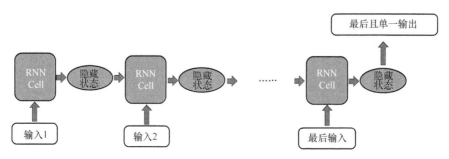

图 5-9　只在最后输出的 RNN 示意图

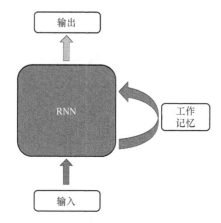

图 5-10　RNN 示意图

向量 b_a 编码，上个时间步的隐藏状态 $a^{<t-1>}$ 经过权重矩阵 W_{aa} 编码，两者相加得到特征向量 g_1，并作为当前时间步更新后的隐藏状态 $a^{<t>}$。如果当前时间步的隐藏状态需要预测输出向量，则进一步对特征向量 g_1 经过权重矩阵 W_{ya} 和偏置向量 b_y 的编码，得到输出特征向量 $y^{<t>}$。

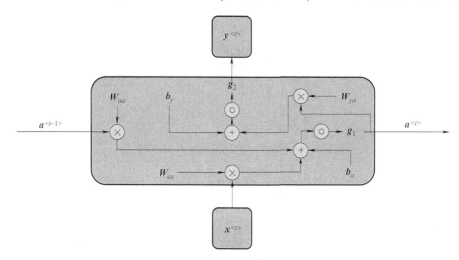

图 5-11　RNN Cell 内部结构图

5.1.2　RNN 的简单实现

1. 数据集的准备

aclImdb 数据集是用于情绪分类的大型电影评论数据集，其涵盖比基准数据集更多的数据，其中有 25000 条电影评论用于训练，25000 条用于测试，还有其他未经标记的数据可供使用，该数据集包含原始文本和已处理的单词格式包，每个样本是一段独立的 txt 文件，如图 5-12 所示。

正样本实例	负样本实例
If you like adult comedy cartoons, like South Park, then this is nearly a similar format about the small adventures of three teenage girls at Bromwell High. Keisha, Natella and Latrina have given exploding sweets and behaved like bitches, I think Keisha is a good leader. There are also small stories going on with the teachers of the school. There's the idiotic principal, Mr. Bip, the nervous Maths teacher and many others. The cast is also fantastic, Lenny Henry's Gina Yashere, EastEnders Chrissie Watts, Tracy-Ann Oberman, Smack The Pony's Doon Mackichan, Dead Ringers' Mark Perry and Blunder's Nina Conti. I didn't know this came from Canada, but it is very good. **Very good!**	Robert DeNiro plays the most unbelievably intelligent illiterate of all time. This movie is so wasteful of talent, it is truly disgusting. The script is unbelievable. The dialog is unbelievable. Jane Fonda's character is a caricature of herself, and not a funny one. The movie moves at a snail's pace, is photographed in an ill-advised manner, and is insufferably preachy. It also plugs in every cliche in the book. Swoozie Kurtz is excellent in a supporting role, but so what? Equally annoying is this new IMDB rule of requiring ten lines for every review. When a movie is this worthless, it doesn't require ten lines of text to let other readers know that it is a waste of time and tape. **Avoid this movie.**

图 5-12　aclImdb 数据集样例

读取数据集，并对数据做预处理。

```
import os
import torch
import torch.nn as nn
import argparse
import copy
import time
from torch.autograd import Variable

class DataProcessor(object):
    def read_text(self,is_train_data):
        #读取原始文本数据
        #is_train_data==True 表示读取训练数据
        #is_train_data==False 表示读取测试数据
        datas=[]
        labels=[]
        if is_train_data:
```

```
            #训练数据目录
            pos_path="./data/aclImdb/train/pos/"
            neg_path="./data/aclImdb/train/neg/"
        else:
            #测试数据目录
            pos_path="./data/aclImdb/test/pos/"
            neg_path="./data/aclImdb/test/neg/"
        pos_files=os.listdir(pos_path)    #获取文件夹下的所有文件名称
        neg_files=os.listdir(neg_path)
        for i,file_name in enumerate(pos_files):
            if i > 2000:
                break
            file_position=pos_path+file_name
            with open(file_position,"r",encoding='utf-8') as f:
                data=f.read()
                datas.append(data)
                labels.append([1,0]) #正类标签维[1,0]
        for i,file_name in enumerate(neg_files):
            if(i > 2000):
                break
            file_position=neg_path+file_name
            with open(file_position,"r",encoding='utf-8') as f:
                data=f.read()
                datas.append(data)
                labels.append([0,1])    #负类标签维[0,1]
        return datas,labels


    def word_count(self,datas):
        #统计单词出现的频次,并将其降序排列,得出出现频次最多的单词
        dic={}
        for data in datas:
            data_list=data.split()
            for word in data_list:
                word=word.lower() #所有单词转化为小写
                if word in dic:
                    dic[word]+=1
                else:
                    dic[word]=1
```

```
        word_count_sorted=sorted(dic.items(),
            key=lambda item:item[1],reverse=True)
        return word_count_sorted

    def word_index(self,datas,vocab_size):
        #创建词表
        word_count_sorted=self.word_count(datas)
        word2index={}
        #词表中未出现的词
        word2index["<unk>"]=0
        #句子添加的 padding
        word2index["<pad>"]=1

        #词表的实际大小由词的数量和限定大小决定
        vocab_size=min(len(word_count_sorted),vocab_size)
        for i in range(vocab_size):
            word=word_count_sorted[i][0]
            word2index[word]=i+2

        return word2index,vocab_size

    def get_datasets(self,vocab_size,embedding_size,max_len):
        #注,由于 nn.Embedding 每次生成的词嵌入不固定,因此此处同时获取训练数
        #据的词嵌入和测试数据的词嵌入
        #测试数据的词表也用训练数据创建
        train_datas,train_labels=self.read_text(is_train_data=True)
        word2index,vocab_size=self.word_index(train_datas,vocab_size)

        test_datas,test_labels=self.read_text(is_train_data=False)

        train_features=[]
        for data in train_datas:
            feature=[]
            data_list=data.split()
            for word in data_list:
                word=word.lower()  #词表中的单词均为小写
                if word in word2index:
                    feature.append(word2index[word])
                else:
```

```python
            feature.append(word2index["<unk>"]) #词表中未出现的
                                                 #词用<unk>代替
        if(len(feature)==max_len): #限制句子的最大长度,超出部分直
                                   #接截断
            break
    #对未达到最大长度的句子添加padding
    feature=feature+[word2index["<pad>"]] * \
        (max_len-len(feature))
    train_features.append(feature)


test_features=[]
for data in test_datas:
    feature=[]
    data_list=data.split()
    for word in data_list:
        word=word.lower() #词表中的单词均为小写
        if word in word2index:
            feature.append(word2index[word])
        else:
            feature.append(word2index["<unk>"]) #词表中未出现的
                                                 #词用<unk>代替
        if(len(feature)==max_len): #限制句子的最大长度,超出部分直
                                   #接截断
            break
    #对未达到最大长度的句子添加padding
    feature=feature+[word2index["<pad>"]] * \
        (max_len-len(feature))
    test_features.append(feature)


#将词的index转换成tensor,train_features中数据的维度需要一致,
#否则会报错
train_features=torch.LongTensor(train_features)
train_labels=torch.FloatTensor(train_labels)

test_features=torch.LongTensor(test_features)
test_labels=torch.FloatTensor(test_labels)


#将词转化为embedding
#词表中有两个特殊的词<unk>和<pad>,所以词表实际大小为vocab_size+2
```

```
            embed=nn. Embedding(vocab_size+2,embedding_size)
            train_features=embed(train_features)
            test_features=embed(test_features)
            #指定输入特征是否需要计算梯度
            train_features=Variable(train_features,
                requires_grad=False)
            train_datasets=torch. utils. data. TensorDataset(
                train_features,train_labels)

            test_features=Variable(test_features,
                requires_grad=False)
            test_datasets=torch. utils. data. TensorDataset(
                test_features,test_labels)
            return train_datasets,test_datasets
```

2. 设计 Pipeline

（1）创建 Dataloader

```
def get_dataloader(config):
    processor=DataProcessor()
    train_datasets,test_datasets=processor. get_datasets(
        vocab_size=config. vocab_size,
        embedding_size=config. embedding_size,
        max_len=config. sentence_max_len)
    train_loader=torch. utils. data. DataLoader(train_datasets,
        batch_size=config. batch_size,shuffle=True)
    test_loader=torch. utils. data. DataLoader(test_datasets,
        batch_size=config. batch_size,shuffle=True)
    return train_loader,test_loader
```

（2）定义网络训练及测试函数

```
def test(model,test_loader,loss_func,device):
    model. eval()
    loss_val=0. 0
    corrects=0. 0
    for datas,labels in test_loader:
        datas=datas. to(device)
        labels=labels. to(device)

        preds=model(datas)
        loss=loss_func(preds,labels)
```

151

```
            loss_val+=loss.item()*datas.size(0)

            #获取预测的最大概率出现的位置
            preds=torch.argmax(preds,dim=1)
            labels=torch.argmax(labels,dim=1)
            corrects+=torch.sum(preds==labels).item()
        test_loss=loss_val/len(test_loader.dataset)
        test_acc=corrects/len(test_loader.dataset)
        return test_acc


def train(model,train_loader,test_loader,epochs,device,lr):
    start=time.time()
    best_val_acc=0.0
    best_model_params=copy.deepcopy(model.state_dict())
    optimizer=torch.optim.Adam(model.parameters(),lr=lr)
    loss_fn=nn.CrossEntropyLoss()
    for epoch in range(epochs):
        model.train()
        loss_val=0.0
        corrects=0.0
        for datas,labels in train_loader:
            datas=datas.to(device)
            labels=labels.to(device)
            preds=model(datas)
            loss=loss_fn(preds,labels)

            optimizer.zero_grad()
            loss.backward()
            optimizer.step()

            loss_val+=loss.item()*datas.size(0)

            #获取预测的最大概率出现的位置
            preds=torch.argmax(preds,dim=1)
            labels=torch.argmax(labels,dim=1)
            corrects+=torch.sum(preds==labels).item()
        train_loss=loss_val/len(train_loader.dataset)
        train_acc=corrects/len(train_loader.dataset)
        test_acc=test(model,test_loader,loss_fn,device)
```

```
        print("epoch:{}".format(epoch))
        print(f'loss {train_loss:.3f},train acc {train_acc:.3f},
            'f'test acc {test_acc:.3f}')
        print(f'time {time.time()-start} sec on {device}')
        if best_val_acc < test_acc:
            best_val_acc=test_acc
            best_model_params=copy.deepcopy(model.state_dict())
    model.load_state_dict(best_model_params)
    return model
```

（3）使用 argparse 模块设置训练参数

```
def parse_args():
    parser=argparse.ArgumentParser(description="config")
    parser.add_argument('--net',default='RNN',type=str)
    parser.add_argument('--vocab_size',default=10000,type=int)
    parser.add_argument('--embedding_size',default=100,type=int)
    parser.add_argument('--num_classes',default=2,type=int)
    parser.add_argument('--sentence_max_len',default=64,type=int)
    parser.add_argument('--num_layers',default=4,type=int)
    parser.add_argument('--lr',default=1e-4,type=float)
    parser.add_argument('--batch_size',default=32,type=int)
    parser.add_argument('--num_epochs',default=256,type=int)
    parser.add_argument('--hidden_size',default=32,type=int)
    parser.add_argument('--device',default='cpu',type=str)
    args=parser.parse_args(args=[])
    return args
```

（4）RNN 模型定义

```
import torch
import torch.nn as nn


class RNN(nn.Module):
    '''

    :param input_size:词向量维度
    :param hidden_size:隐藏单元数量
    :param output_size:输出类别数
    :param num_layers:RNN 层数
    '''


    def __init__(self,input_size,hidden_size,output_size,num_layers):
```

```
            super(RNN,self).__init__()
            self.input_size=input_size
            self.hidden_size=hidden_size
            self.output_size=output_size
            self.num_layers=num_layers

            self.rnn=nn.RNN(self.input_size,self.hidden_size,
                self.num_layers,batch_first=True)
            self.fc=nn.Linear(self.hidden_size,self.output_size)
            self.softmax=nn.Softmax(dim=1)

        def forward(self,x):
            batch_size=x.size(0)    #重新获取 batch_size
            h0=torch.zeros(self.num_layers,
                batch_size,self.hidden_size).to(x.device)
            output,hidden=self.rnn(x,h0)
            #resize 使得 rnn 的输出结果可以输入到 fc 层中
            output=output[:,-1,:]
            #output=output.contiguous().view(-1,self.hidden_size)
            output=self.fc(output)
            output=self.softmax(output)
            return output
```

（5）模型训练

```
config=parse_args()
train_loader,test_loader=get_dataloader(config)
model=RNN(config.embedding_size,hidden_size=config.hidden_size,
          output_size=config.num_classes,
          num_layers=config.num_layers)
config.device=torch.device('cuda' if torch.cuda.is_available() else 'cpu')
model=model.to(config.device)
model=train(model,train_loader,test_loader,config.num_epochs,
    config.device,config.lr)
```

输出：

```
epoch:0
loss 0.693,train acc 0.504,test acc 0.505
time 2.3176400661468506 sec on cuda
epoch:1
loss 0.692,train acc 0.522,test acc 0.503
```

```
time 4.464313268661499 sec on cuda
epoch:2
loss 0.690,train acc 0.540,test acc 0.508
time 6.69439172744751 sec on cuda
...

epoch:10
loss 0.670,train acc 0.598,test acc 0.512
time 24.88055729866028 sec on cuda
```

上面的例子中，训练到第 10 个 epoch 能够在测试集达到 51.2% 的准确率。

5.2 长短期记忆网络（LSTM）

5.1 节介绍的 RNN 虽然实现了对序列数据的处理，但其自身的结构却存在一个严重的缺陷。由于 RNN 内部在处理输入向量序列以及隐藏状态编码时，与权重矩阵和偏置向量的计算为乘法或加法操作，而由于反向传播的链式法则，训练时梯度必须经过连续的矩阵乘法，造成反向传播的过程中梯度发生指数级的缩放，其中序列长度决定了乘法的次数，初始模型参数决定了梯度的大小，这将导致两种极端情况：

1）当模型的参数值较大时，经过指数缩放后得到一个很大的梯度值，使得网络参数剧烈地调整，而这种大幅度调整往往使得模型泛化性能更差，进而得到更大的训练误差，造成恶性循环，最终模型无法收敛。这种情况称为梯度爆炸。

2）当模型的参数值较小时，经过指数级缩放后趋于零，此时网络参数将几乎不发生变化，即模型收敛到一定程度后就难以继续优化了，这种情况称为梯度消失。

为了避免发生梯度爆炸与梯度消失问题，RNN 一般仅适用于处理长度较短的序列数据，也可说 RNN 只具有短期记忆的能力。

长短期记忆网络（LSTM）是为了解决连续矩阵乘法所带来的梯度爆炸与梯度消失问题所提出的 RNN 的一种变体网络结构，本节将介绍它的基本原理以及实现方法。

5.2.1 LSTM 的基本原理

为了克服梯度爆炸与梯度消失问题，LSTM 使用门控机制来过滤每个时间步的信息作为核心，以此保留序列早期的关键信息，防止被后期信息所覆盖。LSTM 的基本单元结构如图 5-13 所示。

可以看到 LSTM 单元中存在两种状态，除了 RNN 中的隐藏状态，还有单元状态，它们也常被形象地称为短期记忆（short-term memory）和长期记忆（long-term memory），同时其内部的运算过程相较 RNN 也更为复杂，下面将详细介绍 LSTM 用来维持长期记忆的输入门、遗忘门和输出门三个门控机制。

（1）输入门（见图 5-14）

与 RNN 类似，LSTM 的输入同样为当前时间步的输入向量以及上个时间步的隐藏状态，

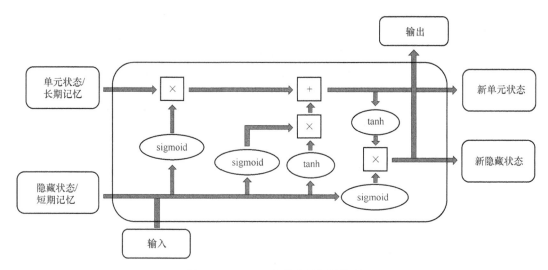

图 5-13　LSTM 的基本单元结构图

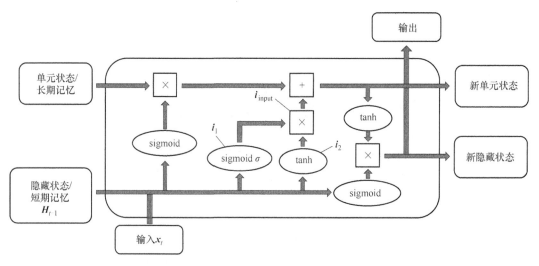

图 5-14　LSTM 的输入门

首先隐藏状态和输入向量在维度方向上被拼接在一起，再将得到的拼接向量分别经过两个独立的全连接层以及 sigmoid 激活函数和 tanh 激活函数得到特征向量 i_1 和 i_2，随后 i_1 和 i_2 逐元素相乘，得到输入门的编码结果。

使用 sigmoid 函数编码隐藏状态能够将值转换为 0 和 1 之间的值，越接近 0 表示该信息越不重要，而越接近 1 表示该信息被保留越多。当通过反向传播进行训练时，权重将被更新，以便学会只让有用的通过而丢弃不太重要的特征，这是使用 LSTM 门控机制起作用的关键。而使用 tanh 函数则能够较好保留原始信息。

输入门的计算过程可以用数学表达式表示如下：

$$i_1 = \sigma(W_{i_1} \cdot (H_{t-1}, x_t) + \mathrm{bias}_{i_1})$$
$$i_2 = \tanh(W_{i_2} \cdot (H_{t-1}, x_t) + \mathrm{bias}_{i_2})$$

$$i_{\text{input}} = i_1 * i_2$$

（2）遗忘门（见图 5-15）

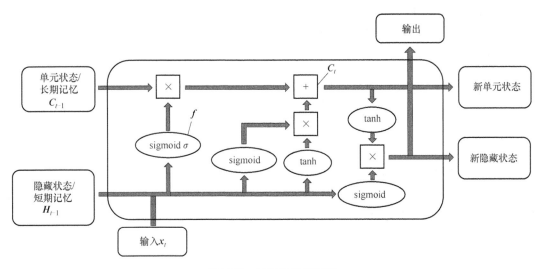

图 5-15　LSTM 的遗忘门

类似于输入门，遗忘门同样使用一组独立的全连接层以及 sigmoid 激活函数对上一时间步的隐藏状态和当前输入向量进行编码得到特征向量 f，随后与上一个时间步的单元状态相乘，起到选择性保留单元状态中有用信息的作用。最后再把该特征向量与输入门的输出逐元素相加，得到当前时间步的单元状态，即 C_t。

遗忘门的计算过程可以用数学表达式表示如下：

$$f = \sigma \left(W_{\text{forget}} \cdot \left(H_{t-1}, x_t \right) + \text{bias}_{\text{forget}} \right)$$

$$C_t = C_{t-1} * f + i_{\text{input}}$$

（3）输出门（见图 5-16）

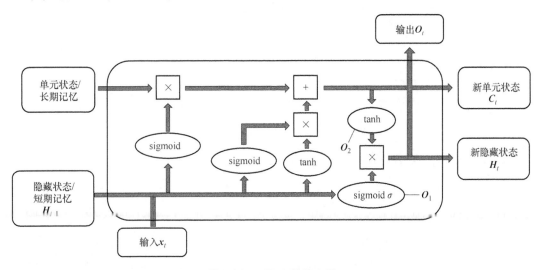

图 5-16　LSTM 的输出门

输出门将第三次使用一组独立全连接层以及 sigmoid 函数对上一时间步的隐藏状态和当前输入向量进行编码得到特征向量 O_1，并利用 tanh 函数对当前时间步的单元状态进行编码得到特征向量 O_2，两者相乘后得到当前时间步的隐藏状态 H_t。与 RNN 类似，当前时间步的隐藏状态也同样可以用于根据任务需要编码为当前时间步的输出 O_t。

输出门的计算过程用数学表达式表示如下：

$$O_1 = \sigma(W_{output_1} \cdot (H_{t-1}, x_t) + \text{bias}_{output_1})$$

$$O_2 = \tanh(W_{output_2} \cdot C_t + \text{bias}_{output_2})$$

$$H_t, O_t = O_1 * O_2$$

正是由于 LSTM 在输入门、遗忘门和输出门三个门控单元结构中，利用 sigmoid 函数作为过滤器控制信息的传递，因此 LSTM 具有保留长期记忆的能力，这种能力在处理序列数据（特别是长序列数据）的任务中，是尤为重要的。

5.2.2 LSTM 的简单实现

在 models.py 中定义，如下所示：

```python
class LSTM(nn.Module):
    """
    :param embedding_size:词向量维度
    :param hidden_size:隐藏单元数量
    :param output_size:输出类别数
    :param num_layers:LSTM 层数
    """
    def __init__(self,embedding_size,hidden_size,
        num_layers,num_classes,device):
        super(LSTM,self).__init__()

        self.num_directions=2
        self.input_size=embedding_size
        self.hidden_size=hidden_size
        self.num_layers=num_layers

        self.lstm=nn.LSTM(embedding_size,hidden_size,
                num_layers=num_layers,
                bidirectional=(self.num_directions==2))

        self.liner=nn.Linear(
            num_layers * self.num_directions * hidden_size,num_classes)
        self.act_func=nn.Softmax(dim=1)
```

```
        self.device=device

    def forward(self,input):
        #lstm 的输入维度为 [seq_len,batch_size,input_size]
        output=input.permute(1,0,2)
        batch_size=output.size(1)
        h_0=torch.randn(
            self.num_layers*self.num_directions,
            batch_size,self.hidden_size).to(self.device)
        c_0=torch.randn(
            self.num_layers*self.num_directions,
            batch_size,self.hidden_size).to(self.device)
        out,(h_n,c_n)=self.lstm(output,(h_0,c_0))
        output=h_n
        output=output.permute(1,0,2)
        output=output.contiguous().view(
            batch_size,
            self.num_layers*self.num_directions*self.hidden_size)
        output=self.liner(output)
        output=self.act_func(output)
        return output
```

在 argparse 中设置，如下所示：

```
    def parse_args():
        parser=argparse.ArgumentParser(description="config")
        parser.add_argument('--net',default='LSTM',type=str)
        #parser.add_argument('--dataset',default=None,type=str)
        parser.add_argument('--vocab_size',default=10000,type=int)
        parser.add_argument('--embedding_size',default=100,type=int)
        parser.add_argument('--num_classes',default=2,type=int)
        parser.add_argument('--sentence_max_len',default=64,type=int)
        parser.add_argument('--num_layers',default=4,type=int)
        parser.add_argument('--lr',default=1e-4,type=float)
        parser.add_argument('--batch_size',default=32,type=int)
        parser.add_argument('--num_epochs',default=256,type=int)
        parser.add_argument('--hidden_size',default=64,type=int)
        parser.add_argument('--device',default='cpu',type=str)
        args=parser.parse_args()
        return args
```

5.3　Transformer 网络

本节将介绍近年来深度学习领域最为重要的一类 Seq2seq 模型——Transformer。自 2017 年 Google 在论文"Attention is all you need[4]"中首次提出 Transformer 框架以来，其已经在自然语言处理（NLP）和计算机视觉（Computer Vision）等领域的众多任务上启发了一系列基于 Transformer 的工作并取得了突破性的进展，例如，在 2018 年刷新包括机器阅读理解等在内的 11 项自然语言处理任务成绩的 BERT[5]，在 2020 年刷新 ImageNet 榜单的 ViT[6] 和 2021 年刷新目标检测以及语义分割成绩并一举获得 ICCV Best Paper 的 Swin Transformer[7]。

在前面介绍的 RNN 和 LSTM 中，模型是沿着输入序列从前往后计算来处理时序信息的，即输入序列中的第 t 时刻的隐藏状态由第 $t-1$ 时刻隐藏状态和第 t 时刻的输入数据共同生成，历史信息随着序列输入逐步传递。这种计算方式带来了两个问题：

1）序列数据必须逐一输入网络，导致网络的并行度低。

2）处理长序列的时序信息时受到内存约束。

Transformer 抛弃了循环网络的时序输入结构，转而使用完全基于注意力机制的架构，使得模型能够并行处理完整的序列数据，同时能够有效地对时序信息进行处理，相比循环神经网络，能够在更少的训练成本下达到更好的性能表现。下面首先介绍 Transformer 的核心模块——自注意力层，然后从网络结构和实现来介绍 Transformer。

5.3.1　自注意力层

如图 5-17 所示，对于序列数据（既可以是原始输入数据序列，也可以是网络中的特征序列），在自注意力层（Self-attention Layer）中，序列中的每个元素将与所有其他元素发生信息交换并得到对应的输出元素，即每个输出向量 b^i 都是所有输入向量共同作用，综合了完整序列信息的结果。

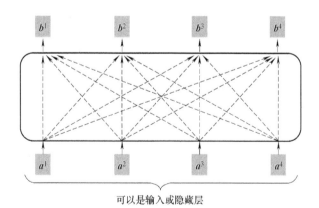

可以是输入或隐藏层

图 5-17　自注意力层内的信息交换

信息交换过程中，对于每个输入向量，首先需要衡量它与其他输入向量的相关（relevant）程度，用注意力分数（attention score）表示。两个输入向量的相关程度越高，其对应的注意力分数就越高。有两种常用的计算注意力分数的方法[9]：

1）点积注意力：将两个向量分别经过两个权重矩阵 $\boldsymbol{W}^q$ 和 $\boldsymbol{W}^k$ 的映射后分别得到 query 向量 $\boldsymbol{q}$ 和 key 向量 $\boldsymbol{k}$，再做向量乘法得到注意力分数，如图 5-18 所示。

2）加性注意力：同样，将两个向量分别经过两个权重矩阵 $\boldsymbol{W}^q$ 和 $\boldsymbol{W}^k$ 的映射后分别得到 query 向量 $\boldsymbol{q}$ 和 key 向量 $\boldsymbol{k}$，再相加，随后再经过激活函数（常用 tanh）和另一个权重矩阵，得到注意力分数，如图 5-19 所示。

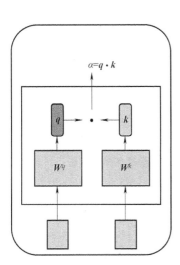

图 5-18　点积注意力示意图

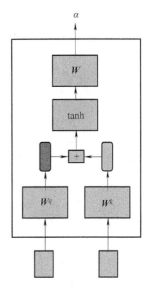

图 5-19　加性注意力示意图

在自注意力层中，序列中的每个输入向量，都被权重矩阵 $\boldsymbol{W}^q$ 和 $\boldsymbol{W}^k$ 映射为 query 向量和 key 向量，因此每个输入向量都可以与其他向量两两计算注意力分数。如图 5-20 所示，以序列中的第一个向量 $\boldsymbol{a}^1$ 为例，它的 query 向量 $\boldsymbol{q}^1$ 与每个 key 向量（包括 $\boldsymbol{k}^1$）均计算注意力分数，随后接 Soft-max 层，得到 $\boldsymbol{a}^1$ 与每个输入向量的最终注意力分数，其代表了它与其他输入向量的相关程度。

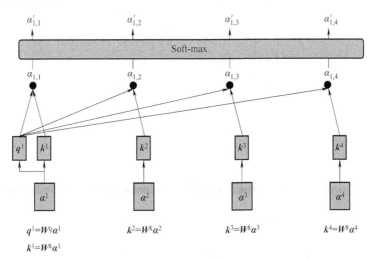

图 5-20　注意力分数计算过程示意图

有了注意力分数来衡量向量之间的相关程度，为了对每个输入向量进行特征编码，自注意力层还需要进一步综合输入向量的信息。如图 5-21 所示，对每个输入向量，使用第三个权重矩阵 W^v 编码得到 value 向量，对于每个输入向量，所有的 value 向量与其对应的注意力分数做加权求和，便得到对应的输出向量。

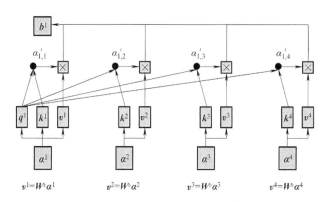

图 5-21　注意力分数与 value 向量加权求和得到输出向量

在自注意力层中，每个输入向量均经过三个共享权重矩阵 W^q、W^k、W^v 编码，并综合所有向量的信息得到对应输出向量。由于自注意力层的权重矩阵共享参数，因此该计算过程能够被并行计算，如图 5-22 所示，输入向量序列可以被拼接为输入矩阵 I，并与权重矩阵直接相乘得到对应的矩阵 Q、K、V，其对应的列向量即为 query 向量、key 向量和 value 向量。

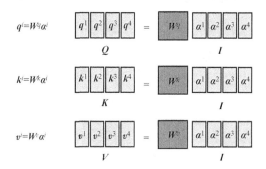

图 5-22　query 向量、key 向量和 value 向量的矩阵运算示意图

在计算注意力分数时，如果独立看各个输入向量，如图 5-23 所示。

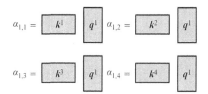

图 5-23　注意力分数的独立计算过程

该过程同样可以通过矩阵并行计算得到，如图 5-24 所示。

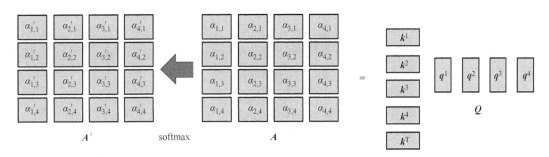

图 5-24　注意力分数的矩阵运算示意图

而最后利用注意力分数对所有 value 向量的加权求和，同样可以通过矩阵并行计算，如图 5-25 所示。

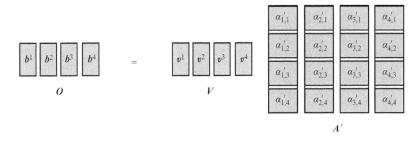

图 5-25　value 向量加权求和的矩阵并行计算示意图

自注意力层完整的并行计算过程如图 5-26 所示。

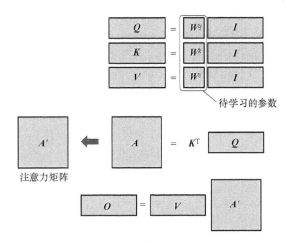

图 5-26　完整自注意力层并行计算过程示意图

上述计算过程说明了自注意力层处理序列数据时，对于每一个输入向量，通过计算注意力分数聚合序列所有向量的信息来提取特征，同时所有计算过程均可转化为矩阵形式的单次运算，提高了网络的并行度。另外，在 RNN 和 LSTM 中，序列数据需要时序输入，且依靠隐藏状态来存储历史信息，而在自注意力层中，序列数据可以一次性输入，且序列中任意两个向量均可跨过其他向量直接建立联系，这使得自注意力层对于序列数据拥有更强大的建模能力。

　　然而，上述自注意力层相比卷积层，缺少了一项重要的性质。在卷积网络中，通过设置多个卷积核，能够对输入特征图提取得到多个通道的输出特征图，每个通道在特征空间中代表了一种潜在的模式。而一般的自注意力层仅仅使用一组权重矩阵 $\boldsymbol{W}^q$、$\boldsymbol{W}^k$、$\boldsymbol{W}^v$ 来对数据进行特征映射，因此只能够学习到单一的模式。

　　为了弥补该缺陷，多头自注意力层（Multi-head Self-attention）（这里以 2-head 为例，如图 5-27 所示）和普通自注意力层一样，先使用一组权重矩阵 $\boldsymbol{W}^q$、$\boldsymbol{W}^k$、$\boldsymbol{W}^v$ 把输入序列中的所有向量映射为 query、key 和 value 向量，随后又分别使用两组权重矩阵 $\boldsymbol{W}^{q,1}$、$\boldsymbol{W}^{k,1}$、$\boldsymbol{W}^{v,1}$ 和 $\boldsymbol{W}^{q,2}$、$\boldsymbol{W}^{k,2}$、$\boldsymbol{W}^{v,2}$ 做进一步映射，如图中输入向量 $\boldsymbol{a}^i$ 的 query 向量 $\boldsymbol{q}^i$ 被两组新的权重矩阵 $\boldsymbol{W}^{q,1}$ 和 $\boldsymbol{W}^{q,2}$ 映射为 $\boldsymbol{q}^{i,1}$ 和 $\boldsymbol{q}^{i,2}$，key 向量与 value 向量同理。在与输入向量 $\boldsymbol{a}^j$ 求自注意力分数时并与 value 向量加权求和时，第一组向量 $\boldsymbol{q}^{i,1}$、$\boldsymbol{k}^{i,1}$ 和 $\boldsymbol{v}^{i,1}$ 参与计算得到 head-1 输出向量 $\boldsymbol{b}^{i,1}$，同理第二组向量 $\boldsymbol{q}^{i,2}$、$\boldsymbol{k}^{i,2}$ 和 $\boldsymbol{v}^{i,2}$ 参与计算得到 2-head 输出向量 $\boldsymbol{b}^{i,2}$。

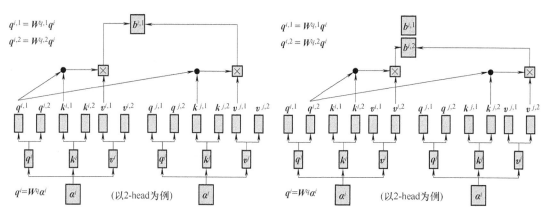

图 5-27　2-head 自注意力层示意图

　　在各个 head 计算完输出向量之后，所有 head 的输出向量被拼接并被一组输出权重矩阵映射到特征维度，如图 5-28 所示。

　　需要注意的是，在上述自注意力层中，对于输入序列是没有强调"时序"的概念的，这是因为输入序列的每个向量均两两独立计算注意力分数并产生信息交换，该过程与向量的位置没有关系。为了对向量的位置进行建模，通常还需要在进入自注意力层前，对输入向量进行位置编码（positional encoding），即对输入向量直接加上一个表征序列位置的特殊向量，如图 5-29 所示。

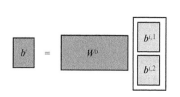

图 5-28　多头注意力层的输出经过拼接后进一步映射

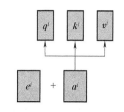

图 5-29　位置编码示意图

　　在这里，位置向量可以人为手工设置，最常用的是正弦波位置编码：

$$PE(pos, 2i) = \sin(pos/10000^{2i/d}model)$$
$$PE(pos, 2i) = \cos(pos/10000^{2i/d}model)$$

式中，pos 代表向量在序列中的位置，i 代表特征向量的维度。正弦波位置编码的可视化如图 5-30 所示。

图 5-30　正弦波位置编码可视化示意图

　　加上位置编码后，每个输入向量在序列中的位置信息就直接编码到其原始向量上，参与后续计算。

　　多头自注意力层构成了 Transformer 框架的基本模块，而正是自注意力机制赋予了 Transformer 强大的特征表达能力。5.3.2 节将详细介绍 Transformer 的网络结构。

5.3.2　Transformer 网络结构

　　如图 5-31 所示，Transformer 网络采用了编码器-解码器（Encoder-Decoder）结构。编码器即图中的左半部分，它用于将输入的数据编码为向量序列，然后利用多头自注意力层对向量序列进行特征编码。而在右半部分的解码器中，则将经过编码器所编码的特征向量序列再次使用多头注意力机制对特征向量进行解码，映射到输出空间中。以机器翻译任务为例，编码器将输入的单词序列进行特征编码，解码器则对编码后的特征序列解码为另一种语言的单词序列。下面将分别介绍编码器和解码器的内部计算原理。

　　1. 编码器（Encoder）

　　编码器的输入与输出是同样长度的向量序列。对于输入数据（Inputs），首先需要编码为向量序列（Input Embedding）。在自然语言处理任务中，输入数据往往是文本序列，所以与 RNN 和 LSTM 类似，需要对每个单词进行编码得到单词编码序列。在加上位置编码（Positional Encoding）后，向量序列被输入多头自注意力层（Multi-Head Attention）进行信息聚合。随后，采用了与第 4 章介绍的 ResNet 所一致的残差连接，将多头自注意力层的输入直接与输出相加（Add）。随后，特征向量序列将经过 Layer Normalization 处理。

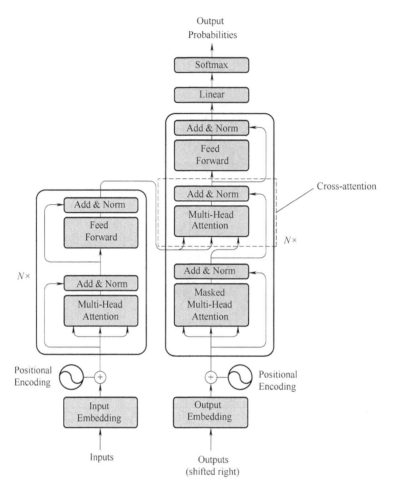

图 5-31　Transformer 网络结构

　　与第 2 章介绍过的对数据进行批量归一化的 Batch Normalization 不同，Layer Normalization 旨在对特征向量做通道维度上的归一化，在计算机视觉问题中，Layer Normalization 是指在特征图的通道维度上做归一化。而在 NLP 的问题中，Layer Normalization 是指对句子的单个 token 特征进行归一化。如图 5-32 所示[8]（此处将特征图的宽（W）和高（H）合并为一个维度），Batch Normalization 是在批量维度（B）上做归一化，而 Layer Normalization 是在单个样本的通道维度（C）上做归一化。

　　Layer Normalization 的计算过程为

$$\mathrm{LN}(x_i) = \alpha \frac{x_i - \mu_\mathrm{L}}{\sqrt{\sigma_\mathrm{L}^2 + \varepsilon}} + \beta$$

式中，σ、β 是可学习的参数，μ_L、σ_L^2 是当前样本的均值和方差。

　　在 Batch Normalization 中，训练过程使用当前 mini-batch 数据的均值和方差，推理过程中使用训练集的全局均值和方差，因此要求训练过程中保留全局均值和方差。而 Layer Normalization 计算过程中各条数据相互独立，因此 Layer Normalization 在训练过程中不需要保留

训练过程中的全局 μ、σ^2，无论训练还是测试阶段，对每条数据在通道维度内独立进行归一化即可。

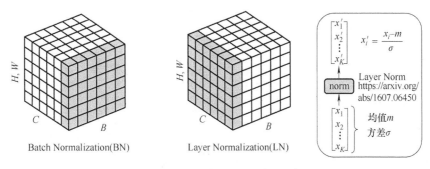

图 5-32　BN 层与 LN 层的对比示意图

编码器中经过了残差连接和 Layer Normalization（Add & Norm）的特征向量序列被进一步输入一个由全连接层构成的前馈网络（Feed Forward Network，FFN）。与多头注意力层相同，FFN 的输入与输出同样通过残差连接和 Layer Normalization（Add & Norm）。经过重复的 N 次多头注意力层和 FFN（N 组独立、不共享的参数），就得到了编码器最终的输出向量序列。在参考文献［4］中，编码器采用了 $N=6$ 的重复堆叠结构。

2. 解码器（Decoder）

解码器旨在对编码器输出的特征向量序列进行解码，得到具有实际意义的预测结果。这里以参考文献［4］的语音识别任务为例介绍解码器的计算原理。在语音识别任务中，首先设置一个初始向量作为解码器的输入，这里称为输出编码（Output Embedding）向量序列。这里可能会令读者感到困惑，解码器的输入为什么会被命名为输出编码。其原因是解码器在机器翻译任务中，是逐个单词解码的，已解码的单词会作为解码器的输入，来预测下一个单词。而在初始时刻，仅仅设置一个无实际意义的初始标识向量"START"，而将其他位置的输入使用掩码（Mask）填充。如图 5-33 所示，在预测第一个单词时，解码器的自注意力层将"START"向量以外的向量用掩码填充，不参与注意力的计算，这个特殊的自注意力层称为带掩码的多头注意力（Masked Multi-Head Attention）层。在下一个多头注意力层中，对编码器的特征向量序列计算 key 向量和 value 向量，对解码器的带掩码多头注意力层输出向量计算 query 向量，随后使用 query 向量对 key 向量和 value 向量求注意力分数并做加权求和，其结果经过全连接（Fully Connect，FC）层预测第一个单词。这里第二次多头注意力层对编码器提供的特征向量和解码器的输出编码向量求注意力分数并聚合信息，它称为 Cross-attention 层。

在预测下一个单词时，上一个预测单词被加入到输出编码中，同样经过 Cross-attention 层与编码器输出的特征向量求注意力分数并聚合信息。在语音识别任务中，解码器就这样逐个预测单词，并将已预测单词用于下一个单词的解码，如图 5-34 所示。

采用编码器-解码器结构，对于序列数据，Transformer 能够有效地进行特征编码，而且由于注意力机制中对序列中的向量能够跨过时序性输入直接进行信息聚合，因此 Transformer 也具备了对长序列的建模能力，能够捕捉序列数据中的长距离依赖关系和全局特征，因此理论上，Transformer 能够编码无限长的文本。同时，由于不需要依靠 RNN 或 LSTM 的隐藏状

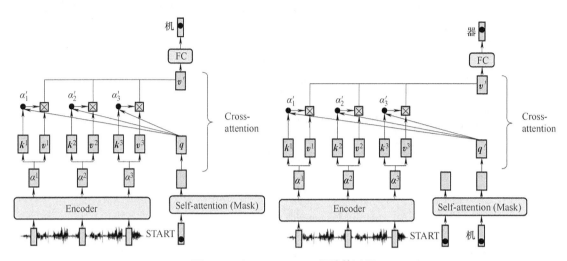

图 5-33　Cross-attention 层计算过程

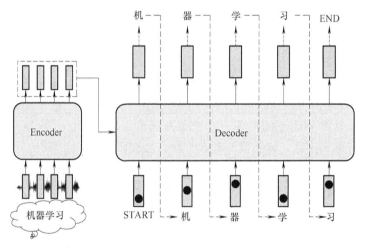

图 5-34　解码器运算过程示意图

态来存储时序信息，Transformer 能够极大突破内存的限制，且显著地提高了网络的并行度。Transformer 自 2017 年提出以来，在自然语言处理领域取得了一系列重大突破，其中影响力最大的当属 BERT，作为 Google 开源的自然语言预训练模型，一经推出就刷新了 11 项任务的 SOTA 记录，并被用于 Google 搜索引擎中改善搜索结果，目前已经支持 70 多种语言的搜索服务。

　　在自然语言处理中大获成功的 Transformer 迅速应用到其他领域，近年来在计算机视觉领域同样大放异彩。5.3.3 节将从代码实现的角度，介绍 Transformer 在图像分类任务上的一个应用——Vision Transformer（ViT）。

5.3.3　Vision Transformer（ViT）网络

　　近年来，由于在自然语言处理领域内的成功，Transformer 在人工智能社区迅速流行，迁移到计算机视觉领域的众多主流任务上同样也取得了突破性的进展，其中最为重要的一项工作就是由 Google Research 在 ICLR2021 上所提出的 Vision Transformer（ViT）。作为首个完全基于标准 Transformer 来做图像分类并在大规模预训练取得成功的工作，ViT 创新性地提出了一种将图像数据编码为序列的方法，以适应 Transformer 的 Seq2seq 架构，在大规模图像分类数据集 ImageNet-21K 和 JFT-300M 上预训练，并迁移到 ImageNet、CIFAR-100、VTAB 等较小规模的数据集上进行微调，取得了媲美甚至超越卷积神经网络的性能。ViT 证明了完全基于 Transformer 的网络架构也能胜任计算机视觉的底层任务，尤其是在具有大规模数据集的情况下性能表现更好。同时 ViT 提供了一种将图像数据编码为序列数据的思路，启发了后续一系列的相关研究，成为计算机视觉领域的里程碑式工作。

本节将从代码实现的角度来分析和实现 ViT。

1. ViT 基本架构

如图 5-35 所示，与前面介绍的用于机器翻译的 Transformer 不同，ViT 只包含一个编码器（Transformer Encoder）。对于输入图片，首先将图片切割为均匀的 $N \times N$ 个图像块（Image Patch）并展开。每个图像块被拉伸为一维向量并经过全连接层编码后，加入位置编码。应该注意的是，这里的输入序列的首个元素（0 号输入向量）为随机初始化的可学习参数，它将用于捕捉所有图像块的信息，并用于最后的分类，从 1 号向量开始，随后的序列元素才是图像块的编码。Transformer 编码器与常规版本不同的是其归一化放置在模块输入之前（也称为 PreNorm），随后采用了多头注意力机制和残差连接来交换序列元素的信息并传递至下一层。经过 L 层编码器的堆叠结构后，0 号特征向量接多层感知机（MLP Head）来预测图像类别。

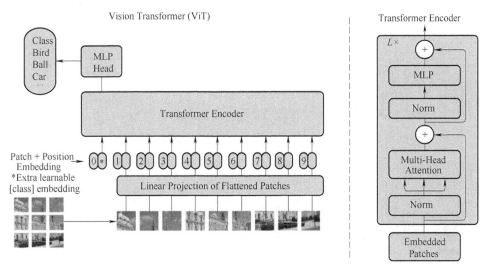

图 5-35　ViT 基本架构图

ViT 的整体结构非常简洁，将图像分块并拉伸为序列的做法，在每个小块内部实现了局部感知，这和卷积网络的局部感受野具有异曲同工之妙，同时利用了注意力机制对图像上下文信息同样也进行了有效的感知，提取全局特征。下面就从代码实现的角度来进一步分析 ViT 的实现细节。

2. ViT 代码实现

参考的第三方库 https://github. com/lucidrains/vit-pytorch。

（1）首先导入所需库

```
import torch
import torch.nn.functional as F
from einops import rearrange,repeat
from torch import nn
```

（2）定义基本模块

残差连接的实现：在前向传播时，将模块的输出与输入直接相加。

```
class Residual(nn.Module):
    def __init__(self,fn):
        super().__init__()
        self.fn=fn
    def forward(self,x,**kwargs):
        #残差连接: fn(x)+x
        return self.fn(x,**kwargs)+x
```

Layer Normalization 的实现：这里使用 PyTorch 的 nn.LayerNorm( ) 函数来实现。由于它被放置在自注意力层和 FFN 之前，也称为 PreNorm。

```
class PreNorm(nn.Module):
    def __init__(self,dim,fn):
        super().__init__()
        self.norm=nn.LayerNorm(dim)
        self.fn=fn
    def forward(self,x,**kwargs):
        #  在输入 fn 层前使用 Layer Normalization
        return self.fn(self.norm(x),**kwargs)
```

FeedForward 的实现：这里使用两层全连接层来实现前馈神经网络，同时采用了 GELU 激活函数和弃权（Dropout）机制。

```
class FeedForward(nn.Module):
    #前馈神经网络
    def __init__(self,dim,hidden_dim,dropout=0.):
        super().__init__()
        #两个使用 GELU 和 Dropout 的全连接层
        self.net=nn.Sequential(
            nn.Linear(dim,hidden_dim),
            nn.GELU(),
            nn.Dropout(dropout),
```

```
            nn.Linear(hidden_dim,dim),
            nn.Dropout(dropout)
        )
    def forward(self,x):
        return self.net(x)
```

Multi-Head Attention 的实现：这里使用两组全连接层的权重矩阵来实现，第一个全连接层用于把输入序列映射到 Q、K、V 矩阵，随后重新排列成多个 head，将 K、Q 点积结果输入 Softmax 得到 V 的权重矩阵，计算注意力分数；第二个全连接层的权重矩阵用于将每个 head 拼接后的输出映射回原来的维度。

```
class Attention(nn.Module):
    def __init__(self,dim,heads=8,dim_head=64,dropout=0.):
        super().__init__()
        inner_dim=dim_head*heads
        self.heads=heads
        self.scale=dim_head**-0.5

        #get q,k,v from a single weight matrix
        self.to_qkv=nn.Linear(dim,inner_dim*3,bias=False)
        self.to_out=nn.Sequential(
            nn.Linear(inner_dim,dim),
            nn.Dropout(dropout)
        )

    def forward(self,x,mask=None):

        #输入序列 x:[batch_size,patch_num,pathch_embedding_dim]
        b,n,_,h=*x.shape,self.heads

        #qkv 映射:([batch,patch_num,head_num*head_dim],[...],[...])
        qkv=self.to_qkv(x).chunk(3,dim=-1)

        #拆分 q,k,v 为多个 head[batch,patch_num,head_num*head_dim]->
        #[batch,head_num,patch_num,head_dim]
        q,k,v=map(lambda t: rearrange(t,'b n (h d)->b h n d',h=h),qkv)

        #transpose(k)*q/sqrt(head_dim)->
        #[batch,head_num,patch_num,patch_num]
        dots=torch.einsum('bhid,bhjd->bhij',q,k)*self.scale
```

```
#设置 mask(用于 Transformer 解码器的 Cross-attention,ViT 不使用)
#mask value:-inf
mask_value=-torch.finfo(dots.dtype).max

if mask is not None:
    mask=F.pad(mask.flatten(1),(1,0),value=True)
    assert mask.shape[-1]==dots.shape[-1], \
        'mask has incorrect dimensions'
    mask=mask[:,None,:]*mask[:,:,None]
    dots.masked_fill_(~mask,mask_value)
    del mask

#softmax 操作计算注意力分数
attn=dots.softmax(dim=-1)

#注意力分数与 V 矩阵相乘得到多头输出
out=torch.einsum('bhij,bhjd->bhid',attn,v)

#合并多头输出
out=rearrange(out,'b h n d-> b n (h d)')

#经过全连接层得到最终输出
out=  self.to_out(out)

#out:[batch,patch_num,embedding_dim]
return out
```

Transformer 编码器的实现：分别在 Multi-Head Attention 层和 Feedforward 层使用 Layer Normalization 和残差连接组合成为编码器，重复多次堆叠，这里堆叠次数由参数 depth 指定。

```
class Transformer(nn.Module):
    def __init__(self,dim,depth,heads,dim_head,mlp_dim,dropout):
        super().__init__()
        self.layers=nn.ModuleList([])
        for _ in range(depth):
            #使用重复多头注意力层和前馈神经网络
            self.layers.append(nn.ModuleList([
                Residual(PreNorm(dim,Attention(dim,heads=heads,
                                                dim_head=dim_head,
                                                dropout=dropout))),
```

```
                Residual(PreNorm(dim,FeedForward(dim,mlp_dim,
                                          dropout=dropout)))
            ]))
    def forward(self,x,mask=None):
        for attn,ff in self.layers:
            x=attn(x,mask=mask)
            x=ff(x)
        return x
```

ViT 的实现：在保证原始图像能整除为若干图像块的前提下计算图像块数量 num_patch。图像输入后被分为图像块，然后将每个图像块拉伸成一维向量经过全连接层编码并添加位置编码，而后输入 Dropout 层（防止过拟合），使用 Transformer 提取特征，最后使用一个多层感知机映射到类别输出。

```
class ViT(nn.Module):
    def __init__(self,*,image_size,patch_size,num_classes,
                    dim,depth,heads,mlp_dim,
                    pool='cls',channels=3,dim_head=64,
                    dropout=0.,emb_dropout=0.):
        super().__init__()
        assert image_size % patch_size==0, \
            'Image dimensions must be divisible by the patch size.'
        num_patches=(image_size//patch_size)**2
        patch_dim=channels*patch_size**2
        assert num_patches > MIN_NUM_PATCHES, \
            f'your number of patches ({num_patches}) is way \
            too small for attention \
            to be effective (at least 16).Try decreasing your patch size'
        assert pool in {'cls','mean'}, \
            'pool type must be either cls (cls token) or mean (mean pooling)'

        self.patch_size=patch_size

        self.pos_embedding=nn.Parameter(torch.randn(1,num_patches+1,dim))
        self.patch_to_embedding=nn.Linear(patch_dim,dim)
        self.cls_token=nn.Parameter(torch.randn(1,1,dim))
        self.dropout=nn.Dropout(emb_dropout)

        self.transformer=Transformer(dim,depth,heads,dim_head,
        mlp_dim,dropout)
```

```
        self. pool = pool
        self. to_latent = nn. Identity ()

        self. mlp_head = nn. Sequential (
            nn. LayerNorm (dim),
            nn. Linear (dim, num_classes)
        )


def forward (self, img, mask=None):
        p = self. patch_size

        #rearrange: convert img[batch, c, h, w]
        #            -> patchs[batch, patch_num, patch_size * patch_size * c]
        x = rearrange (img,'b c (h p1) (w p2) -> b (h w) (p1 p2 c)', p1 = p, p2 = p)

        #embedding every patch vector to embedding size:
        #[batch, patch_num, embedding_size]
        x = self. patch_to_embedding (x)
        b, n, _ = x. shape

        #repeat class token to batch_size and cat to x
        cls_tokens = repeat (self. cls_token,'() n d -> b n d', b = b)
        x = torch. cat ((cls_tokens, x), dim=1)

        #add position embedding
        #NOTES: position embedding is random initialized and learnable
        x += self. pos_embedding[:, :(n+1)]
        x = self. dropout (x)

        #transformer: x[batch, patch_num+1, embedding_size]
        #           -> x[batch, patch_num+1, embedding_size]
        x = self. transformer (x, mask)

        #classification: using cls_token output
        #mean: using all tokens' mean value
        x = x. mean (dim=1) if self. pool =='mean' else x[:, 0]

        #Identity layer
        x = self. to_latent (x)
```

```
            #MLP classification layer
    return self.mlp_head(x)
```

（3）数据集准备

这里我们选用 Kaggle 比赛 Dogs vs. Cats Redux：Kernels Edition 所提供的猫狗识别数据集
（https：//www. kaggle. com/c/dogs-vs-cats-redux-kernels-edition）来进行演示。首先从网站上
下载数据集压缩文件进行解压。

```
os. makedirs ('data',exist_ok=True)
train_dir='data/train'
test_dir='data/test'
with zipfile. ZipFile ('train. zip') as train_zip:
    train_zip. extractall ('data')

with zipfile. ZipFile ('test. zip') as test_zip:
    test_zip. extractall ('data')
train_list=glob. glob (os. path. join (train_dir,'*. jpg'))
test_list=glob. glob (os. path. join (test_dir,'*. jpg'))
print (f"Train Data: {len(train_list)}")   #25000
print (f"Test Data: {len(test_list)}")   #12500
```

可视化部分数据集样本（见图 5-36）。

图 5-36　可视化部分数据集样本

```
#查看数据集样本

labels=[path.split('/')[-1].split('.')[0] for path in train_list]
random_idx=np.random.randint(1,len(train_list),size=9)
fig,axes=plt.subplots(3,3,figsize=(16,12))

for idx,ax in enumerate(axes.ravel()):
    img=Image.open(train_list[idx])
    ax.set_title(labels[idx])
    ax.imshow(img)
```

将原始数据封装为 PyTorch Dataloader。

```
#划分验证集

train_list,valid_list=train_test_split(train_list,test_size=0.2,
    stratify=labels,random_state=seed)
print(f"Train Data: {len(train_list)}")   #20000
print(f"Validation Data: {len(valid_list)}")   #5000
print(f"Test Data: {len(test_list)}")   #12500


#对数据集进行变换
train_transforms=transforms.Compose(
    [
        transforms.Resize((224,224)),
        transforms.RandomResizedCrop(224),
        transforms.RandomHorizontalFlip(),
        transforms.ToTensor(),
    ]
)

val_transforms=transforms.Compose(
    [
        transforms.Resize(256),
        transforms.CenterCrop(224),
        transforms.ToTensor(),
    ]
)

test_transforms=transforms.Compose(
```

```
    [
        transforms.Resize(256),
        transforms.CenterCrop(224),
        transforms.ToTensor(),
    ]
)


class CatsDogsDataset(Dataset):
    def __init__(self,file_list,transform=None):
        self.file_list=file_list
        self.transform=transform

    def __len__(self):
        self.filelength=len(self.file_list)
        return self.filelength

    def __getitem__(self,idx):
        img_path=self.file_list[idx]
        img=Image.open(img_path)
        img_transformed=self.transform(img)

        label=img_path.split("/")[-1].split(".")[0]
        label=1 if label=="dog" else 0

        return img_transformed,label


train_data=CatsDogsDataset(train_list,transform=train_transforms)
valid_data=CatsDogsDataset(valid_list,transform=test_transforms)
test_data=CatsDogsDataset(test_list,transform=test_transforms)
train_loader=DataLoader(
    dataset=train_data,batch_size=batch_size,shuffle=True )
valid_loader=DataLoader(
    dataset=valid_data,batch_size=batch_size,shuffle=True)
test_loader=DataLoader(
    dataset=test_data,batch_size=batch_size,shuffle=True)

print(len(train_data),len(train_loader))   #20000 313
print(len(valid_data),len(valid_loader))   #5000 79
```

（4）模型训练

设置训练超参数和随机种子。这里我们设置总的训练轮数（epoch）为20。

```python
batch_size=64
epochs=20
lr=3e-5
gamma=0.7
seed=42

def seed_everything(seed):
    random.seed(seed)
    os.environ['PYTHONHASHSEED']=str(seed)
    np.random.seed(seed)
    torch.manual_seed(seed)
    torch.cuda.manual_seed(seed)
    torch.cuda.manual_seed_all(seed)
    torch.backends.cudnn.deterministic=True

seed_everything(seed)
```

实例化网络模型如下：

```python
device='cuda'
model=ViT(
    image_size=224,
    patch_size=32,
    num_classes=2,
    channels=3,
    dim=128,
    depth=12,
    heads=8,
    mlp_dim=128
).to(device)

criterion=nn.CrossEntropyLoss()
optimizer=optim.Adam(model.parameters(),lr=lr)
scheduler=StepLR(optimizer,step_size=1,gamma=gamma)
```

网络训练如下：

```python
for epoch in range(epochs):
    epoch_loss=0
    epoch_accuracy=0
```

```python
for data,label in tqdm(train_loader):
    data=data.to(device)
    label=label.to(device)

    output=model(data)
    loss=criterion(output,label)

    optimizer.zero_grad()
    loss.backward()
    optimizer.step()

    acc=(output.argmax(dim=1)==label).float().mean()
    epoch_accuracy+=acc/len(train_loader)
    epoch_loss+=loss/len(train_loader)

with torch.no_grad():
    epoch_val_accuracy=0
    epoch_val_loss=0
    for data,label in valid_loader:
        data=data.to(device)
        label=label.to(device)

        val_output=model(data)
        val_loss=criterion(val_output,label)

        acc=(val_output.argmax(dim=1)==label).float().mean()
        epoch_val_accuracy+=acc/len(valid_loader)
        epoch_val_loss+=val_loss/len(valid_loader)

print(f"Epoch:{epoch+1}-loss:{epoch_loss:.4f}- \
    acc:{epoch_accuracy:.4f}-val_loss:{epoch_val_loss:.4f}- \
    val_acc:{epoch_val_accuracy:.4f}\n")
```

训练结果如下：

```
100% |███████████████████| 313/313 [06:45<00:00,  1.30s/it]
Epoch:1-loss:0.6911-acc:0.5266-val_loss:0.6780-val_acc:0.5722
...
100% |███████████████████| 313/313 [02:20<00:00,  2.23it/s]
Epoch:20-loss:0.5637-acc:0.7014-val_loss:0.5257-val_acc:0.7425
```

5.4 小结

本章从常见的序列数据出发，介绍了 Sequence-to-Sequence 任务，并说明前面章节介绍的全连接网络和卷积网络难以对序列数据建模的局限性。随后从原理层面和实现层面详细介绍了两种基础的 seq2seq 模型——RNN 和 LSTM，并分析了各自的优劣。5.3 节详细介绍了目前人工智能领域最为火热的 seq2seq 框架——Transformer，它不仅在 NLP 领域大放异彩，在 ViT 上也证明了 Transformer 同样能够对图像数据进行序列化的建模，并能取得不亚于卷积网络的性能表现，这也引爆了近年来 Transformer 在计算机视觉领域的相关研究，在目标检测、目标分割等重要任务上取得了突破性的进展。在下面的章节中将进一步介绍目标检测、目标分割等计算机视觉的重要任务以及相关的算法和应用。

参 考 文 献

[1] ELMAN J L. Finding structure in time [J]. Cognitive science, 1990, 14 (2)：179-211.

[2] MAAS A, DALY R E, PHAM P T, et al. Learning word vectors for sentiment analysis [C]//Proceedings of the 49th annual meeting of the association for computational linguistics：Human language technologies, June 19-24, 2011, Portland Oregon. Stroudsburg：Association for Computational Linguistics, c2011：142-150.

[3] HOCHREITER S, SCHMIDHUBER J. Long short-term memory [J]. Neural computation, 1997, 9 (8)：1735-1780.

[4] VASWANI A, SHAZEER N, PARMAR N, et al. Attention is all you need [J]. Advances in neural information processing systems, 2017, 30：1-11.

[5] DEVLIN J, CHANG M W, LEE K, et al. Bert：Pre-training of deep bidirectional transformers for language understanding [J]. arXiv preprint arXiv：1810. 04805, 2018：1-16.

[6] DOSOVITSKIY A, BEYER L, KOLESNIKOV A, et al. An image is worth 16x16 words：Transformers for image recognition at scale [J]. arXiv preprint arXiv：2010. 11929, 2020：1-20.

[7] LIU Z, LIN Y, CAO Y, et al. Swin transformer：Hierarchical vision transformer using shifted windows [C]//Proceedings of the IEEE/CVF International Conference on Computer Vision, October 11-17, 2021, Montreal, QC. Piscataway, NJ：IEEE, c2021：0012-10022.

[8] BRONSKILL J, GORDON J, REQUEIMA J, et al. Tasknorm：Rethinking batch normalization for meta-learning [C]//International Conference on Machine Learning, July 13-18, 2020, Virtual, Online. Cambridge MA：PMLR, c2020：1153-1164.

[9] 李沐. 动手学深度学习 [EB/OL]. [2022-06-24]. https：//zh-v2. d2l. ai/chapter_attention-mechanisms/attention-scoring-functions. html.

第 6 章　目标检测及其应用

在图像分类任务中，一般假定图片中只有一个主要的识别主体，而且目的是对该主体进行分类。但是更多的场景中，图片中会有多个感兴趣的目标，我们不只是对这些目标进行分类，同时还需要得到这些目标在图片中的位置，这一任务在计算机视觉中称为目标检测。

目标检测算法在多个领域中被广泛使用。在视频监控任务（见图 6-1a）中，目标检测算法通常会直接影响动作描述、目标跟踪等算法的性能[6]。在自动驾驶领域（见图 6-1b）里，需要识别视频里的行人、车辆等目标，并根据他们的位置来规划路线。

a) 视频监控应用示例　　　　　b) 自动驾驶应用示例

图 6-1　目标检测示例

本章首先介绍目标检测中涉及的一些基本概念，帮助读者初步理解目标检测这项任务；随后介绍单阶段目标检测和两阶段目标检测两类目标检测主流算法。两阶段目标检测算法将检测任务分为两个阶段，通常检测精度较高，但检测速度较慢；单阶段目标检测算法则使用神经网络直接预测图像中不同目标的类别和位置，这类方法的检测速度较快，但检测精度低一些[10]。最后，本书在行人检测这一应用场景下，分别给出 Faster R-CNN 和 YOLO v5 的算法实现，以提升读者的编程能力。

6.1　目标检测的基本概念

目标检测任务的主要目的是找到图片中所有的感兴趣目标，在判定这些目标类别的同时，还需要预测目标的位置和边界。直接回归目标的边界框有时会导致模型难以收敛且精度较差，一些算法为了更好地适配目标的尺度引入了锚框。在锚框的基础上回归目标的位置和尺度，模型的稳定性和精度都有了显著的提升。引入边界框之后，人们使用 IoU（Intersection over Union，交并比）来衡量边界框之间的相似性。该指标也被 NMS（Non-Maximum Suppression，非极大值抑制）采用，NMS 作为目标检测算法的后处理技术，去除了大

181

量冗余的预测框，有效地提升了检测效果。目标检测的效果取决于预测框的位置和类别是否准确，作为最常用的度量指标——平均精度均值（mean Average Precision，mAP），同时衡量了检测算法的定位、分类性能。

6.1.1 边界框

目标检测任务中引入边界框（Bounding Box）表示目标的空间位置。边界框一般是矩形的，通常有两种表示方法：一种是由矩形的左上角坐标和右下角坐标来表示，(x_1,y_1,x_2,y_2)；另一种则是由边界框的中心坐标及框的宽度和高度来表示，(x,y,w,h)。

输入图像路径和对应的边界框，运行如下代码便可得到图 6-2 所示的结果。

```python
import matplotlib.pyplot as plt
from PIL import Image #图像处理库,可以用来读取图像,以及施加各种图像变换
img_path='….'
img=Image.open(img_path)   #图片地址
#边框的坐标格式(x1,y1,x2,y2)
dog_bbox,cat_bbox=[60,45,378,516],[400,112,655,493]
def bbox_to_rect(bbox,color):
    x=bbox[0]
    y=bbox[1]
    width=bbox[2]-bbox[0]
    height=bbox[3]-bbox[1]
    return plt.Rectangle(xy=(x,y),width=width,height=height,
                         fill=False,edgecolor=color,linewidth=2)

fig=plt.imshow(img)
fig.axes.add_patch(bbox_to_rect(dog_bbox,'blue'))
fig.axes.add_patch(bbox_to_rect(cat_bbox,'red'))
plt.show()   #显示图像
```

图 6-2　边界框示例

6.1.2 锚框

目标检测算法通常会对输入图片进行大量的区域采样，从而确定哪些区域内包含感兴趣的目标，并进一步对目标区域的边界进行调整，以准确地预测目标的真实边界框（ground-truth bounding box）。不同的算法会采取不同的区域采样方法，通常为了更好地与目标匹配，需要产生多种尺度和比例的边界框，这些边界框称为锚框（Anchor Box）。那么该如何表示一个锚框呢？

假设输入图像的宽度为 w，高度为 h，锚框缩放比（锚框面积与图片面积之比）$s \in (0, 1)$，宽高比为 $r > 0$，那么锚框的宽和高分别为 $ws\sqrt{r}$ 和 $hs/\sqrt{r}$。当给定锚框的中心位置时，已知宽高比的锚框是确定的。如图 6-3 所示，以黑色像素点为中心，以不同的尺寸 s 和比例 r 生成多个锚框，其中 1 号锚框（$s = 0.75$，$r = 0.5$）框选目标最为合适。

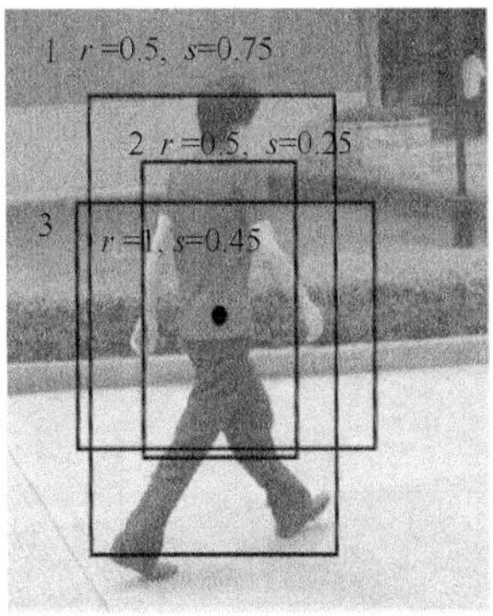

6.1.3 交并比

实际上，为了更好地预测真实边界框，需要对锚框进行评价，比如可以用交并比（IoU）来表示锚框和真实预测框的相似度，计算方法如图 6-4 所示。

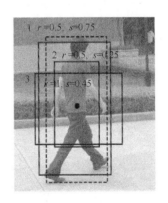

图 6-3 锚框示例

IoU 的取值在 0~1 之间，0 表示两个锚框没有重叠，1 表示完全重叠。在图 6-5 中，虚线框表示行人的真实边界框。锚框与行人的 IoU 小于阈值 0.5，则将其标注为背景。在锚框 1~3 中，通过计算"锚框-真实边界框"的 IoU 可得，锚框 1 与行人的 IoU 值最大且大于阈值 0.5，将其标注为行人；锚框 2 与行人的 IoU 值小于阈值 0.5，将其标注为背景；锚框 3 与行人的 IoU 大于阈值 0.5，将其标注为行人。

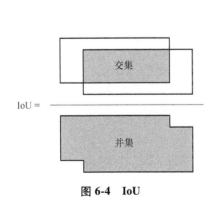

图 6-4 IoU

图 6-5 多个锚框

在接下来的部分，将使用 IoU 来衡量锚框和真实边界框，以及预测框和真实边界框之间的相似度，在此定义以下函数：

```
import torch
from collections import Counter
```

```
def intersection_over_union(boxes_preds,boxes_labels,
                            box_format="midpoint"):
    """
参数:
        boxes_preds (tensor): 预测框(BATCH_SIZE,4)
        boxes_labels (tensor): 真值框(BATCH_SIZE,4)
        box_format (str): 预测框的标注格式
返回值:
所有样本的交并比
    """

    if box_format=="midpoint":
        box1_x1=boxes_preds[...,0:1]-boxes_preds[...,2:3]/2
        box1_y1=boxes_preds[...,1:2]-boxes_preds[...,3:4]/2
        box1_x2=boxes_preds[...,0:1]+boxes_preds[...,2:3]/2
        box1_y2=boxes_preds[...,1:2]+boxes_preds[...,3:4]/2
        box2_x1=boxes_labels[...,0:1]-boxes_labels[...,2:3]/2
        box2_y1=boxes_labels[...,1:2]-boxes_labels[...,3:4]/2
        box2_x2=boxes_labels[...,0:1]+boxes_labels[...,2:3]/2
        box2_y2=boxes_labels[...,1:2]+boxes_labels[...,3:4]/2


    if box_format=="corners":
        box1_x1=boxes_preds[...,0:1]
        box1_y1=boxes_preds[...,1:2]
        box1_x2=boxes_preds[...,2:3]
        box1_y2=boxes_preds[...,3:4]
        box2_x1=boxes_labels[...,0:1]
        box2_y1=boxes_labels[...,1:2]
        box2_x2=boxes_labels[...,2:3]
        box2_y2=boxes_labels[...,3:4]


    x1=torch.max(box1_x1,box2_x1)
    y1=torch.max(box1_y1,box2_y1)
    x2=torch.min(box1_x2,box2_x2)
    y2=torch.min(box1_y2,box2_y2)

    intersection=(x2-x1).clamp(0) * (y2-y1).clamp(0)
    box1_area=abs((box1_x2-box1_x1) * (box1_y2-box1_y1))
```

```
box2_area=abs((box2_x2-box2_x1) * (box2_y2-box2_y1))

return intersection/(box1_area+box2_area-intersection+1e-6)
```

6.1.4 NMS 操作

基于前面的描述可以看到，在预测阶段，同一目标可能会有多个预测框，因此需要移除相似的锚框。这里，常用的方法有非极大值抑制（NMS）[7]、Soft-NMS[8]、Softer-NMS[9]。

NMS 算法是绝大多数目标检测方法中必备的后处理步骤：

1）首先将一定区域内的预测框按照置信度得分高低进行排序。

2）然后保留得分最高的框。

3）同时在剩余的边界框中，删除与该框重叠面积大于一定阈值（使用预先定义的阈值）的边界框。

4）最后将此过程递归地应用于其余的边界框，从而保证为每个目标找到检测效果最好的框。

这种方法存在两个问题：NMS 的阈值不容易确定，设置小了会减小正确率，设置大了会增加误检率；不满足要求的框会被直接删除，处理方式过于简单。

针对这些问题，参考文献［8］提出了 Soft-NMS 算法，其整体流程与 NMS 相似，不同之处在于不是直接删除所有 IoU 大于阈值的预测框，而是新设定一个置信度阈值，待处理框与最高得分框的 IoU 越大，该框置信度的得分就越低，最后得分大于置信度阈值的预测框可以保留，这样可以提高目标检测算法的召回率。

为了进一步提高目标位置的预测精度，参考文献［9］提出了 Softer-NMS 算法，使用一种新的边框回归损失函数——Kullback-Leibler（KL）Loss，该损失函数可以同时学习到边框的形变量和位置变化量。同时 Softer-NMS 将 KL Loss 使用在基于权重平均的 Soft-NMS 算法上。最终，Softer-NMS 算法在 MS COCO 数据集上，将基于 VGG-16 的 Faster R-CNN 的检测精度从 23.6% 提高到 29.1%，将基于 ResNet-50 的 Fast R-CNN 的检测精度从 36.8% 提高到 37.8%[19]。

下面给出 NMS 的代码实现：

```
def non_max_suppression(bboxes,iou_threshold,threshold,
                        box_format="corners"):
"""
参数:
    bboxes (list): 所有预测框,每个预测框的数据格式为
            [class_pred,prob_score,x1,y1,x2,y2]
    iou_threshold (float): 认为检测正确的 IoU 阈值
    threshold (float): 根据该阈值过滤掉低 IoU 的预测框
    box_format (str): 真值框的标注格式,"midpoint" or "corners"
返回:
    list: 经过 NMS 操作后的预测框列表
```

```
    """
    assert type(bboxes)==list

    bboxes=[box for box in bboxes if box[1] > threshold]
    bboxes=sorted(bboxes,key=lambda x: x[1],reverse=True)
    bboxes_after_nms=[]

    while bboxes:
        chosen_box=bboxes.pop(0)

        bboxes=[
            box
            for box in bboxes
            if box[0] ! =chosen_box[0]
            or intersection_over_union(
                torch. tensor(chosen_box[2:]),
                torch. tensor(box[2:]),
                box_format=box_format,
            )
            < iou_threshold
        ]
        bboxes_after_nms. append(chosen_box)

 return bboxes_after_nm
```

6.1.5 评价指标

目标检测的效果取决于预测框的位置和类别是否准确，作为最常用的度量指标——平均精度均值（mAP），通过计算预测框和真值框的 IoU 来判断预测框是否准确预测了位置信息，同时引入精度（Precision）和召回率（Recall）指标评估预测框的分类性能。具体来说，对于多类别的物体检测任务，每个类别根据预测框和真值框的 IoU，判定预测框是否准确地框选目标，然后计算精度和召回率并绘制 PR 曲线，平均精度（Average Precision，AP）就对应该曲线下的面积，mAP 则是所有类别 AP 的平均值。下面将详细介绍一下与 mAP 相关的一些基本概念，并通过一个实例展示 mAP 的计算过程。

1. 相关概念

（1）精度与召回率

在目标检测任务中，为了能够更好地定位目标，往往会在原始图片上产生大量的预测框，然后根据置信度阈值过滤掉大部分预测框，得到最后的检测结果。

准确率（accuracy）这一比较常见的评价指标，用于衡量模型预测结果的准确性，计算

公式如下所示:

$$准确率 = \frac{预测标签与真实标签相同的数量}{总的预测数据集数量}$$

但是这一评价指标在目标检测中并不适用。因为在目标检测任务中,为了能够更好地定位目标,往往会在原始图片上生成大量的候选框。这些候选框大多都不包含任何的目标,因此计算得到的准确率会偏高,不能够正确地体现目标检测算法的性能。

在目标检测任务中,人们更加关注判定包含目标的预测框中有多少预测是正确的,以及预测框能否框选所有的目标。为了能够正确地衡量目标检测算法的性能,需要引入精度(Precision)和召回率(Recall)这两个评价指标。下面将借助混淆矩阵来介绍精度和召回率的计算过程。

在二分类问题中,样本的真值与分类器预测的类别的组合可以列举如下:真正例(True Positive,TP)、假正例(False Positive,FP)、真负例(True Negative,TN),假负例(False Negative,FN)。假设 TP、FP、TN、FN 分别表示对应的样本,显然下列关系是成立的。

$$TP+FP+TN+FN = 样本总数$$
$$TP+FN = 正样本总数$$
$$TN+FP = 负样本总数$$

基于上面的表述,将 TP、FP、TN、FN 组织在一张表格里得到混淆矩阵,见表 6-1。

表 6-1 混淆矩阵

预测值	真实值	
	正样本	负样本
正样本	TP	FP
负样本	FN	TN

精度与召回率分别按照其定义进行计算。

精度即正确预测为正的占全部预测为正的比例(真正正确的占所有预测为正的比例):

$$Precision = \frac{TP}{TP+FP}$$

召回率即正确预测为正的占全部实际为正的比例(真正正确的占所有实际为正的比例):

$$Recall = \frac{TP}{TP+FN}$$

在目标检测中,TP 表示 IoU>阈值的预测框数量;FP 表示 IoU<阈值的预测框数量;TN 表示不包含目标的候选框数量;FN 表示没有检测到目标的候选框数量。那么,精度表示所有的预测框中,包含目标的框所占的比例;召回率表示 IoU>阈值的预测框,占目标总数的比例,精度和召回率的计算公式可进一步写成:

$$Precision = \frac{TP}{TP+FP} = \frac{TP}{所有预测框}$$
$$Recall = \frac{TP}{TP+FN} = \frac{TP}{所有真值框}$$

（2）PR 曲线

一般来说，精度和召回率是一对相互矛盾的评价指标，当精度高时，召回率往往会偏低，召回率高时，精度往往会偏低。以目标检测为例，当我们想提高模型的精度时，我们会尽可能提高置信度，从而尽可能地过滤掉那些不包含目标的预测框，但是却容易过滤掉那些包含目标的预测框，召回率自然就会变低。同样地，当我们希望提高召回率时，就会降低阈值，精度自然就会下降。为了全面地评价模型的性能，需要绘制 PR 曲线，观察模型在不同阈值下的精度和召回率的表现情况。

要绘制 PR 曲线，首先需要根据置信度对预测框进行降序排序，排在最前面的预测框是模型认为最可能是正例的预测，排在最后面的是模型认为最不可能是正例的预测。按照此顺序逐个把预测框作为正例进行预测，则每次可以计算出当前的召回率和精度。以当前的精度和召回率分别作为纵轴和横轴作图，就可以得到精度和召回率曲线，简称 PR 曲线，如图 6-6 所示。

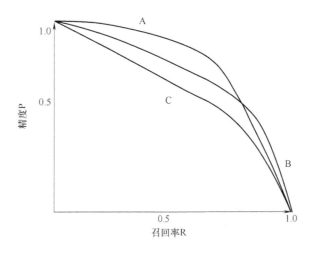

图 6-6 PR 曲线示意图

（3）平均精度（AP）

PR 曲线能够直观地反映出模型在不同阈值下召回率和精度的性能表现。在进行比较时，如果一条曲线在另一条曲线的上方，如图 6-6 中的曲线 A 和 C，那么可以说模型 A 的性能要优于模型 C。如果两条曲线发生了交叉，如曲线 A 和 B，则难以直接断言模型 A 和模型 B 的优劣。但是可以通过比较 PR 曲线下面积的大小，它在一定程度上衡量了模型在精度和召回率上取得相对"双高"的比例，给出计算公式如下所示：

$$AP = \int_0^1 p(r)\,\mathrm{d}r$$

该面积称为平均精度（AP），表示在不同召回率下精度的平均值。

（4）插值 AP

由于样本数量有限，实际得到的 PR 曲线往往呈现锯齿状，如图 6-7 所示。因此，在计算 AP 之前，通常需要借助插值策略，平滑锯齿状的曲线。

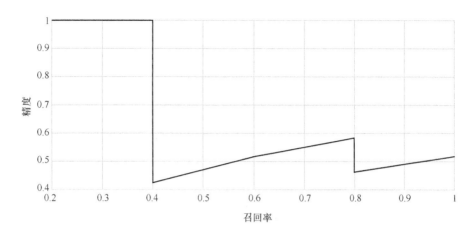

图 6-7　锯齿状 PR 曲线[20]

一般地，对于每处召回率对应的精度，使用右侧召回率对应的最大精度来代替。那么锯齿曲线就会变成单调递减的曲线，如图 6-8 所示，计算的 AP 值将不太容易受到排名中微小干扰的影响。

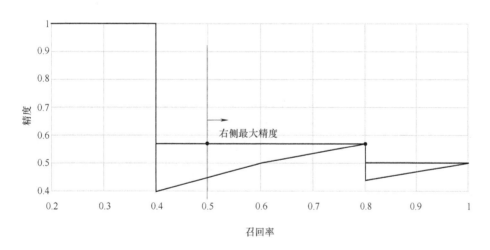

图 6-8　PR 曲线插值示意图[20]

插值公式可以表达为

$$p_{\text{interp}}(r) = \underset{\tilde{r} \geqslant r}{\text{MAX}} p(\tilde{r})$$

下面详细介绍下目标检测中的 mAP 计算方法。

Pascal VOC 是一个流行的目标检测数据集。在 PASCAL VOC 目标检测竞赛中，如果预测框和真值框之间的 IoU≥0.5，则判定预测框预测正确。此外，如果同一对象对应多个预测框，则仅将第一个预测结果视为正确，其他预测结果视为错误。

在 Pascal VOC 2008 这届比赛中，采用的是 11 点的插值 AP 算法，如图 6-9 所示。

首先，我们将召回率取值从 0 到 1.0 分为 11 个点，即 0、0.1、0.2、…、0.9 和 1.0。

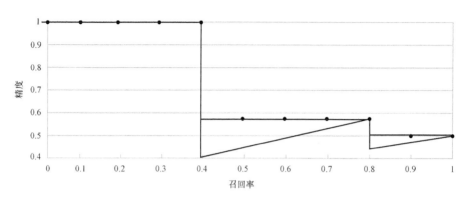

图 6-9   11 点插值 AP 算法示意图[20]

然后，这 11 个点处的召回率所对应的精度，按照上述插值方式，取右侧召回率对应精度的最大值。接下来，我们计算这 11 个召回值对应精度值的平均值就得到了对应的 AP 数值，计算公式如下：

$$
\begin{aligned}
\mathrm{AP} &= \frac{1}{11} \times (\mathrm{AP}_r(0) + \mathrm{AP}_r(0.1) + \cdots + \mathrm{AP}_r(1.0)) \\
&= \frac{1}{11} \sum_{r \in \{0.0, \cdots, 1.0\}} \mathrm{AP}_r \\
&= \frac{1}{11} \sum_{r \in \{0.0, \cdots, 1.0\}} p_{\mathrm{interp}}(r)
\end{aligned}
$$

式中，$p_{\mathrm{interp}}(r) = \underset{\tilde{r} \geqslant r}{\mathrm{MAX}}\, p(\tilde{r})$。

然而，固定的采点方式难以适应各种模型，估算精度不高。

（5）AUC（Area Under Curve，曲线下的面积）

对于后来的 Pascal VOC 2010~2012 比赛，评价指标不再取固定的 11 个点处的精度，而是采集所有最大精度开始下降的点，将曲线下的面积转换为若干梯形面积的和，如图 6-10 所示。

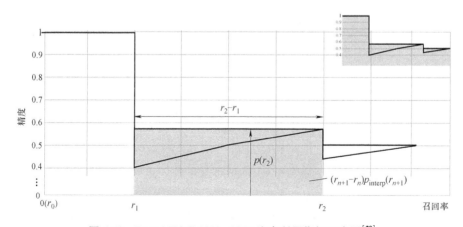

图 6-10   Pascal VOC 2010~2012 比赛所用指标示意图[20]

相应的计算公式变为下面的形式：

$$AP = \sum (r_{n+1}-r_n)p_{interp}(r_{n+1})$$

$$p_{interp}(r_{n+1}) = \underset{\tilde{r} \geq r_{n+1}}{MAX}\, p(\tilde{r})$$

（6）COCO AP

最新的研究论文，往往会在 COCO 数据集上给出结果。在 COCO 的 mAP 计算定义中，采用了 101 个点的 AP 插值计算公式。另外，在 COCO 数据集上给出 AP 指标时，不再采用单一的 IoU 阈值，而是在多个 IoU 阈值下计算的 AP 数值的平均。AP@［.5：.95］表示，IoU 阈值从 0.5 到 0.95，0.05 为步长，共 10 个 AP 的平均值。因此相比于 VOC 而言，COCO 数据集的评测会更加全面，不仅评估了算法的分类能力，同时也衡量了算法的定位能力。图 6-11 所示为 COCO 数据集所选取的一些其他指标，感兴趣的读者可进一步了解。

```
Average Precision (AP):
  AP                    % AP at IoU=.50:.05:.95 (primary challenge metric)
  AP^IoU=.50            % AP at IoU=.50 (PASCAL VOC metric)
  AP^IoU=.75            % AP at IoU=.75 (strict metric)
AP Across Scales:
  AP^small              % AP for small objects: area < 32^2
  AP^medium             % AP for medium objects: 32^2 < area < 96^2
  AP^large              % AP for large objects: area > 96^2
Average Recall (AR):
  AR^max=1              % AR given 1 detection per image
  AR^max=10             % AR given 10 detections per image
  AR^max=100            % AR given 100 detections per image
AR Across Scales:
  AR^small              % AR for small objects: area < 32^2
  AR^medium             % AR for medium objects: 32^2 < area < 96^2
  AR^large              % AR for large objects: area > 96^2
```

图 6-11　COCO 数据集评价指标[20]

（7）mAP

对于每个类别，都可以计算一个 AP 数值，mAP 就是对所有类别的 AP 值的平均。此外，不同的 mAP 计算方式的区别，主要在于 AP 的计算，读者需要着重理解 AP 的计算。

2. mAP 计算过程

有了这些概念之后，下面给出 mAP 的计算过程。在这里，以 Object-Detection-Metrics[21]这一 Github 库给出的例子来具体解释 mAP 的计算过程，这里以 11 点插值法为例。

对于某一类别，假设有图 6-12 所示的检测结果，其中实线框为真值框，虚线框为预测框（用 A，B，…，Y 来表示），百分比为置信度。

（1）根据 IoU 计判定 TP 和 FP

表 6-2 列举了每张图片包含的预测框以及其对应的阈值，并在最后一栏标出该预测框是 TP 还是 FP。

对于每个预测框，如果它与图片内某个真值框的 IoU>0.3，则该预测框被判定为 TP，否则被判定为 FP。此外，一个真值框只能对应一个 TP，如果一个真值框对应了多个满足 IoU 阈值的预测框，我们仅选取置信度最高的预测框为 TP。

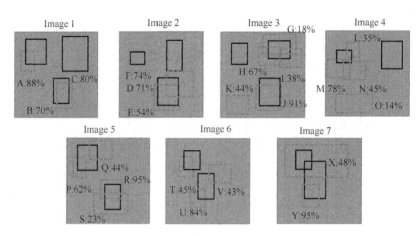

图 6-12 检测结果

表 6-2 目标检测模型在所有图片上预测框

图片	预测框	置信度	TP 或 FP
Image 1	A	88%	FP
Image 1	B	70%	TP
Image 1	C	80%	FP
Image 2	D	71%	FP
Image 2	E	54%	TP
Image 2	F	74%	FP
Image 3	G	18%	TP
Image 3	H	67%	FP
Image 3	I	38%	FP
Image 3	J	91%	TP
Image 3	K	44%	FP
Image 4	L	35%	FP
Image 4	M	78%	FP
Image 4	N	45%	FP
Image 4	O	14%	FP
Image 5	P	62%	TP
Image 5	Q	44%	FP
Image 5	R	95%	TP
Image 5	S	23%	FP

（续）

图片	预测框	置信度	TP 或 FP
Image 6	T	45%	FP
Image 6	U	84%	FP
Image 6	V	43%	FP
Image 7	X	48%	TP
Image 7	Y	95%	FP

（2）计算精度和召回率

PR 曲线是通过计算累积的 TP 和 FP 的精度和召回率得到的。首先，需要按照预测框的置信度，对预测框进行排序，然后按照此顺序逐个把预测框的置信度当作阈值，则每次可以根据累积的 TP（AccTP）和 FP（AccFP）计算出当前的精度和召回率，见表 6-3。

表 6-3　将预测框按照置信度进行排序

图片	预测框	置信度	TP	FP	Acc TP	Acc FP	精度	召回率
Image 5	R	95%	1	0	1	0	1	0.0666
Image 7	Y	95%	0	1	1	1	0.5	0.0666
Image 3	J	91%	1	0	2	1	0.6666	0.1333
Image 1	A	88%	0	1	2	2	0.5	0.1333
Image 6	U	84%	0	1	2	3	0.4	0.1333
Image 1	C	80%	0	1	2	4	0.3333	0.1333
Image 4	M	78%	0	1	2	5	0.2857	0.1333
Image 2	F	74%	0	1	2	6	0.25	0.1333
Image 2	D	71%	0	1	2	7	0.2222	0.1333
Image 1	B	70%	1	0	3	7	0.3	0.2
Image 3	H	67%	0	1	3	8	0.2727	0.2
Image 5	P	62%	1	0	4	8	0.3333	0.2666
Image 2	E	54%	1	0	5	8	0.3846	0.3333
Image 7	X	48%	1	0	6	8	0.4285	0.4
Image 4	N	45%	0	1	6	9	0.4	0.4
Image 6	T	45%	0	1	6	10	0.375	0.4
Image 3	K	44%	0	1	6	11	0.3529	0.4

(续)

图片	预测框	置信度	TP	FP	Acc TP	Acc FP	精度	召回率
Image 5	Q	44%	0	1	6	12	0.3333	0.4
Image 6	V	43%	0	1	6	13	0.3157	0.4
Image 3	I	38%	0	1	6	14	0.3	0.4
Image 4	L	35%	0	1	6	15	0.2857	0.4
Image 5	S	23%	0	1	6	16	0.2727	0.4
Image 3	G	18%	1	0	7	16	0.3043	0.4666
Image 4	O	14%	0	1	7	17	0.2916	0.4666

将表 6-3 列举的召回率和精度绘制在图中，有如图 6-13 所示的 PR 曲线。

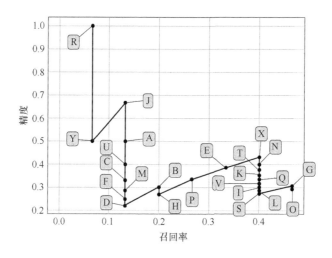

图 6-13　PR 曲线

（3）计算 AP

11 点插值平均精度计算法需要采集 PR 曲线上的 11 个点，分别对应了 [0，0.1，…，1] 11 个召回率所对应的精度值。对应点所取的精度值为该点右侧精度的最大值，如图 6-14 所示。

代入公式计算得

$$AP = \frac{1}{11} \sum_{r \in \{0,0.1,\cdots,1\}} \rho_{interp(r)}$$

$$AP = \frac{1}{11}(1 + 0.6666 + 0.4285 + 0.4285 + 0.4285 + 0 + 0 + 0 + 0 + 0 + 0)$$

$$AP = 26.84\%$$

然后平均各个类别的 AP 就可以得到 mAP。

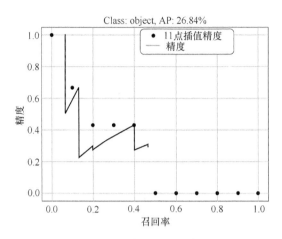

图 6-14　11 点插值法计算 AP

3. 代码实现

下面我们给出了 mAP 的代码实现，给定所有样本的上真值框、预测框以及类别总数，就可以输出在 IoU 阈值为 0.5 下的 mAP。

```
def mean_average_precision(
    pred_boxes,true_boxes,iou_threshold=0.5,box_format='corners',
    num_classes=20,):
"""

    Pred_boxes:在所有样本上所产生的训练框;
    true_boxes:在所有样本上所产生的预测框;
    num_classes:类别数;
"""

    average_precisions=[]
    epsilon=1e-6 #数值稳定性
    for c in range(num_classes):
        detections=[]
        ground_truths=[]

        #遍历所有预测和目标,只添加属于当前类 c 的预测和目标
        for detection in pred_boxes:
            if detection[1]==c:
                detections.append(detection)

        for true_box in true_boxes:
            if true_box[1]==c:
                ground_truths.append(true_box)
```

```
#统计每张图片真值框的数目
amount_bboxes=Counter([gt[0] for gt in ground_truths])

for key,val in amount_bboxes.items():
    amount_bboxes[key]=torch.zeros(val)

#按照预测框的置信度进行排序
detections.sort(key=lambda x: x[2],reverse=True)
TP=torch.zeros((len(detections)))
FP=torch.zeros((len(detections)))
total_true_bboxes=len(ground_truths)

#如果没有真值框就跳过
if total_true_bboxes==0:
    continue

for detection_idx,detection in enumerate(detections):
    ground_truth_img=[
        bbox for bbox in ground_truths if bbox[0]==detection[0]
    ]
    num_gts=len(ground_truth_img)
    best_iou=0
    for idx,gt in enumerate(ground_truth_img):
        iou=intersection_over_union(
            torch.tensor(detection[3]),
            torch.tensor(gt[3]),
            box_format=box_format,
        )
        if iou > best_iou:
            best_iou=iou
            best_gt_idx=idx
    if best_iou > iou_threshold:
        #每个真值框最多对应一个预测框
        if amount_bboxes[detection[0]][best_gt_idx]==0:
            TP[detection_idx]=1
            amount_bboxes[detection[0]][best_gt_idx]=1
        else:
            FP[detection_idx]=1
    else:
```

```
                    FP[detection_idx]=1

        TP_cumsum=torch.cumsum(TP,dim=0)
        FP_cumsum=torch.cumsum(FP,dim=0)
        recalls=TP_cumsum/(total_true_bboxes+epsilon)
        precisions=TP_cumsum/(TP_cumsum+FP_cumsum+epsilon)
        precisions=torch.cat((torch.tensor([1]),precisions))
        recalls=torch.cat((torch.tensor([0]),recalls))
        #torch.trapz 数值微分,用于计算 PR 曲线的面积
        average_precisions.append(torch.trapz(precisions,recalls))

    return sum(average_precisions)/len(average_precisions)
```

6.2　常用的目标检测算法

近几年,基于深度学习的目标检测算法取得了很大的突破,根据有无候选框(目标位置)生成,分为两阶段目标检测算法和单阶段目标检测算法两类。两阶段目标检测算法先对图像提取候选框,然后基于候选区域做分类回归得到检测结果,这类算法通常检测精度较高,但检测速度较慢;单阶段目标检测算法则使用神经网络直接预测图像中不同目标的类别和位置,这类方法的检测速度较快,但检测精度低一些[10]。

除此之外,目标检测算法还有一种分类方法,即端到端的检测和非端到端的检测。端到端的检测是指通过神经网络完成从特征提取到边界框回归和分类的整个过程,例如,YOLO、Faster R-CNN。非端到端的检测算法则将神经网络与传统非神经网络候选区域生成算法结合使用,例如,Fast R-CNN 和 R-CNN。

6.2.1　区域卷积神经网络(R-CNN)系列

R-CNN 作为一种经典的两阶段算法是将深度学习应用于目标检测的开创性工作之一。本节将介绍 R-CNN[5]及其一系列改进算法,如 Fast R-CNN[1]、Faster R-CNN[4],另外,本节末尾将会给出相对成熟的 Faster R-CNN 算法的简单实现。

1. R-CNN

传统的目标检测算法精度偏低,参考文献 [1] 提出了基于深度学习的目标检测算法——R-CNN。R-CNN 重点解决了两个问题:一是如何生成候选区域;二是如何对候选框进行分类和回归。R-CNN 的网络结构如图 6-15 所示。具体地,R-CNN 首先使用 Selective Search 算法生成大量的候选区域(Region Proposal),然后将候选区域从图像中裁剪出来并调整为相同尺寸,输入到特征提取网络提取特征,将得到的特征分别送入全连接层和若干 SVM 进行回归和分类。

下面将详细介绍 R-CNN 各关键步骤的工作原理。

(1)生成候选区域

生成候选区域最直接的方法就是滑动窗口法,具体的实现方法是预先定义若干不同宽高

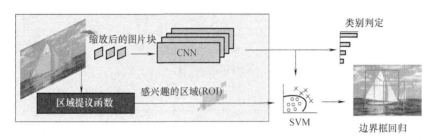

图 6-15　R-CNN 的网络结构[22]

的检测窗口，然后将这些检测窗口在整幅图片上从左到右、从上到下进行滑动。每滑动到一个位置就产生一个候选框。然而这样的方法往往会产生大量的候选框，涉及后续对预测框的分类和回归，整个检测过程会十分耗时。为了解决这个问题，人们设计了 Selective Search[11] 等相对高效的候选框生成方法。

R-CNN 的作者使用 Selective Search 算法来生成候选框。该算法根据相邻区域纹理的相似性，进行区域合并。为了避免单个区域不断吞噬其他区域，算法更倾向于合并较小的区域，合并过程如图 6-16 所示。

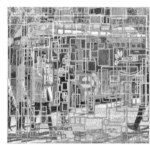

图 6-16　候选区域生成过程示意图

最终 Selective Search 算法从待检测图像中提取 2000 个左右的候选框，这些候选框被用于进一步的分类和回归。

（2）特征提取

深度学习算法兴起之前，人们设计了一系列的手工特征，Gabor、LBP、HOG、SIFT 等图像特征用于分类。受限于这些特征的表达能力，算法的性能难以进一步提升。直到 2012 年 Krizhevsky 等人在大规模图像分类挑战赛（ILSVRC）中使用 CNN 提取图像特征，精度显著提升，卷积神经网络又重新引起了人们的关注。

R-CNN 使用的网络是 AlexNet[12]，网络结构图请参考第 5 章。由于 AlexNet 包含全连接层，需要固定图像的输入尺寸（227×227 像素），因此需要把每个候选区域调整为相同的尺寸并输入到 AlexNet 网络中，取网络中线性分类器的输入作为候选区域的特征表达。由于候选框与真值框之间存在不同的 IoU，在训练特征提取网络时，作者把与真值框的 IoU 大于 0.5 的候选框作为正样本，把 IoU 小于 0.5 的候选框作为负样本。因为图像中的目标数量有限，负样本的数量要远大于正样本的数量，所以在训练时要控制好正样本和负样本的比例。训练完成后，去掉用于分类的全连接层，就得到了一个特征提取网络。

（3）分类器设计

为了将这些特征正确分类，R-CNN 对数据集的每个类别都训练了一个 SVM 二分类器，判断候选框是否正确地框选目标。在划分正负样本时，不仅要考虑到候选框的类别还要考虑到候选框与目标的 IoU，R-CNN 将与真值框的 IoU 大于 0.7 的样本当作正样本，将小于 0.7 的样本当作负样本，如图 6-17 所示。

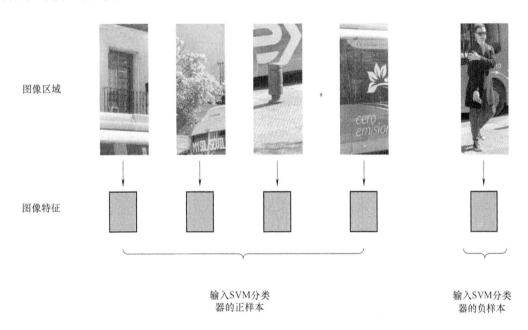

图像区域

图像特征

输入SVM分类
器的正样本

输入SVM分类
器的负样本

图 6-17　R-CNN 中的 SVM 分类器设计

（4）位置修正

生成的候选框一般很难准确地定位目标，为了得到更准确的目标位置，R-CNN 中最后的边框回归层，以候选区域为输入，回归真值框相对于候选框的位置和尺度偏差。

如图 6-18 所示，虚线框是行人的真值框，实线框是候选框，虽然候选框中包含了目标，但是其定位却并不准确，这就需要对候选区域的边框进行修正，调整其位置和大小，以使其能够更为接近真值框。下面将详细介绍候选框的位置修正方法。

候选框和真值框都可以使用一个四元组 (x, y, w, h) 来表示。其中，(x, y) 表示边框的中心位置，(w, h) 表示边框的宽和高。边框回归实际上就是确定一种变换，使修正后的候选框位置和真值框位置尽可能地接近，公式表示如下：

$$f(P_x, P_y, P_w, P_h) \approx (G_x, G_y, G_w, G_h)$$

式中，(P_x, P_y, P_w, P_h) 表示候选区域的边框，(G_x, G_y, G_w, G_h) 表示目标的边框。

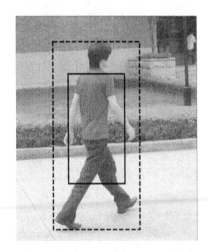

图 6-18　R-CNN 对候选框进行位置修正

在 R-CNN 中，这种变换可以表示为对候选框中心位置 (x, y) 和宽高 (w, h) 相对于真值框的偏移 $(\Delta x, \Delta y)$ 和尺度缩放 (S_w, S_h)，公式如下：

$$\Delta x = P_w d_x(P)$$
$$\Delta y = P_h d_y(P)$$
$$S_w = \exp(d_w(P))$$
$$S_h = \exp(d_h(P))$$

修正后的边框可以表示为

$$\hat{G}_x = P_w d_x(P) + P_x$$
$$\hat{G}_y = P_h d_y(P) + P_y$$
$$\hat{G}_h = P_h \exp(d_h(P))$$
$$\hat{G}_w = P_w \exp(d_w(P))$$

通过上述公式可以知道，边框回归的过程实际就是学习 $d_x(P)$、$d_y(P)$、$d_w(P)$、$d_h(P)$ 这四个变换。负责回归真值框的全连接层，输入的是候选区域的特征向量，输出的是 $d_x(P)$、$d_y(P)$、$d_w(P)$、$d_h(P)$，经过上述公式可以得到平移和缩放修正后的边框 $(\hat{G}_x, \hat{G}_y, \hat{G}_w, \hat{G}_h)$，该边框与真值框更为接近。

具体地，R-CNN 选择把特征提取网络的输出作为全连接层的输入，来回归锚框的中心坐标偏移以及长宽缩放四个参数。采用的损失函数为平滑 L1 损失，公式如下：

$$L_{loc}(t^u, v) = \sum_{i \in x,y,w,h} \text{smooth}_{L_1}(t_i^u - v)$$

式中，u 表示类别，$t^u = (\Delta x, \Delta y, S_w, S_h)$ 表示预测的偏移量和缩放，v 表示候选框和真值框之间真正的偏移量和缩放。

（5）检测过程

特征提取网络、分类器和回归网络等模块训练完成后，就可以执行检测任务了。给定一张待检测图片，首先使用 Selective Search 生成 2000 个左右的候选框；随后每个候选区域被缩放到相同的尺寸并送入特征提取网络，得到各个候选区域的特征表达；最后这些特征表达被送入 SVM 和全连接层，得到目标的类别和边界框。每个目标附近都会产生大量冗余的预测框，这些框之间类别相同且相互之间 IoU 很大，需要借助前面介绍的非极大值抑制算法，去除冗余的预测框，得到最终的检测结果。

2. Fast R-CNN

R-CNN 需要产生大量的候选框才能够达到比较好的检测效果，每个候选框都由 CNN 单独处理，这些候选区域之间往往相互重叠，因此存在很多冗余的计算。算法效率不高，难以在实际的生产环境中进行部署。本节将要介绍的 Fast R-CNN 算法，针对 R-CNN 存在的缺陷进行了改进，算法的速度又得到了明显的提升。具体地，当选择 VGG-16 作为特征提取模块时，Fast R-CNN 的训练速度是 R-CNN 的 9 倍，测试速度是 R-CNN 的 213 倍。

如图 6-19 所示，Fast R-CNN 不再为每个候选区域单独地提取特征，而是使用特征提取网络直接提取整个图像的特征。算法仍然采用 Selective Search 生成候选框，随后将候选框映射到特征图上得到特征块。这些特征块形状各异，需要使用 RoI Pooling 模块将特征块处理为相同的尺寸，便于与后面的全连接层连接。由于不再需要重复提取候选区域的特征，Fast R-CNN 显著减少了处理时间。此外，除了候选框生成模块，Fast R-CNN 的其余部分（特征提取器、分类器和边界框回归器）是端到端训练的，具有多任务损失（分类损失和定位损失），这提高了准确性。

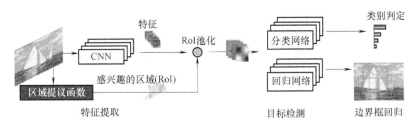

图 6-19　Fast R-CNN 算法[22]

下面将对 Fast R-CNN 算法的一些细节进行展开介绍。

（1）RoI 映射

Fast R-CNN 利用特征提取网络得到整张图片的特征图，所有的候选框共享该特征图。每个候选框根据在原图的坐标值和特征图相对于原图的下采样率得到在特征图上的坐标值，进而得到了与候选框对应的特征块。这个过程被称为 RoI 映射，如图 6-20 所示。

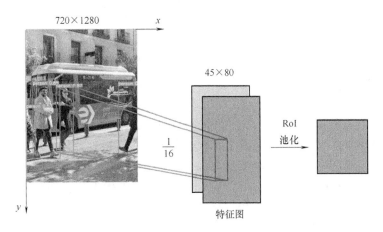

图 6-20　RoI 映射示意图

考虑将大小为 688×920 的图像送到下采样率为 1/16 的 CNN 的特征提取网络。那么得到的特征图的大小为 43×58（688/16×920/16），候选框的大小也从 320×128 变为 20×8。按照同样的方式，我们可以得到候选框在特征图中坐标 $[x_1/16, y_1/16, x_2/16, y_2/16]$。

（2）RoI 池化层

由于 Fast R-CNN 引入全连接层对候选框进行分类和回归，而全连接层要求特征块有固定的形状，因此需要采用 RoI 池化操作将不同形状的候选区域转换为形状相同的特征块。计算过程如图 6-21 所示，首先，在每个 RoI 区域上划分固定尺寸的均匀网格（如 2×2），对每个网格进行最大值池化，原来的特征图就被映射成一个较小的固定尺寸（2×2）的新特征图。

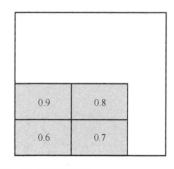

图 6-21　RoI 计算过程

（3）模型训练

与 R-CNN 类似，Fast R-CNN 的主干网络也使用了在 ImageNet 上预训练过的特征提取网络，并对网络结构做出调整以适应目标检测。具体地，把网络尾部的池化层替换为 RoI 池化层，然后连接两个并行的全连接层，分别用于判定目标的类别和对候选框进行位置修正。除了候选框生成模块，Fast R-CNN 的其余部分（特征提取器、分类器和边界框回归器）是端到端训练的。这部分网络的输入包括两部分，一部分是图像，另一部分是从图像中提取的候选框。

对于每张训练图片，使用 Selective Search 算法生成候选框。其中，与真值框的 IoU 大于 0.5 的候选框作为正样本，IoU $\in [0.1, 0.5]$ 的作为负样本。IoU<0.1 的样本用于难例挖掘，进一步提升模型的性能。每张图片选取 64 个候选框，其中正样本和负样本之比为 1：3。训练时，批量大小为 2，即每次输入两张图片以及 128 个候选框，网络输出这 128 个候选区域的类别和坐标。

（4）模型测试

Fast R-CNN 在进行推理时，首先通过 Selective Search 方法生成大量的候选框，每个候选框通过 RoI 映射操作映射到特征图上得到形状各异的特征块；这些特征块通过 RoI 池化操作后，连接两个全连接层分别预测候选区域对应目标的类别以及目标的坐标。当左右的候选框都预测完毕之后，会得到大量的预测框，随后使用 NMS 操作去除冗余框，得到最终的检测结果。

3. Faster R-CNN

相较于 R-CNN，Fast R-CNN 在整张图片上生成共享特征图，显著提升了算法的速度。即便如此，Fast R-CNN 仍然存在一个性能瓶颈，即候选框生成模块使用 Selective Search 等非神经网络算法。这些算法运行在 CPU 上，推理速度很慢。例如在测试时，Fast R-CNN 需要运行 2.3s，其中 2s 用于生成 2000 个候选框。针对这一问题，参考文献［4］提出了 Faster R-CNN 算法，在 Fast R-CNN 的基础上用区域提议网络（Region Proposal Network，RPN）替代 Selective Search 算法，显著提升了候选框的生成速度，能够更好地适应数据集。Faster R-CNN 模型（RPN、特征提取器、分类器和边界框回归器）完全实现了端到端训练，具有多任务损失（分类损失和定位损失），不但进一步提升了推理速度，还提高了模型的准确度。

如图 6-22 所示，Faster R-CNN 算法主要由两个模块组成：第一个模块是用于提取候选框的 RPN；第二个模块是基于候选框的目标检测器，与 Fast R-CNN 一致（又被称为 RoI

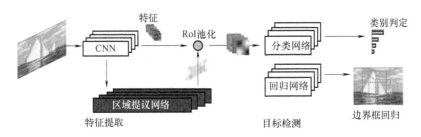

图 6-22　Faster R-CNN 网络结构[22]

Head）。Faster R-CNN 整个流程都基于深度学习算法，实现了端到端的训练，可以充分利用 GPU 并行计算的优势，极大提升了算法的推理速度。由于 Fast R-CNN 在前面已经详细介绍过了，下面将详细介绍一下 RPN。

　　RPN 在特征提取网络（VGG、ResNet 等）提取的特征图上应用了滑动窗口，并在每个窗口上设置了 k 个不同宽高比和尺寸的锚框，以预测不同宽高比、尺寸的目标，如图 6-23 所示。随后，预测这些锚框包含目标的概率并回归目标框以更好地与目标匹配。接下来这些候选框作为 RoI Head 的输入，得到目标的类别和坐标。

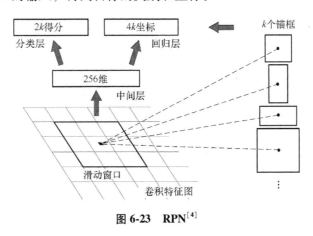

图 6-23　RPN[4]

　　在了解了 Faster R-CNN 整体结构之后，下面将对算法中涉及的细节进行展开介绍。

　　（1）滑动窗口

　　参考图 6-23，Faster R-CNN 在卷积网络输出的特征图上进行滑动窗口操作，每次窗口滑动就得到一个 $n \times n \times c$（其中，n 代表窗口的宽和高，c 代表特征图的通道数）大小的特征块。这些特征块作为候选区域的特征，再经过 RoI 池化和线性层映射之后分别送入两个并联的全连接层分支，其中一个全连接层分支用于二分类，判断候选框是否框中目标，另外一个全连接层则用于回归目标框的位置。

　　（2）锚框

　　图像中目标的尺度和宽高比变化范围比较大，直接回归目标框的绝对坐标会导致模型难以收敛，Faster R-CNN 在每个滑动窗口的中心放置若干锚框来解决这一问题，通过回归目标相对于锚框的相对位置偏移和尺度缩放来确定目标的准确位置，这样模型的学习难度降低，训练更容易收敛。通常情况下，每个窗口处所放置的锚框具有的不同尺度和宽高比，以适应尺度多样，形状各异的目标，如图 6-24 所示。假设在每个滑动窗口处设置 k 个锚框，则用于回归候选框位置的全连接层有 $4k$ 个输出，分别表示目标相对 k 个锚框中心点的偏移量和尺度缩放；判定候选框是否包含目标的分类器有 $2k$ 个输出，分别表示这 k 个锚框中包含目标的概率。

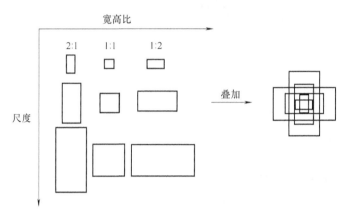

图 6-24　锚框示意图

（3）模型训练

在训练 RPN 时，根据锚框与真值框的 IoU 将锚框分为两类。如果锚框与某个真值框的 IoU 大于 0.7，那么该锚框会被判定为正样本；如果该锚框与真值框的 IoU 小于 0.3，那么该锚框会标记为负样本。其余的锚框被标记为忽略样本，不参与模型的训练。训练时，需要保证训练样本数量均衡，该算法设置正样本和负样本数量之比为 1∶1。由于图像中的目标有限，如果无法取到足够的正样本，再使用负样本来补齐。

Faster R-CNN 是端到端训练的，在训练 RPN 的同时，RPN 还会生成候选框，作为 RoI Head 的训练样本。根据预测得到的每个锚框包含目标的概率，对锚框进行排序，选取概率较大的 12000 个锚框，用 RPN 回归的位置参数修正这些锚框的坐标得到候选框，接着利用 NMS 去除冗余的候选框，最终保留概率最大 2000 个候选框。

（4）模型测试

与训练过程基本一致，Faster R-CNN 在进行推理时，利用 RPN 计算所有锚框包含目标的概率。选取概率较大的 6000 个锚框，并利用回归的位置和尺度参数，修正这 6000 个锚框的位置和长宽，得到候选框。然后利用 NMS，选出概率最大的 300 个候选框。这些候选框作为 RoI Head 的输入进行类别判定和进一步的位置回归。

4. 算法对比

R-CNN 使用 Selective Search 算法生成大量的候选区域，然后将候选区域送入特征提取网络分别提取特征用于类别判定和位置回归；相较于 R-CNN，Fast R-CNN 在整张图片上生成共享特征图，显著提升了算法的速度。但是，Fast R-CNN 仍然使用 Selective Search 等非神经网络算法，难以利用 GPU 并行运算的优势。为了克服这一问题，Faster R-CNN 模型利用 RPN 替代 Selective Search 算法，显著提升了候选框的生成速度，能够更好地适应数据集。表 6-4 给出了 R-CNN 系列目标检测算法的对比。

表 6-4　R-CNN 系列目标检测算法对比

算法	特点	推理时间	局限性
R-CNN	使用选择搜索算法产生候选区域（每个图像约 2000 个候选区域）	40~50s	计算时间较长。需要把每个候选区域分别送入 CNN，并且需要使用三个不同的模型进行预测
Fast R-CNN	每个图像只需要传入 CNN 一次并提取到特征图，再使用选择搜索算法进行预测。对三个模型进行了合并	2s	由于选择搜索算法较慢，导致计算时间仍然较长
Faster R-CNN	使用 RPN 替换了选择搜索算法，使算法变得更快	0.2s	区域推荐较为耗时，且存在几个首尾连接的系统。系统性能依赖于前面系统的性能表现

5. 简单实现

为了进一步加深读者对算法的理解，本节将基于 Github 上的一个简单实现[23] 对 Faster R-CNN 代码进行解析，以便读者理解算法的本质。本部分将着重介绍 Faster R-CNN 的特征提取网络、候选框提取网络以及 RoI Head 等部分的代码。

在 Faster R-CNN 这一核心类中，初始化了算法的三个核心模块，即 self. extrator、self. rpn、self. head。这三个模块分别用来提取图片的特征、提取候选区域以及对这些候选框进行位置修正和类别判定。代码如下：

```python
class FasterRCNN(nn.Module):
    def __init__(self,extractor,rpn,head,
                loc_normalize_mean=(0.,0.,0.,0.),
                loc_normalize_std=(0.1,0.1,0.2,0.2)):
        super(FasterRCNN,self).__init__()
        self.extractor=extractor
        self.rpn=rpn
        self.head=head

        #mean and std
        self.loc_normalize_mean=loc_normalize_mean
        self.loc_normalize_std=loc_normalize_std
        self.use_preset('evaluate')

    @property
    def n_class(self):
        #目标的类别总数
        return self.head.n_class

    def forward(self,x,scale=1.):
```

```
img_size=x.shape[2:]

h=self.extractor(x)
rpn_locs,rpn_scores,rois,roi_indices,anchor= \
    self.rpn(h,img_size,scale)
roi_cls_locs,roi_scores=self.head(
    h,rois,roi_indices)
return roi_cls_locs,roi_scores,rois,roi_indices
```

特征提取网络可以将图像映射为特征图，这里选用 VGG16（也可以选用其他特征提取网络，如 ResNet 等）作为主干网络。FasterRCNNVGG16 继承了 FasterRCNN，基于 VGG16 网络对特征提取模块、RPN 模块、RoI Head 模块进行了实例化。

```
class FasterRCNNVGG16(FasterRCNN):
    feat_stride=16   #downsample 16x for output of conv5 in vgg16

    def__init__(self,
                n_fg_class=20,
                ratios=[0.5,1,2],
                anchor_scales=[8,16,32]
                ):

        extractor,classifier=decom_vgg16()

        rpn=RegionProposalNetwork(
            512,512,
            ratios=ratios,
            anchor_scales=anchor_scales,
            feat_stride=self.feat_stride,
        )

        head=VGG16RoIHead(
            n_class=n_fg_class+1,
            roi_size=7,
            spatial_scale=(1./self.feat_stride),
            classifier=classifier
        )

        super(FasterRCNNVGG16,self).__init__(
            extractor,
```

```
        rpn,
        head,
    )
```

特征提取网络可以将图像映射为特征图，这里选用 VGG16（也可以选用其他特征提取网络，如 ResNet 等）作为主干网络，经过主干网络之后，特征图的分辨率变为原图的 1/16。代码如下：

```
def decom_vgg16():
    #the 30th layer of features is relu of conv5_3
    #是否使用 Caffe 下载下来的预训练模型
    if opt.caffe_pretrain:
        model=vgg16(pretrained=False)
        if not opt.load_path:
            #加载参数信息
            model.load_state_dict(t.load(opt.caffe_pretrain_path))
    else:
        model=vgg16(not opt.load_path)

    #加载预训练模型 vgg16 的 conv5_3 之前的部分
    features=list(model.features)[:30]

    classifier=model.classifier
    #分类部分放到一个 list 里面
    classifier=list(classifier)
    #删除输出分类结果层
    del classifier[6]
    #删除两个 dropout
    if not opt.use_drop:
        del classifier[5]
        del classifier[2]
    classifier=nn.Sequential(*classifier)

    for layer in features[:10]:
        for p in layer.parameters():
            p.requires_grad=False
    #拆分为特征提取网络和分类网络
    return nn.Sequential(*features),classifier
```

Faster R-CNN 最为显著的特点就是用 RPN 替代 Selective Search 提取候选框，使整个目标检测算法能够端到端地训练。代码如下：

```
class RegionProposalNetwork(nn.Module):

    def __init__(
            self,in_channels=512,mid_channels=512,ratios=[0.5,1,2],
            anchor_scales=[8,16,32],feat_stride=16,
            proposal_creator_params=dict(),
    ):
        super(RegionProposalNetwork,self).__init__()
        #首先生成上述以(0,0)为中心的 9 个 base anchor
        self.anchor_base=generate_anchor_base(
            anchor_scales=anchor_scales,ratios=ratios)
        self.feat_stride=feat_stride
        self.proposal_layer=ProposalCreator(self,
            **proposal_creator_params)
        n_anchor=self.anchor_base.shape[0]
        self.conv1=nn.Conv2d(in_channels,mid_channels,3,1,1)
        self.score=nn.Conv2d(mid_channels,n_anchor*2,1,1,0)
        self.loc=nn.Conv2d(mid_channels,n_anchor*4,1,1,0)
        normal_init(self.conv1,0,0.01)
        normal_init(self.score,0,0.01)
        normal_init(self.loc,0,0.01)

    def forward(self,x,img_size,scale=1.):
        #x 为下采样之后的特征图,hh、ww 为特征图的高和宽
        n,_,hh,ww=x.shape
        anchor=_enumerate_shifted_anchor(
            np.array(self.anchor_base),/
            self.feat_stride,hh,ww)

        n_anchor=anchor.shape[0]//(hh*ww)
        #512 个 3x3 卷积(512,H/16,W/16)
        h=F.relu(self.conv1(x))
        rpn_locs=self.loc(h)
        rpn_locs=rpn_locs.permute(0,2,3,1).contiguous().view(n,-1,4)
        rpn_scores=self.score(h)
        rpn_scores=rpn_scores.permute(0,2,3,1).contiguous()
        rpn_softmax_scores=F.softmax(rpn_scores.view(n,hh,ww,
            n_anchor,2),dim=4)
        rpn_fg_scores=rpn_softmax_scores[:,:,:,:,1].contiguous()
```

```
    rpn_fg_scores=rpn_fg_scores.view(n,-1)
    #得到每一张 feature map 上所有 anchor 的输出值
    rpn_scores=rpn_scores.view(n,-1,2)

    rois=list()
    roi_indices=list()

    for i in range(n):
        roi=self.proposal_layer(
            rpn_locs[i].cpu().data.numpy(),
            rpn_fg_scores[i].cpu().data.numpy(),
            anchor,img_size,
            scale=scale)
        batch_index=i * np.ones((len(roi),),dtype=np.int32)
        rois.append(roi)
        roi_indices.append(batch_index)
    roi_indices=np.concatenate(roi_indices,axis=0)
    return rpn_locs,rpn_scores,rois,roi_indices,anchor
```

VGG16RoIHead 对候选框进行位置修正和类别判定。代码如下：

```
class VGG16RoIHead(nn.Module):
    def __init__(self,n_class,roi_size,spatial_scale,
                classifier):
        super(VGG16RoIHead,self).__init__()
        #vgg16 中的最后两个全连接层
        self.classifier=classifier
        self.cls_loc=nn.Linear(4096,n_class * 4)
        self.score=nn.Linear(4096,n_class)
        #全连接层权重初始化
        normal_init(self.cls_loc,0,0.001)
        normal_init(self.score,0,0.01)
        #加上背景 21 类
        self.n_class=n_class
        self.roi_size=roi_size
        self.spatial_scale=spatial_scale
        #将大小不同的 roi 变成大小一致,得到 pooling 后的特征
        self.roi=RoIPooling2D(self.roi_size,self.roi_size,
            self.spatial_scale)

    def forward(self,x,rois,roi_indices):
```

```
        roi_indices=at.totensor(roi_indices).float()#ndarray->tensor
        rois=at.totensor(rois).float()
        indices_and_rois=t.cat([roi_indices[:,None],rois],dim=1)

        xy_indices_and_rois=indices_and_rois[:,[0,2,1,4,3]]

        indices_and_rois=  xy_indices_and_rois.contiguous()
        pool=self.roi(x,indices_and_rois)

        pool=pool.view(pool.size(0),-1)

        fc7=self.classifier(pool)
        roi_cls_locs=self.cls_loc(fc7)
        roi_scores=self.score(fc7)
        return roi_cls_locs,roi_scores
```

接下来我们看一下预测函数 predict，这个函数实现了对测试集图片的预测，同样 batch=1，即每次输入一张图片。代码如下：

```
def predict(self,imgs,sizes=None,visualize=False):
    #设置为 eval 模式
    self.eval()
    #开启可视化
    if visualize:
        self.use_preset('visualize')
        prepared_imgs=list()
        sizes=list()
        for img in imgs:
            size=img.shape[1:]
            img=preprocess(at.tonumpy(img))
            prepared_imgs.append(img)
            sizes.append(size)
    else:
        prepared_imgs=imgs
    bboxes=list()
    labels=list()
    scores=list()
    for img,size in zip(prepared_imgs,sizes):
        img=at.totensor(img[None]).float()
        scale=img.shape[3]/size[1]
```

```
#执行 forward
roi_cls_loc,roi_scores,rois,_=self(img,scale=scale)

roi_score=roi_scores.data
roi_cls_loc=roi_cls_loc.data
roi=at.totensor(rois)/scale

mean=t.Tensor(self.loc_normalize_mean).cuda().  \
    repeat(self.n_class)[None]
std=t.Tensor(self.loc_normalize_std).cuda().  \
    repeat(self.n_class)[None]

roi_cls_loc=(roi_cls_loc*std+mean)
roi_cls_loc=roi_cls_loc.view(-1,self.n_class,4)
roi=roi.view(-1,1,4).expand_as(roi_cls_loc)
cls_bbox=loc2bbox(at.tonumpy(roi).reshape((-1,4)),
            at.tonumpy(roi_cls_loc).reshape((-1,4)))
cls_bbox=at.totensor(cls_bbox)
cls_bbox=cls_bbox.view(-1,self.n_class*4)
#使边界框在图像中
cls_bbox[:,0::2]=(cls_bbox[:,0::2]).clamp(min=0,max=size[0])
cls_bbox[:,1::2]=(cls_bbox[:,1::2]).clamp(min=0,max=size[1])

prob=at.tonumpy(F.softmax(at.totensor(roi_score),dim=1))

raw_cls_bbox=at.tonumpy(cls_bbox)
raw_prob=at.tonumpy(prob)

bbox,label,score=self._suppress(raw_cls_bbox,raw_prob)
bboxes.append(bbox)
labels.append(label)
scores.append(score)

self.use_preset('evaluate')
self.train()
return bboxes,labels,scores
```

最后，介绍一下 Faster R-CNN 的损失函数。代码如下：

```
def forward(self,imgs,bboxes,labels,scale):
    n=bboxes.shape[0]
    if n !=1:
        raise ValueError('Currently only batch size 1 is supported.')

    _,_,H,W=imgs.shape
    #(n,c,hh,ww)
    img_size=(H,W)

    #vgg16 conv5_3之前的部分提取图片的特征
    features=self.faster_rcnn.extractor(imgs)

    #得到候选框的坐标和置信度
    rpn_locs,rpn_scores,rois,roi_indices,anchor=    \
        self.faster_rcnn.rpn(features,img_size,scale)
    bbox=bboxes[0]
    label=labels[0]
    rpn_score=rpn_scores[0]
    rpn_loc=rpn_locs[0]
    #(2000,4)
    roi=rois

    #实现候选框和真值框之间的匹配
    sample_roi,gt_roi_loc,gt_roi_label=self.proposal_target_creator(
        roi,
        at.tonumpy(bbox),
        at.tonumpy(label),
        self.loc_normalize_mean,
        self.loc_normalize_std)
    #NOTE it's all zero because now it only support for batch=1 now
    sample_roi_index=t.zeros(len(sample_roi))
    #计算预测框的分类损失和置信度得分
    roi_cls_loc,roi_score=self.faster_rcnn.head(
        features,
        sample_roi,
        sample_roi_index)

    #-----------------RPN losses-----------------#
    gt_rpn_loc,gt_rpn_label=self.anchor_target_creator(
```

```
    at.tonumpy(bbox),
    anchor,
    img_size)
gt_rpn_label=at.totensor(gt_rpn_label).long()
gt_rpn_loc=at.totensor(gt_rpn_loc)
#候选框的定位损失
rpn_loc_loss=_fast_rcnn_loc_loss(
    rpn_loc,
    gt_rpn_loc,
    gt_rpn_label.data,
    self.rpn_sigma)

rpn_cls_loss=F.cross_entropy(rpn_score,gt_rpn_label.cuda(),
    ignore_index=-1)
_gt_rpn_label=gt_rpn_label[gt_rpn_label>-1]#不计算背景类
_rpn_score=at.tonumpy(rpn_score)[at.tonumpy(gt_rpn_label)>-1]
self.rpn_cm.add(at.totensor(_rpn_score,False),
    _gt_rpn_label.data.long())

#-----------------ROI losses(fast rcnn loss)-----------------#
n_sample=roi_cls_loc.shape[0]
roi_cls_loc=roi_cls_loc.view(n_sample,-1,4)
roi_loc=roi_cls_loc[t.arange(0,n_sample).long().cuda(), \
                    at.totensor(gt_roi_label).long()]
gt_roi_label=at.totensor(gt_roi_label).long()
gt_roi_loc=at.totensor(gt_roi_loc)
roi_loc_loss=_fast_rcnn_loc_loss(
    roi_loc.contiguous(),
    gt_roi_loc,
    gt_roi_label.data,
    self.roi_sigma)
roi_cls_loss=nn.CrossEntropyLoss()(roi_score,
    gt_roi_label.cuda())

self.roi_cm.add(at.totensor(roi_score,False),
    gt_roi_label.data.long())
#得到最终的损失函数
losses=[rpn_loc_loss,rpn_cls_loss,roi_loc_loss,roi_cls_loss]
```

```
        losses=losses+[sum(losses)]


    return LossTuple(*losses)
```

6.2.2 YOLO 系列

6.2.1 节介绍了两阶段目标检测算法——R-CNN 系列。所谓两阶段算法，就是先在图像中找到若干可能包含目标的候选区域，然后判断候选区域是否包含目标。两阶段算法的优点是流程清晰，能够得到很好的检测效果。但是因为存在提取候选区域和类别判定两个过程，计算时间较长。为了进一步提升算法速度和落地的可行性，涌现出了一系列单阶段目标检测算法。

YOLO 算法是一种重要的单阶段算法，其核心是将整幅图像作为输入，并直接回归目标框的坐标和类别概率。YOLOV 没有生成候选框这一步骤，带来的好处就是显著提升目标算法的执行速度。YOLO 目前已经迭代了 5 个版本，其中 YOLO v3 相对经典，后续两个版本在此基础上加入了一些技巧，并优化了运行速度，核心思想没有改变。本节将先详细介绍 YOLO v1[3]、YOLO v2[24] 和 YOLO v3[25]，帮助读者理解 YOLO 系列算法的主要思想，并在此基础上简单介绍一下 YOLO v4 和 YOLO v5。最后，本节将会给出 YOLO v3 的简单实现，帮助读者理解算法的基本思想。

1. YOLO v1

处理检测问题最直接的思想是在图片中提取若干候选框，然后再对这些候选框进行类别判定和位置回归。这种方法的优点是能够得到更准确的目标位置，缺点是因多阶段运算会消耗较多的计算时间。要想进一步降低算法的复杂度，最直接的想法是利用特征图直接预测目标的位置和类别，这便是 YOLO v1 算法的基本思路。YOLO v1 由 R. Joseph 等人提出，是 YOLO 系列的开山之作，也是目标检测领域第一个单阶段算法。它的推理速度很快，在 VOC 数据集上保证 mAP=52.7% 的情况下，能达到 155FPS（每秒检测 155 张图片）。

作为一个单阶段目标检测算法，YOLO v1 没有生成候选框这一步骤，而是将图片划分为 $S \times S$ 的网格，每个网格对中心点落入其中的目标进行检测，具备端到端训练和推理的能力。下面将针对 YOLO v1 进行详细的介绍。

（1）网络结构

YOLO v1 首先使用 24 个卷积层提取图像特征，然后使用两层全连接层回归目标的框的坐标、置信度（是否包含目标）以及类别概率，网络结构如图 6-25 所示。YOLO v1 交替地使用 1×1 卷积减少特征通道的数量，最后一个卷积层输出形状为（7，7，1024）的特征图。然后该特征图被展开为向量。使用 2 个全连接层输出 7×7×30 个参数，然后将其重塑为（7，7，30），其中（7，7）表示将图像划分为 7×7 个网格，30 表示每个网格的预测结果，下面将详细展开介绍。

（2）算法原理

YOLO v1 的网络结构十分简单，其核心思想在于如何预测目标的位置和类别，下面将针对 YOLO v1 算法的原理进行详细的介绍。如图 6-26 所示，YOLO v1 通过一个 $S \times S$ 的均匀网格，将一张输入的图像均匀分成 $S \times S$ 个图像子块，每个图像子块内会预测 B 个预测框的坐

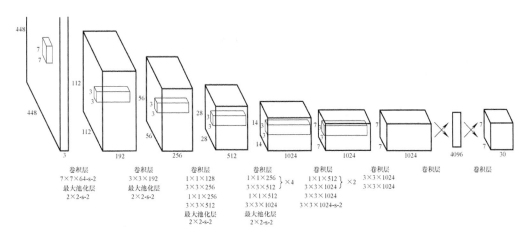

图 6-25 YOLO v1 网络结构[3]

图 6-26 划分网格

标和置信度（预测框框中目标的概率）以及目标属于 C 个类别的概率，输出结构如图 6-27
所示。

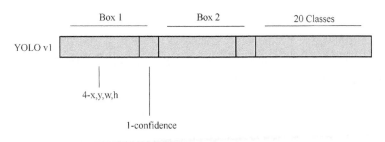

图 6-27 YOLO v1 的输出结构

置信度考虑了当前预测框中包含目标的概率以及预测框位置的准确程度。计算公式
如下：

$$P = \Pr(\text{Object}) \cdot \text{IoU}_{\text{Pred}}^{\text{Truth}}$$

如果网格中不包含目标（即目标的中心点未落在该网格中），则 Pr（Object）= 0；如果预测框框中了目标（即目标的中心点落在该网格中），则 Pr（Object）= 1。$\text{IoU}_{\text{Pred}}^{\text{Truth}}$是预测框和真值框的交并比，反映了预测框和真值框之间的重合程度。

每一个预测框都需要回归目标的中心坐标 (x,y) 和目标的宽、高 (w,h)。由于这四个数值的变化区间比较大，如果直接让模型回归这四个数值，模型难以收敛。为了使模型更容易收敛，(x,y,w,h) 需要除以图像的宽和高进行归一化处理，同时 (x,y) 采用了以当前网格的左上角为坐标原点的相对坐标系。

另外，每个子块都会回归 C 个条件概率，称为条件类别概率，用 Pr（Class_i | Object）表示，表示在该网格框中目标的前提下，目标属于某个类别的概率。因为 YOLO 默认每个子图只包含一个目标，所以无论预测多少个目标框，只需要回归一组条件概率。

（3）训练过程

在将 YOLO v1 放在检测数据集上进行训练之前，首先需要基于 ImageNet 数据集[13]针对图像分类任务进行预训练。预训练时，取网络的前 20 个卷积层，后面接一个全连接层构造一个分类模型。预训练完成后，在 20 个卷积层之后加上 4 个新的卷积层和 2 个全连接层得到 YOLO v1 网络模型。

在算法原理部分得知，给定一张图片，YOLO v1 会输出（7，7，30）的张量，其中 30 表示每个网格的预测结果，包括预测框的位置、置信度以及分类概率。未经训练的 YOLO v1 网络，在每个网格所输出的 30 个元素不包含任何信息，只有提供合适的监督信号，并把损失函数作为目标函数优化神经网络，才能让网络的输出变得有意义。下面将介绍一下 YOLO v1 的损失函数。

YOLO v1 对每个网格都会产生多个预测框边界，但是在计算损失时，每个网格内只有一个预测框会产生损失。为此，YOLO v1 选择与真值框有最高 IoU 的预测框作为该网格的输出。这种策略使得每个网格得到的预测框更倾向于不同尺寸和纵横比的目标。YOLO v1 采用平方误差和来计算损失，损失函数由分类损失、定位损失和置信度损失三个部分组成。

1）分类损失：如果网格内包含目标，那么该网格内的分类损失是所有类别的条件类别概率和真值之间的平方误差之和。

$$\sum_{i=0}^{S^2} \mathbb{1}_i^{\text{obj}} \sum_{c \in \text{classes}} (p_i(c) - \hat{p}_i(c))^2$$

式中，如果网格内包含目标，$\mathbb{1}_i^{\text{obj}} = 1$，否则$\mathbb{1}_i^{\text{obj}} = 0$；$\hat{p}_i(c)$ 表示类别标签，目标对应类别处的数值为 1，其余位置为 0。

2）定位损失：计算的是预测框的位置和尺寸相对于真值框的误差，这里只计算负责检测物体的预测框（即与真值框有最大的 IoU 的预测框）所产生的损失。

$$\lambda_{\text{coord}} \sum_{i=0}^{S^2} \sum_{j=0}^{B} \mathbb{1}_{ij}^{\text{obj}} \left[(x_i - \hat{x}_i)^2 + (y_i - \hat{y}_i)^2 \right]$$

$$+ \lambda_{\text{coord}} \sum_{i=0}^{S^2} \sum_{j=0}^{B} \mathbb{1}_{ij}^{\text{obj}} \left[(\sqrt{w_i} - \sqrt{\hat{w}_i})^2 + (\sqrt{h_i} - \sqrt{\hat{h}_i})^2 \right]$$

式中，λ_{coord}表示该损失占总损失的权重，(x_i,y_i,w_i,h_i)、$(\hat{x}_i,\hat{y}_i,\hat{w},\hat{h})$ 分别表示预测框和真值框的中心坐标和宽、高。对于不同尺寸的预测框所产生的损失，YOLO v1 希望给予不同的权重。也就是说，大尺寸的预测框所产生的 2 个像素的偏差与小尺寸的预测框所产生的 2 个尺寸的偏差应该给予不同的权重。为了解决这个问题，YOLO v1 计算宽和高的平方根损失，而不是直接计算宽和高的损失。

3）置信度损失：当网格不包含物体时，置信度标签 $\hat{C}_i$ 为 0；若包含物体，该置信度的标签为负责预测框和真值框的 IoU。

$$\sum_{i=0}^{S^2}\sum_{j=0}^{B} \mathbb{1}_{ij}^{obj}(C_i-\hat{C}_i)^2$$
$$+\lambda_{noobj}\sum_{i=0}^{S^2}\sum_{j=0}^{B} \mathbb{1}_{ij}^{noobj}(C_i-\hat{C}_i)^2$$

式中，如果网格内不包含目标，$\mathbb{1}_{ij}^{noobj}=1$，否则 $\mathbb{1}_{ij}^{noobj}=0$；$\lambda_{noobj}$ 为不包含目标的网格所产生的损失权重。大多数预测框不包含任何对象，这就造成了类别不平衡问题，即对于包含目标的预测框，模型也会输出不高的置信度。为了弥补这一点，这里将对该损失添加一个权重。最终的损失函数为三者之和：

$$\lambda_{coord}\sum_{i=0}^{S^2}\sum_{j=0}^{B} \mathbb{1}_{ij}^{obj}\left[(x_i-\hat{x}_i)^2+(y_i-\hat{y}_i)^2\right]$$
$$+\lambda_{coord}\sum_{i=0}^{S^2}\sum_{j=0}^{B} \mathbb{1}_{ij}^{obj}\left[\left(\sqrt{w_i}-\sqrt{\hat{w}_i}\right)^2+\left(\sqrt{h_i}-\sqrt{\hat{h}_i}\right)^2\right]$$
$$+\sum_{i=0}^{S^2}\sum_{j=0}^{B} \mathbb{1}_{ij}^{obj}(C_i-\hat{C}_i)^2$$
$$+\lambda_{noobj}\sum_{i=0}^{S^2}\sum_{j=0}^{B} \mathbb{1}_{ij}^{noobj}(C_i-\hat{C}_i)^2$$
$$+\sum_{i=0}^{S^2}\mathbb{1}_{i}^{obj}\sum_{c\in classes}(p_i(c)-\hat{p}_i(c))^2$$

（4）测试过程

如图 6-28 所示，测试时将图像分为 $S\times S$ 个子图像块，总共回归 $S\times S\times(B\times(4+1)+C)$ 个参数。其中 B 为该网格输出的预测框的数目，每个预测框包含 (x,y,w,h) 和置信度五个参数。此外，该网格还输出 C 个条件类别概率（即该网格在包含目标的情况下，分别属于 C 个类别的概率）。

将条件类别概率和置信度相乘得到针对特定类别的类别置信度得分 $Pr(Class_i)\cdot IoU_{pred}^{truth}$，计算公式如下：

条件类别概率　　　　框置信度得分　　　　类别置信度得分
$$\boxed{Pr(Class_i|Object)}\times\boxed{Pr(Object)\times IoU_{pred}^{truth}}=\boxed{Pr(Class_i)\times IoU_{pred}^{truth}}$$

式中，IoU_{pred}^{truth} 为预测框与真值框之间的 IoU，即置信度；$Pr(Object)$ 为边界框包含目标的概率；$Pr(Class_i|Object)$ 表示在网格包含目标的情况下，该目标属于 $Class_i$ 的概率；$Pr(Class_i)$ 表示目标属于 $Class_i$ 的概率。所以说，类别置信度得分 $Pr(Class_i)\cdot IoU_{pred}^{truth}$ 同时考虑了预测框的分类和定位效果。

得到 $S\times S\times B$ 个预测框之后，需要一些后处理操作，过滤掉一些低置信度以及有较大重叠度的框，从而输出最终的结果。下面举例说明，上面提到卷积神经网络最终会输出 $S\times$

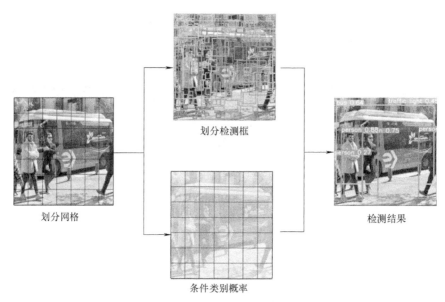

划分网格　　　划分检测框　　　条件类别概率　　　检测结果

图 6-28　YOLO v1 的测试过程

$S\times(B\times(4+1)+C)$ 的张量，这里假设 $S=9$，$B=2$，$C=20$。首先，需要将置信度与条件类别概率相乘得到类别置信度（98×20）的矩阵，如图 6-29 所示。

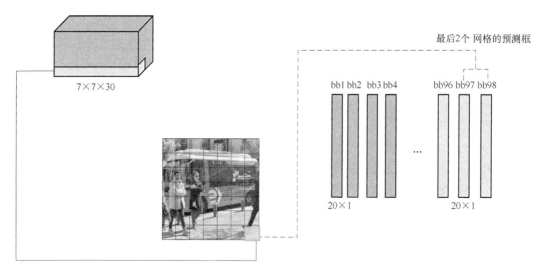

图 6-29　计算类别置信度的矩阵（98×20）

　　然后对每一个类别，首先置 0 那些小于阈值的预测框所对应的类别置信度得分（a→b），然后将置信度得分从高到低排序（c），利用 NMS 置 0 那些重叠度比较大的预测框所对应的置信度（d），如图 6-30 所示。

　　最后，对于每个预测框取最大的得分，作为该预测框的置信度得分，并将该最大值所对应的类别作为该预测框的类别，如图 6-31 所示。

　　YOLO v1 作为单阶段目标检测算法的开山之作，没有候选框生成这一步骤，直接从特征图预测目标的位置和类别，具有更高的检测速度。此外，由于两阶段算法，生成的候选框中

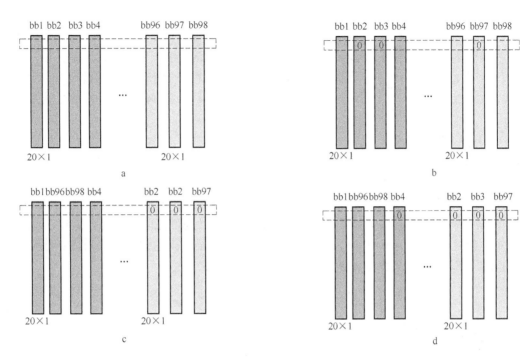

图 6-30　类别置信度的后处理

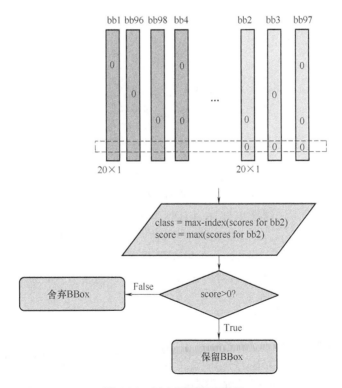

图 6-31　判定预测框的类别

没有足够的上下文信息，检测算法难以区分前景和背景，容易出现更高的背景误检率。但是，YOLO v1 算法的检测精度仍然弱于两阶段算法。这主要是由于在训练时，虽然每个网格能够产生多个预测框，但是只有与目标的 IoU 最大的预测框能够产生 Loss；同时，当一个网格中出现多个目标时，YOLO v1 也无法处理。这使得模型在目标密集分布的情况下，容易出现漏检。另一方面，YOLO v1 并没有引入多尺度检测的策略，对不同尺度的目标感知能力偏弱。

2. YOLO v2

与两阶段算法相比，尽管 YOLO v1 能够以高达 150FPS 的速度识别对象，但是会产生更高的定位误差和更低的召回率（测量定位所有目标的能力），难以在生产环境中应用；YOLO 的第二版算法 YOLO v2，在 YOLO v1 的基础上引入先验框，改进训练策略和网络结构，保证模型推理速度同时，增强了对密集目标以不同尺度目标的检测能力。算法能够以67FPS 的运行速度，在 VOC 2007 数据集上取得 76.8% 的结果，达到了当时的最好结果。网络结构如图 6-32 所示，下面将详细介绍 YOLO v2 所做出的改进。

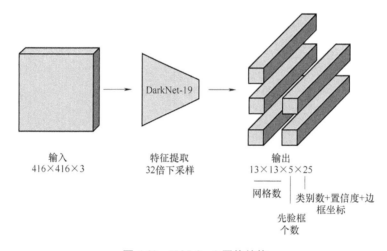

图 6-32　YOLO v2 网络结构

（1）DarkNet-19

YOLO v2 舍弃了传统的主干网络架构，而是设计了一种新的网络架构 DarkNet，由于网络总共包含 19 个卷积层，该网络也被称为 DarkNet-19，如图 6-33 所示。DarkNet-19 采用全卷积网络的架构，主要采用 3×3 的卷积核，并且在每个池化操作后，将通道数量加倍，然后使用 1×1 卷积来压缩特征。DarkNet 在相同条件下，计算量要远低于其他网络。另外，DarkNet-19 在卷积层和神经网络之间引入批次归一化[16]（Batch Normalization，BN）层，能够加速收敛，增加模型的泛化能力。

（2）输出网络

在 DarkNet 输出图像的特征图之后，还需要输出网络从特征图上解码出目标的位置和类别，YOLO v2 的输出网络由 YOLO v1 的全连接网络，直接替换成了卷积网络，网络图如图 6-34 所示。其中 Concatenate 层实现了深层的粗粒度特征和浅层的像素特征的拼接，增强了算法对不同尺度目标的检测能力。关于输出网络的一些细节，下面将进一步展开介绍。

类型	通道数	步长/尺寸	输出
卷积层	32	3×3	224×224
池化层		2×2/2	112×112
卷积层	64	3×3	112×112
池化层		2×2/2	56×56
卷积层	128	3×3	56×56
卷积层	64	1×1	56×56
卷积层	128	3×3	56×56
池化层		2×2/2	28×28
卷积层	256	3×3	28×28
卷积层	128	1×1	28×28
卷积层	256	3×3	28×28
池化层		2×2/2	14×14
卷积层	512	3×3	14×14
卷积层	256	1×1	14×14
卷积层	512	3×3	14×14
卷积层	256	1×1	14×14
卷积层	512	3×3	14×14
池化层		2×2/2	7×7
卷积层	1024	3×3	7×7
卷积层	512	1×1	7×7
卷积层	1024	3×3	7×7
卷积层	512	1×1	7×7
卷积层	1024	3×3	7×7

图 6-33　DarkNet-19[24]

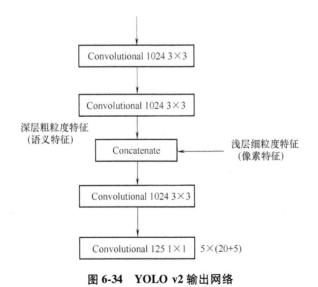

图 6-34　YOLO v2 输出网络

1）基于先验框进行预测。YOLO v1 指出早期训练容易出现不稳定的梯度，这是由于训练初期，YOLO v1 对边界框的位置进行任意的猜测，这些猜测难以适配不同尺度的目标，这就导致了梯度的陡峭变化。由于实际的目标往往具备相似的形状，例如，人对应的真值框的宽高比近似为 0.41，如果在得知目标常见形状这一先验知识的前提下，对目标的位置进行修正，训练将更加稳定，模型也将收敛到更优的性能。基于这一点，YOLO v2 在网络中引入了锚框（在 YOLO v2 中又被称为先验框）的概念，图 6-35 展示了 5 个形状各异的锚框。YOLO v2 在每个网格中设置这 5 个锚框，并在此基础上回归目标的位置，在保证多样性的同时，使得训练过程更稳定。

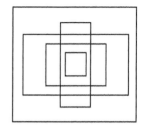

图 6-35　形状各异的锚框

Faster R-CNN 使用的锚框是预先设定好的 3 种宽高比、3 种面积大小的矩形框，总共 9 种锚框。YOLO v2 做了进一步的改进，通过 k-means 算法，在训练集中对锚框的宽高进行聚类，使锚框能够更好地适应训练集合。具体地，用 box 表示任意一个目标框，centroid 表示 k-means 聚类中心锚框，定义两者之间的距离为

$$d(\text{box},\text{centroid}) = 1-\text{IoU}(\text{box},\text{centroid})$$

选择的聚类中心越多，能够匹配的目标框就越多，但生成的预测框也越多，模型推理过程也会越复杂。为了平衡精度和运算效率，这里设置先验框的数量为 5。

在回归目标框的坐标时，可以直接在锚框的基础上进行修正。如果像 Faster R-CNN 一样对坐标的输出不加约束，在训练初期预测框可能会出现在图片中的任意位置，因此会产生不稳定的梯度。如下式所示，其中 (x_a,y_a,w_a,h_a) 表示候选框的参数，(t_x,t_y) 为可学习参数，(x,y) 是预测框的位置。

$$x = (t_x \cdot w_a) - x_a$$
$$y = (t_y \cdot h_a) - y_a$$

因此 YOLO v2 采用 sigmoid 函数来约束坐标偏移，真值框的位置、宽高回归公式如下：

$$b_x = \sigma(t_x) + c_x$$
$$b_y = \sigma(t_y) + c_y$$
$$b_w = p_w e^{t_w}$$
$$b_h = p_h e^{t_h}$$

式中，t_x、t_y、t_w、t_h 为网络的输出，c_x、c_y 为网格相对图片左上角的坐标偏移，p_w、p_h 分别为先验框宽度和长度，σ 为 sigmoid 激活函数，b_x、b_y、b_w、b_h 为预测框在特征图中的坐标，最后乘以采样率，得到真实的预测框的坐标信息。因此模型通过间接预测 t_x、t_y、t_w、t_h 来得到预测框的最终目标，并通过指数函数 sigmoid 函数施加约束，即保证预测框的宽、高大于方格的尺寸，预测框的位置位于（0，1）区间之内，如图 6-36 所示。

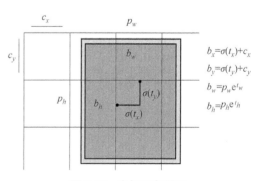

图 6-36　坐标回归原理

图 6-32 展示了从特征图上解码出目标位置和类别的过程，特征图上每个网格会回归（4+1+20）×5 个数值，其中 4 表示预测框的位置和宽高信息，1 表示预测框的置信度，20 为每个预测框所对应的 20 个类别，5 表示每个网格所对应的锚框的数目。YOLO v2 的输

出结构与 YOLO v1 有所不同，如图 6-37 所示。YOLO v1 每个网格输出的预测框共享相同的分类器，预测框之间受到共同的分类器的耦合，而 YOLO v2 的 5 个预测框拥有自己独立的分类器，即每个预测框可以独立地检测物体。

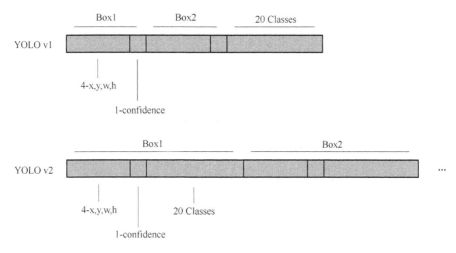

图 6-37　YOLO v2 的输出结构与 YOLO v1 的输出结构对比

2）使用浅层细节特征。随着卷积层的不断加深，得到的特征的分辨率也在不断降低，容易损失一些图像的细节，小目标的检测变得更加困难。为了解决这一问题，YOLO 将浅层 26×26×512 的特征图按照奇数行列和偶数行列进行拆分得到变成 4 个 13×13×512 的特征图，然后将这 4 个特征图依次叠加在原始的顶层 13×13×1024 的特征图上得到形状为 13×13×3072 的特征图，如图 6-38 所示，新的特征图在具备大感受野的同时也融入了更多的细节信息，增强了对小目标的检测能力，基于新的特征图进行预测，mAP 有 1% 的提升。

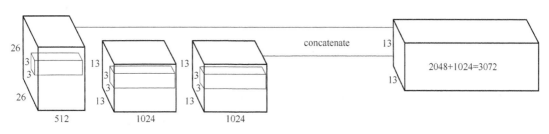

图 6-38　特征图拆分

3）使用高分辨率训练集。YOLO v1 训练时首先在 224×224 的分类数据集上对特征提取网络进行预训练，然后在 448×448 的检测数据集上训练整个网络，两次训练数据的分辨率存在差异，模型难以收敛到最优的结果。YOLO v2 为了克服这个问题，先在 ImageNet 上用 224×224 的图片训练特征提取网络，然后在 448×448 的数据集上进行微调，使得特征提取网络更加适配高分辨率的数据，模型的 mAP 能够有 4% 的提升。

4）使用多尺度图像进行训练。YOLO v2 网络为全卷积网络结构，所以对输入图像的尺寸没有限制。如果图片宽度和高度是原来的两倍，那么输出的网格单元格会变为原来的 4

倍，预测框的数量也变为了原来的 4 倍。在训练期间，YOLO v2 选择分辨率为 320×320、352×352 和 608×608 的图片作为训练样本。对于每 10 个批次，YOLO v2 随机选择另一种分辨率的图片来训练模型。与数据增强一样，这种方式迫使网络对不同的分辨率的图片进行更好的预测。

综上，YOLO v2 在 YOLO v1 的基础上引入先验框，在减轻模型优化难度的同时，可以产生更多的预测框，解决了 YOLO v1 对密集目标的检测问题，提高了召回率。此外，YOLO v2 训练时使用不同分辨率的图像，增强了模型对不同尺度目标的检测能力。在网络结构上，YOLO v2 通过结合浅层特征和深层特征，增强了模型对于小目标的检测能力。总体上，YOLO v2 在保证模型推理速度的同时，增强了对密集目标以不同尺度目标的检测能力。

3. YOLO v3

YOLO v3[25] 相对于前两个版本的 YOLO 变动不多，主要是基于 YOLO v2 做了一些改进，网络结构如图 6-39 所示。

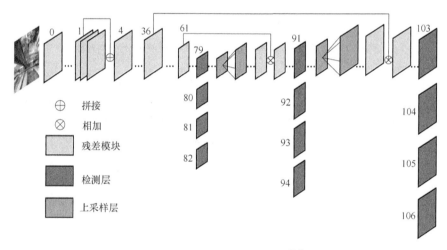

图 6-39　YOLO v3 网络结构[26]

（1）类别预测

一个目标可能具有多个类别标签，各个类别之间不一定是互斥的。例如，猫、狗等都是动物，对于这样的目标，这些预测结果都是正确的。因此 YOLO v3 使用 sigmoid 函数替代了之前版本的 softmax 函数操作，因为 softmax 操作的前提是类别互斥的，sigmoid 函数则相当于对每个类别都实现了一个二分类器。简言之，YOLO v3 采用多个二分类器替代一个多分类器，实现了对一个目标多个类别标签的判定。

（2）DarkNet-53

YOLO v3 使用 DarkNet-53 作为骨干网络提取原始图像的特征，网络结构如图 6-40 所示。DarkNet-53 在 DarkNet-19 的基础上继续添加了 3×3 和 1×1 卷积核来加深网络，达到 53 层。同时使用了残差连接[17] 克服了深层神经网络因为梯度消失引起的难以训练的问题。虽然加深后的网络与 DarkNet-19 相比，推理速度更慢，但是与通用的特征提取骨干网络相比却仍然领先。

类型	通道数	尺寸/步长	输出
卷积层	32	3×3	256×256
卷积层	64	3×3/2	128×128
1× 卷积层	32	1×1	
卷积层	64	3×3	
残差链接			128×128
卷积层	128	3×3/2	64×64
2× 卷积层	64	1×1	
卷积层	128	3×3	
残差链接			64×64
卷积层	256	3×3/2	32×32
8× 卷积层	128	1×1	
卷积层	256	3×3	
残差链接			32×32
卷积层	512	3×3/2	16×16
8× 卷积层	256	1×1	
卷积层	512	3×3	
残差链接			16×16
卷积层	1024	3×3/2	8×8
4× 卷积层	512	1×1	
卷积层	1024	3×3	
残差链接			8×8

图 6-40 DarkNet-53 网络结构[25]

（3）使用多尺度特征

由于之前的 YOLO v1、YOLO v2 在检测密集分布的中小物体上存在着能力不足，因此 YOLO v3 结合了特征金字塔网络（FPN）[27]，增强了模型检测不同尺度物体的能力，网络结构如图 6-41 所示。FPN 总共输出 3 种分辨率的特征图，这 3 个特征图的分辨率分别为原图的 1/32、1/16、1/8，当输入图像的大小是 416×416 时，对应的检测尺度为 13×13、26×26、52×52。在每个尺度上，每个单元使用 3 个锚点预测 3 个边界框，锚点的总数为 9。YOLO v3 把原图中不同尺度的目标分配到不同分辨率的特征图上，其中大分辨率的特征图保留了更多信息，结合来自更深层网络的语义信息检测小尺寸的目标；小分辨率的特征图本身就具有很丰富的语义信息，被用来检测大尺寸的物体。

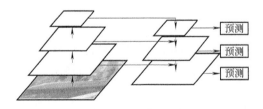

图 6-41 特征金字塔网络结构[27]

4. YOLO v4 和 YOLO v5

在 YOLO v3 之后，又迭代了两个版本 YOLO v4[29]、YOLO v5[30]，然而网络的核心思想并没有改变，只是不断结合目标检测领域的最新技术，在网络结构、激活函数、数据增强、损失函数等方面做出改进，见表 6-5。这令 YOLO 系列在精度和速度方面都取得了优越的性能，其中 YOLO v5 更是在工业界得到了广泛的应用。

表 6-5　YOLO 系列模型对比

YOLO 系列		YOLO v1	YOLO v2	YOLO v3	YOLO v4	YOLO v5
输入端	数据增强	—	—	—	Mosaic 数据增强	Mosaic 数据增强
	锚框	—	Anchor	Anchor	Anchor	自适应 Anchor
骨干网络	网络名称	GoogleNet	DarkNet-19	DarkNet-53	CSP DarkNet-53	Focus+CSP
	归一化	—	BN	BN	CMBN	BN
	激活函数	Leaky ReLU	Leaky ReLU	Leaky ReLU	Mish	Leaky ReLU
Neck		—	—	FPN	SPP+FPN+PAN	FPN+PAN
定位损失		IoU	IoU	IoU	CIoU	GIoU
非极大值抑制		NMS	NMS	NMS	DIOU_ NMS	NMS
FPN		—		将深层特征通过上采样的方式与浅层特征进行融合		

5. 简单实现

　　YOLO v3 解决了前两个版本算法中存在的缺陷，使 YOLO v3 成为成熟的单阶段目标检测算法。随后研究人员在 YOLO v3 的基础上结合了新的目标检测技术，提出了 YOLO v4、YOLO v5 等新一代算法。因此理解 YOLO v3 的原理十分重要，本部分将基于开源代码 Pytorch-YOLO v3[28] 对 YOLO v3 的模型定义、推理过程、损失函数的计算等部分进行讲解，该库是官方 YOLO v3 的简化版本，省略了各种目标检测技巧，以便读者理解 YOLO v3 的核心设计思想。

　　YOLO v3 采用 DarkNet-53 作为特征提取网络，并直接在输出的特征图上进行目标的类别判定和位置回归。首先，看一下 yolov3. cfg 这个文件，该文件定义了网络结构，并指定了一些网络结构参数，通过修改配置文件可以直接修改网络的结构。

```
[net]
....
#超参数设置

[convolutional]
...
#卷积设置,包括BatchNorm,卷积核数量,卷积核尺寸,步长,padding,激活函数等

[shortcut]
from=-3  #这个表示从当前往回数k层进行残差链接
activation=linear

[upsample]#上采样
stride=2#表示这里上采样用的步长为2

[route]#FPN,
layers=-4
```

```
#########
[convolutional]
size=1
stride=1
pad=1
filters=255
activation=linear

#yololayer 从特征图中解码出目标信息
[yolo]
mask=3,4,5
anchors=10,13,16,30,33,23,30,61,62,45,59,119,116,90,156,198,373,326
classes=80
num=9
jitter=.3
ignore_thresh=.7
truth_thresh=1
random=1
```

然后 create_modules 函数根据配置文件，逐层构建网络。代码如下：

```
def create_modules(module_defs):
"""
Constructs module list of layer blocks from module configuration in
module_defs
"""
hyperparams=module_defs.pop(0)
hyperparams.update({
    'batch':int(hyperparams['batch']),
    'subdivisions':int(hyperparams['subdivisions']),
    'width':int(hyperparams['width']),
    'height':int(hyperparams['height']),
    'channels':int(hyperparams['channels']),
    'optimizer':hyperparams.get('optimizer'),
    'momentum':float(hyperparams['momentum']),
    'decay':float(hyperparams['decay']),
    'learning_rate':float(hyperparams['learning_rate']),
    'burn_in':int(hyperparams['burn_in']),
    'max_batches':int(hyperparams['max_batches']),
    'policy':hyperparams['policy'],
```

```
        'lr_steps':list(zip(map(int,hyperparams["steps"].split(",")),
                            map(float,hyperparams["scales"].split(","))))
                })
    assert hyperparams["height"]==hyperparams["width"], \
        "Height and width should be equal! Non square images are padded \
        with zeros."
    output_filters=[hyperparams["channels"]]
    module_list=nn.ModuleList()
    for module_i,module_def in enumerate(module_defs):
        modules=nn.Sequential()
        #构建卷积层
        if module_def["type"]=="convolutional":
        bn=int(module_def["batch_normalize"])
        filters=int(module_def["filters"])
        kernel_size=int(module_def["size"])
        pad=(kernel_size-1)//2
        modules.add_module(
            f"conv_{module_i}",
            nn.Conv2d(
                in_channels=output_filters[-1],
                out_channels=filters,
                kernel_size=kernel_size,
                stride=int(module_def["stride"]),
                padding=pad,
                bias=not bn,
            ),
        )
        if bn:
            modules.add_module(f"batch_norm_{module_i}",
                    nn.BatchNorm2d(filters,momentum=0.1,eps=1e-5))
        if module_def["activation"]=="leaky":
                modules.add_module(f"leaky_{module_i}",nn.LeakyReLU(0.1))
        if module_def["activation"]=="mish":
            modules.add_module(f"mish_{module_i}",Mish())
    #定义最大值池化层
     elif module_def["type"]=="maxpool":
        kernel_size=int(module_def["size"])
        stride=int(module_def["stride"])
        if kernel_size==2 and stride==1:
```

```
        modules.add_module(f"_debug_padding_{module_i}",
                        nn.ZeroPad2d((0,1,0,1)))
    maxpool=nn.MaxPool2d(kernel_size=kernel_size,stride=stride,
                        padding=int((kernel_size-1)//2))
    modules.add_module(f"maxpool_{module_i}",maxpool)
#定义上采样层
 elif module_def["type"]=="upsample":
    upsample=Upsample(scale_factor=int(module_def["stride"]),
                            mode="nearest")
    modules.add_module(f"upsample_{module_i}",upsample)
#跨层连接
elif module_def["type"]=="route":
    layers=[int(x)for x in module_def["layers"].split(",")]
    filters=sum([output_filters[1:][i]for i in layers])//
            int(module_def.get("groups",1))
    modules.add_module(f"route_{module_i}",nn.Sequential())
#残差连接
 elif module_def["type"]=="shortcut":
    filters=output_filters[1:][int(module_def["from"])]
    modules.add_module(f"shortcut_{module_i}",nn.Sequential())
#YOLO层,将特征解码为位置和类别信息
elif module_def["type"]=="yolo":
    anchor_idxs=[int(x)for x in module_def["mask"].split(",")]
    #Extract anchors
    anchors=[int(x)for x in module_def["anchors"].split(",")]
    anchors=[(anchors[i],anchors[i+1])for i in range(0,len(anchors),2)]
    anchors=[anchors[i]for i in anchor_idxs]
    num_classes=int(module_def["classes"])
    #Define detection layer
    yolo_layer=YOLOLayer(anchors,num_classes)
    modules.add_module(f"yolo_{module_i}",yolo_layer)
#Register module list and number of output filters
module_list.append(modules)
output_filters.append(filters)

return hyperparams,module_list
```

定义完各层网络后，需要定义这些网络的前向传播方法组成 DarkNet。代码如下：

```python
class Darknet(nn.Module):
"""YOLOv3 object detection model"""

    def __init__(self,config_path):
        super(Darknet,self).__init__()
        self.module_defs=parse_model_config(config_path)
        #根据配置文件获得各层网络
        self.hyperparams,self.module_list=create_modules(
            self.module_defs)
        self.yolo_layers=[layer[0]
                            for layer in self.module_list if
                                isinstance(layer[0],YOLOLayer)]
        self.seen=0
        self.header_info=np.array([0,0,0,self.seen,0],dtype=np.int32)

    def forward(self,x):
        img_size=x.size(2)
        layer_outputs,yolo_outputs=[],[]
        #逐层前向传播
        for i,(module_def,module) in enumerate(zip(self.module_defs,
            self.module_list)):
            if module_def["type"]in ["convolutional","upsample",
                "maxpool"]:
                x=module(x)
            elif module_def["type"]=="route":
                combined_outputs=torch.cat([layer_outputs[int(layer_i)]
                    for layer_i in module_def["layers"].split(",")],1)
                group_size=combined_outputs.shape[1]//int(
                    module_def.get("groups",1))
                group_id=int(module_def.get("group_id",0))
                x=combined_outputs[:,group_size*group_id:group_size
                    *(group_id+1)]#Slice groupings used by yolo v4
            elif module_def["type"]=="shortcut":
                layer_i=int(module_def["from"])
                x=layer_outputs[-1]+layer_outputs[layer_i]
            elif module_def["type"]=="yolo":
                x=module[0](x,img_size)
                yolo_outputs.append(x)
            layer_outputs.append(x)
        return yolo_outputs if self.training else torch.cat(yolo_outputs,1)
```

```
#载入网络参数
def load_darknet_weights(self,weights_path):
"""Parses and loads the weights stored in'weights_path'"""

#Open the weights file
with open(weights_path,"rb")as f:
    #First five are header values
    header=np.fromfile(f,dtype=np.int32,count=5)
    self.header_info=header #Needed to write header when saving weights
    self.seen=header[3]#number of images seen during training
    weights=np.fromfile(f,dtype=np.float32)#The rest are weights

    #Establish cutoff for loading backbone weights
    cutoff=None
    #If the weights file has a cutoff,we can find out about it by loo
    #king at the filename
    #examples:darknet53.conv.74->cutoff is 74
    filename=os.path.basename(weights_path)
    if".conv."in filename:
        try:
            cutoff=int(filename.split(".")[-1])#use last part
                                                #of filename

        except ValueError:
            pass

    ptr=0
    for i,(module_def,module)in enumerate(zip(self.module_defs,
        self.module_list)):
        if i==cutoff:
            break
        if module_def["type"]=="convolutional":
            conv_layer=module[0]
            if module_def["batch_normalize"]:
                #Load BN bias,weights,running mean and running variance
                bn_layer=module[1]
                num_b=bn_layer.bias.numel()   #Number of biases
                #Bias
                bn_b=torch.from_numpy(
```

```
                    weights[ptr:ptr+num_b]).view_as(bn_layer.bias)
            bn_layer.bias.data.copy_(bn_b)
            ptr+=num_b
            #Weight
            bn_w=torch.from_numpy(
                weights[ptr:ptr+num_b]).view_as(bn_layer.weight)
            bn_layer.weight.data.copy_(bn_w)
            ptr+=num_b
            #Running Mean
            bn_rm=torch.from_numpy(
                weights[ptr:ptr+num_b]).view_as(bn_layer.
                    running_mean)
            bn_layer.running_mean.data.copy_(bn_rm)
            ptr+=num_b
            #Running Var
            bn_rv=torch.from_numpy(
                weights[ptr:ptr+num_b]).view_as(
                    bn_layer.running_var)
            bn_layer.running_var.data.copy_(bn_rv)
            ptr+=num_b
        else:
            #Load conv.bias
            num_b=conv_layer.bias.numel()
            conv_b=torch.from_numpy(
                weights[ptr:ptr+num_b]).view_as(
                    conv_layer.bias)
            conv_layer.bias.data.copy_(conv_b)
            ptr+=num_b
        #Load conv.weights
        num_w=conv_layer.weight.numel()
        conv_w=torch.from_numpy(
            weights[ptr:ptr+num_w]).view_as(
            conv_layer.weight)
        conv_layer.weight.data.copy_(conv_w)
        ptr+=num_w
    #保存网络参数
    def save_darknet_weights(self,path,cutoff=-1):
        """
```

```
        @ :param path-path of the new weights file
        @ :param cutoff-save layers between 0 and cutoff(cutoff=-1->all
            are saved)
"""
        fp=open(path,"wb")
        self.header_info[3]=self.seen
        self.header_info.tofile(fp)

        #Iterate through layers
        for i,(module_def,module) in enumerate(zip(self.module_defs[
            :cutoff],self.module_list[:cutoff])):
            if module_def["type"]=="convolutional":
                conv_layer=module[0]
                #If batch norm,load bn first
                if module_def["batch_normalize"]:
                    bn_layer=module[1]
                    bn_layer.bias.data.cpu().numpy().tofile(fp)
                    bn_layer.weight.data.cpu().numpy().tofile(fp)
                    bn_layer.running_mean.data.cpu().numpy().tofile(fp)
                    bn_layer.running_var.data.cpu().numpy().tofile(fp)
                #Load conv bias
                else:
                    conv_layer.bias.data.cpu().numpy().tofile(fp)
                #Load conv weights
                conv_layer.weight.data.cpu().numpy().tofile(fp)

    fp.close()
```

得到图像特征之后，需要对特征进行解码，获得目标的位置和类别信息，定义 YOLOLayer 如下：

```
class YOLOLayer(nn.Module):
    """Detection layer"""

    def __init__(self,anchors,num_classes):
        super(YOLOLayer,self).__init__()
        self.num_anchors=len(anchors)
        self.num_classes=num_classes
        self.no=num_classes+5    #每个 Anchor 对应的输出数量,类别数量+四个坐
                                 #标+1 个置信度
```

```
            self.grid=torch.zeros(1)
        #Anchor 的尺寸;
            anchors=torch.tensor(list(chain(*anchors))).float().view(-1,2)
            self.register_buffer('anchors',anchors)
            self.register_buffer(
                'anchor_grid',anchors.clone().view(1,-1,1,1,2))
            self.stride=None


    def forward(self,x,img_size):
        stride=img_size//x.size(2)
        self.stride=stride
        bs,_,ny,nx=x.shape    #x(bs,255,20,20) to x(bs,3,20,20,85)
        x=x.view(bs,self.num_anchors,self.no,ny,nx).
            permute(0,1,3,4,2).contiguous()


        if not self.training:    #inference
        #推理阶段直接得到预测框在原图内的绝对坐标,以及其置信度和类别信息
            if self.grid.shape[2:4]! =x.shape[2:4]:
                self.grid=self._make_grid(nx,ny).to(x.device)


            x[···,0:2]=(x[···,0:2].sigmoid()+self.grid)*stride    #xy
            x[···,2:4]=torch.exp(x[···,2:4])*self.anchor_grid#wh
            x[···,4:]=x[···,4:].sigmoid()
            x=x.view(bs,-1,self.no)
        return x


    @staticmethod
    def _make_grid(nx=20,ny=20):
        #得到网格坐标
        yv,xv=torch.meshgrid([torch.arange(ny),torch.arange(nx)])
        return torch.stack((xv,yv),2).view((1,1,ny,nx,2)).float()
```

定义完网络之后，YOLO v3 的另一个关键部分是如何定义损失函数。该部分包括：真值框与锚框的匹配，标签的生成，以及定位、分类、置信度这三个损失函数的计算。代码如下：

```
def compute_loss(predictions,targets,model):
    #Check which device was used
    device=targets.device


    #Add placeholder varables for the different losses
```

```
    lcls,lbox,lobj=torch.zeros(1,device=device),torch.zeros(1,
        device=device),torch.zeros(1,device=device)
```

#将真值框与各个网格的锚框进行匹配并返回标签
```
tcls,tbox,indices,anchors=build_targets(predictions,targets,model)
#targets
```

```
    #定义损失函数
    BCEcls=nn.BCEWithLogitsLoss(
        pos_weight=torch.tensor([1.0],device=device))
    BCEobj=nn.BCEWithLogitsLoss(
        pos_weight=torch.tensor([1.0],device=device))
```

```
    #YOLO v3 在三个尺度上执行检测任务,这里逐层进行计算
    for layer_index,layer_predictions in enumerate(predictions):
        #Get image ids,anchors,grid index i and j for each target in the
        #current yolo layer
        b,anchor,grid_j,grid_i=indices[layer_index]
        #Build empty object target tensor with the same shape as the
        #object prediction
        tobj=torch.zeros_like(layer_predictions[...,0],device=device)
        #target obj
        #Get the number of targets for this layer.
        #Each target is a label box with some scaling and the association
        #of an anchor box.
        #Label boxes may be associated to 0 or multiple anchors. So they
        #are multiple times or not at all in the targets.
        num_targets=b.shape[0]
        #Check if there are targets for this batch
        if num_targets:
            #Load the corresponding values from the predictions for each
            #of the targets
            ps=layer_predictions[b,anchor,grid_j,grid_i]
            #Regression of the box
            #Apply sigmoid to xy offset predictions in each cell that has
            #a target
            pxy=ps[:,:2].sigmoid()
            #Apply exponent to wh predictions and multiply with the anchor
            #box that matched best with the label for each cell that has a target
```

```
        pwh=torch.exp(ps[:,2:4]) * anchors[layer_index]
        #Build box out of xy and wh
        pbox=torch.cat((pxy,pwh),1)
        #Calculate CIoU or GIoU for each target with the predicted box
        #for its cell+anchor
        iou=bbox_iou(pbox.T,tbox[layer_index],x1y1x2y2=False,
            CIoU=True)
        #预测框和真值框之间的 IoU 尽量大
        lbox+=(1.0-iou).mean()   #iou loss

        #Classification of the objectness
        #Fill our empty object target tensor with the IoU we just
        #calculated for each target at the targets position
        tobj[b,anchor,grid_j,grid_i]=
            iou.detach().clamp(0).type(tobj.dtype)
        #Use cells with iou>0 as object targets


#单类别预测问题没比较计算类别损失,可以直接用置信度损失代替
if ps.size(1)-5>1:
                #Hot one class encoding
                t=torch.zeros_like(ps[:,5:],device=device)
                #targets
                t[range(num_targets),tcls[layer_index]]=1
                #Use the tensor to calculate the BCE loss
                lcls+=BCEcls(ps[:,5:],t)   #BCE
        #计算置信度损失
        lobj+=BCEobj(layer_predictions[...,4],tobj)#obj loss

    lbox*=0.05
    lobj*=1.0
    lcls*=0.5

    #Merge losses
    loss=lbox+lobj+lcls

    return loss,to_cpu(torch.cat((lbox,lobj,lcls,loss)))

#匹配预测结果和真值框
def build_targets(p,targets,model):
    #Build targets for compute_loss(),input targets(image,class,x,y,w,h)
```

```
na,nt=3,targets.shape[0]   #number of anchors,targets#TODO
tcls,tbox,indices,anch=[],[],[],[]
gain=torch.ones(7,device=targets.device)   #normalized to
                                           #gridspace gain
#Make a tensor that iterates 0-2 for 3 anchors and repeat that as many
#times as we have target boxes
ai=torch.arange(na,device=targets.device).float().view(na,1).
    repeat(1,nt)
#Copy target boxes anchor size times and append an anchor index to
#each copy the anchor index is also expressed by the new first dimension
targets=torch.cat((targets.repeat(na,1,1),ai[:,:,None]),2)


g=0.5   #bias
off=torch.tensor([[0,0],
                  [1,0],[0,1],[-1,0],[0,-1],   #j,k,l,m
                  #[1,1],[1,-1],[-1,1],[-1,-1],   #jk,jm,lk,lm
                  ],device=targets.device).float()*g   #offsets

for i,yolo_layer in enumerate(model.yolo_layers):
    #Scale anchors by the yolo grid cell size so that an anchor with
    #the size of the cell would result in 1
    anchors=yolo_layer.anchors/yolo_layer.stride
    #Add the number of yolo cells in this layer the gain tensor
    #The gain tensor matches the collums of our targets(img id,class,x,y,
    #w,h,anchor id)
    gain[2:6]=torch.tensor(p[i].shape)[[3,2,3,2]]   #xyxy gain
    #Scale targets by the number of yolo layer cells,they are now in
    #the yolo cell coordinate system
    t=targets*gain
    #Check if we have targets
    if nt:
        r=t[:,:,4:6]/anchors[:,None]   #wh ratio
        j=torch.max(r,1/r).max(2)[0]<4
        #j=wh_iou(anchors,t[:,4:6])>model.hyp['iou_t']
        #iou(3,n)=wh_iou(anchors(3,2),gwh(n,2))
        t=t[j]   #filter
    else:
        t=targets[0]
        offsets=0
```

```
#Extract image id in batch and class id
b,c=t[:,:2].long().T
#We isolate the target cell associations.
#x,y,w,h are allready in the cell coordinate system meaning an x=
#1.2 would be 1.2 times cellwidth
gxy=t[:,2:4]
gwh=t[:,4:6]   #grid wh
#Cast to int to get an cell index e.g. 1.2 gets associated to cell 1
gij=gxy.long()
#Isolate x and y index dimensions
gi,gj=gij.T   #grid xy indices


#Convert anchor indexes to int
a=t[:,6].long()
#Add target tensors for this yolo layer to the output lists
#Add to index list and limit index range to prevent out of bounds
indices.append((b,a,gj.clamp_(0,gain[3]-1),gi.clamp_(0,
    gain[2]-1)))
#Add to target box list and convert box coordinates from global
#grid coordinates to local offsets in the grid cell
tbox.append(torch.cat((gxy-gij,gwh),1))   #box
#Add correct anchor for each target to the list
anch.append(anchors[a])
#Add class for each target to the list
tcls.append(c)
return tcls,tbox,indices,anch
```

至此，YOLO v3 关键部分的代码实现已经讲解完成，其余的训练、测试等部分，读者可以参考原始的 Github 库。

6.3 实践案例：行人检测

本章前两节首先介绍了目标检测算法的基本概念，帮助读者初步了解目标检测这项任务。随后本章介绍了目标检测算法中两种主流的算法——单阶段目标检测算法和两阶段目标检测算法，并按照算法迭代的时间线，分别深入介绍了 R-CNN 和 YOLO 系列的原理。在此基础上，本节将给出目标检测在生产中的一些实际应用，并给出 YOLO 和 Faster R-CNN 两种实现方式。本节最后将会给出 YOLO 和 Faster R-CNN 在运行性能上的一些对比。

行人检测作为目标检测的重要分支，在安防、智能驾驶、智能机器人、无人机等领域均有广泛的应用。本节将会基于这一应用场景，在 Penn-Fudan[2] 数据集上给出两种算法的实现。

6.3.1 基于 Faster R-CNN 的行人检测

Faster R-CNN 作为经典的两阶段算法，再结合当前最新的目标检测技术之后，仍然有着优秀的性能。本节将会基于 PyTorch 的官方教程[18]，在 Penn-Fudan[2] 数据集上训练一个 Faster R-CNN 行人检测器。

1. 数据介绍

Penn-Fudan 数据集是一个图像数据库，包含用于行人检测的图像。这些图像取自校园和城市街道周围的场景。我们在这些图像中感兴趣的对象是行人。每张图像中至少有一个行人。在这个数据库中，被标记的行人的高度属于 [180，390] 像素。有 170 张图片，345 个标记的行人，其中 96 张图片取自宾夕法尼亚大学附近，其他 74 张取自复旦大学附近。数据样本如图 6-42 所示。

图 6-42 Penn-Fudan 数据样本

在终端中输入以下命令下载并解压数据集。

```
wget https://www.cis.upenn.edu/~jshi/ped_html/PennFudanPed.zip.
unzip PennFudanPed.zip
```

目录结构如图 6-43 所示。

图 6-43 Penn-Fudan 目录结构

其中 PNGImages 文件夹为原始图片，PedMasks 为对应目标的分割标注，Annotation 为对应图片的所有标注信息。

2. 编写自定义数据集接口

导入相关模块:

```
import os
import numpy as np
import torch
import torch.utils.data
from PIL import Image
import random
import torchvision.transforms.functional as F
```

定义数据集接口:

```
class PennFudanDataset(torch.utils.data.Dataset):
    def __init__(self,root,transforms=None):
        self.root=root
        self.transforms=transforms
        self.imgs=list(sorted(os.listdir(os.path.join(root,
            "PNGImages"))))
        self.masks=list(sorted(os.listdir(os.path.join(root,
            "Ped Masks"))))

    def __getitem__(self,idx):
        #载入图像
        img_path=os.path.join(self.root,"PNGImages",self.imgs[idx])
        mask_path=os.path.join(self.root,"PedMasks",self.masks[idx])
        img=Image.open(img_path).convert("RGB")
        mask=Image.open(mask_path)

        #通过Mask标注获得标注框
        mask=np.array(mask)
        obj_ids=np.unique(mask)
        obj_ids=obj_ids[1:]
        masks=mask==obj_ids[:,None,None]

        num_objs=len(obj_ids)
        boxes=[]
        for i in range(num_objs):
            pos=np.where(masks[i])
            xmin=np.min(pos[1])
```

```
            xmax=np.max(pos[1])
            ymin=np.min(pos[0])
            ymax=np.max(pos[0])
            boxes.append([xmin,ymin,xmax,ymax])

        boxes=torch.as_tensor(boxes,dtype=torch.float32)

        labels=torch.ones((num_objs,),dtype=torch.int64)
        masks=torch.as_tensor(masks,dtype=torch.uint8)

        image_id=torch.tensor([idx])
        area=(boxes[:,3]-boxes[:,1]) * (boxes[:,2]-boxes[:,0])

        iscrowd=torch.zeros((num_objs,),dtype=torch.int64)

        target={}
        target["boxes"]=boxes
        target["labels"]=labels
        target["masks"]=masks
        target["image_id"]=image_id
        target["area"]=area
        target["iscrowd"]=iscrowd

        if self.transforms is not None:
            img,target=self.transforms(img,target)

        return img,target

    def __len__(self):
        return len(self.imgs)
```

接口定义完成后，可执行以下命令验证接口的正确性：

```
dataset=PennFudanDataset('PennFudanPed/')
dataset[0]
```

输出结果如下：

```
(<PIL.Image.Image image mode=RGB size=559x536 at 0x7F9C105A5E10>,
  {'area':tensor([35358.,36225.]),'boxes':tensor([[159.,181.,301.,430.],
        [419.,170.,534.,485.]]),'image_id':tensor([0]),'iscrowd':
tensor([0,0]),'labels':tensor([1,1]),'masks':tensor([[[0,0,0,…,0,0,0],
```

```
              [0,0,0,  …,0,0,0],
              [0,0,0,  …,0,0,0],
              …,
              [0,0,0,  …,0,0,0],
              [0,0,0,  …,0,0,0],
              [0,0,0,  …,0,0,0]],

             [[0,0,0,  …,0,0,0],
              [0,0,0,  …,0,0,0],
              [0,0,0,  …,0,0,0],
              …,
              [0,0,0,  …,0,0,0],
              [0,0,0,  …,0,0,0],
              [0,0,0,  …,0,0,0]]],dtype=torch.uint8)})
```

3. 模型定义

由于 torchvision 已经内置了 Faster R-CNN 的实现，在这里可以直接调用相关的函数接口搭建模型。

```
import torchvision
from torchvision.models.detection.faster_rcnn import FastRCNNPredictor

def get_instance_detection_model(num_classes):

    model=torchvision.models.detection.fasterrcnn_resnet50_fpn(
        pretrained=True)

    in_features=model.roi_heads.box_predictor.cls_score.in_features
    model.roi_heads.box_predictor=FastRCNNPredictor(in_features,
        num_classes)

    return model
```

创建一个模型实例，然后把随机初始化的两个张量当作图片输入到网络中。

```
num_classes=2#行人检测只有两个类别,行人或者背景
model=get_instance_detection_model(num_classes)
model.eval()
x=[torch.rand(3,300,400),torch.rand(3,500,400)]
predictions=model(x)
```

模型输出如下：

```
[{'boxes':tensor([],size=(0,4),grad_fn=<StackBackward0>),
  'labels':tensor([],dtype=torch.int64),
  'scores':tensor([],grad_fn=<IndexBackward0>)},
 {'boxes':tensor([],size=(0,4),grad_fn=<StackBackward0>),
  'labels':tensor([],dtype=torch.int64),
  'scores':tensor([],grad_fn=<IndexBackward0>)}]
```

由于输入的图像为随机初始化的张量，模型并没有检测到任何目标。

4. 模型训练

数据增强可以在训练时增加数据的多样性，提升模型的泛化能力。这里在训练时对训练样本采用了随机水平翻转，实现代码如下：

```
class ToTensor(object):
"""将数据归一化到(0,1)"""
    def __call__(self,image,target):
        image=F.to_tensor(image)
        return image,target


class RandomHorizontalFlip(object):
"""将图像数据按照一定概率进行水平翻转"""
def __init__(self,prob):
        self.prob=prob


    def __call__(self,image,target):
        if random.random()<self.prob:
            height,width=image.shape[-2:]
            image=image.flip(-1)
            bbox=target["boxes"]
            bbox[:,[0,2]]=width-bbox[:,[2,0]]
            target["boxes"]=bbox
            if"masks"in target:
                target["masks"]=target["masks"].flip(-1)
            if"keypoints"in target:
                keypoints=target["keypoints"]
                keypoints=_flip_coco_person_keypoints(keypoints,
                    width)
                target["keypoints"]=keypoints
        return image,target


class Compose(object):
```

```
"""将多种数据增强的方式组合起来"""
    def __init__(self,transforms):
        self.transforms=transforms

    def __call__(self,image,target):
        for t in self.transforms:
            image,target=t(image,target)
        return image,target

def get_transform(train):
    transforms=[]
    transforms.append(ToTensor())
    if train:
        #during training,randomly flip the training images
        #and ground-truth for data augmentation
        transforms.append(RandomHorizontalFlip(0.5))
    return Compose(transforms)
```

读取数据集并将数据集划分为训练集和测试集：

```
dataset=PennFudanDataset('PennFudanPed',get_transform(train=True))
dataset_test=PennFudanDataset('PennFudanPed',get_transform(
    train=False))
torch.manual_seed(1)
indices=torch.randperm(len(dataset)).tolist()
dataset=torch.utils.data.Subset(dataset,indices[:-50])
dataset_test=torch.utils.data.Subset(dataset_test,indices[-50:])
def collate_fn(batch):
    return tuple(zip(*batch))
#定义训练和测试的 data loaders
data_loader=torch.utils.data.DataLoader(
    dataset,batch_size=2,shuffle=True,num_workers=4,
    collate_fn=collate_fn)
data_loader_test=torch.utils.data.DataLoader(
    dataset_test,batch_size=1,shuffle=False,num_workers=4,
    collate_fn=collate_fn)
```

指定训练设备，当具有 GPU 环境时可以极大地加快模型的训练速度：

```
device = torch.device ('cuda') if torch.cuda.is_available() else
torch.device('cpu')
```

设置优化器以及各种学习策略：

```
params=[p for p in model.parameters()if p.requires_grad]
optimizer=torch.optim.SGD(params,lr=0.005,
    momentum=0.9,weight_decay=0.0005)
lr_scheduler=torch.optim.lr_scheduler.StepLR(optimizer,
    step_size=3,gamma=0.1)
def warmup_lr_scheduler(optimizer,warmup_iters,warmup_factor):

    def f(x):
        if x >=warmup_iters:
            return 1
        alpha=float(x)/warmup_iters
        return warmup_factor * (1-alpha)+alpha
```

定义训练函数：

```
import math
def train_one_epoch(model,optimizer,data_loader,device,epoch):
    model.train()
    lr_scheduler=None
    if epoch==0:
        warmup_factor=1./1000
        warmup_iters=min(1000,len(data_loader)-1)
        lr_scheduler=warmup_lr_scheduler(optimizer,
            warmup_iters,warmup_factor)
    for images,targets in data_loader:
        images=list(image.to(device)for image in images)
        targets=[{k:v.to(device)for k,v in t.items()}for t in targets]
        loss_dict=model(images,targets)
        losses=sum(loss for loss in loss_dict.values())
        loss_value=losses.item()

        if not math.isfinite(loss_value):
            print("Loss is{},stopping training".format(loss_value))
            print(loss_dict_reduced)
            sys.exit(1)

        optimizer.zero_grad()
        losses.backward()
        optimizer.step()

        if lr_scheduler is not None:
```

```
            lr_scheduler.step()

    log=[]
    log.append('Epoch{:2}'.format(epoch))
    log.append('lr{:5}'.format(optimizer.param_groups[0]["lr"]))
    log.append('loss_classifier:{:.5f}loss_box_reg:{:.5f}
            loss_objectness:{:.5}loss_rpn_box_reg:{:.5}'.format(
            loss_dict['loss_classifier'],loss_dict['loss_box_reg'],
            loss_dict['loss_objectness'],loss_dict['loss_rpn_box_reg']
            ))

    print('|'.join(log))
```

定义评估函数:

```
@torch.no_grad()
def evaluate(model,data_loader,device):

    #FIXME remove this and make paste_masks_in_image run on the GPU
    cpu_device=torch.device("cpu")
    model.eval()

    outputs_all=[]
    targets_all=[]
    for images,targets in data_loader:
        images=list(img.to(device)for img in images)
        outputs=model(images)
        outputs=[{k:v.to(cpu_device)for k,v in t.items()}for t in outputs]
        outputs=outputs[0]
        targets=targets[0]
        for i in range(len(outputs['boxes'])):
            outputs_all.append([targets['image_id'],outputs['labels'][i],
                outputs['scores'][i],outputs['boxes'][i]])

        for i in range(len(targets['boxes'])):
            targets_all.append([targets['image_id'],targets['labels'][i],
                1,targets['boxes'][i]])
    mAP=mean_average_precision(outputs_all,targets_all,
        iou_threshold=0.5,box_format='corners',
        num_classes=2)
```

```
print('(mAP)@[IoU=0.50]={}'.format(mAP))
return mAP
```

执行训练：

```
num_epochs=10
model.to(device)
for epoch in range(num_epochs):
    train_one_epoch(model,optimizer,data_loader,device,epoch,
        print_freq=10)
    #更新学习率
    lr_scheduler.step()
    #评估测试集
    evaluate(model,data_loader_test,device=device)
```

训练过程如下：

```
Epoch  0|lr 0.005|loss_classifier:0.04724 loss_box_reg:0.20572 loss_
objectness:5.5403e-05 loss_rpn_box_reg:0.0088876
Epoch 1|lr 0.005|loss_classifier:0.05829 loss_box_reg:0.10164 loss_
objectness:0.00029287 loss_rpn_box_reg:0.010539
Epoch 2|lr 0.0005|loss_classifier:0.04458 loss_box_reg:0.07492 loss_
objectness:0.00021465 loss_rpn_box_reg:0.0028869
(mAP)@[IoU=0.50]=0.9917758703231812
```

5. 模型测试

从测试集合中任意选一张图片验证模型训练后的检测性能。

```
image_0=dataset_test[0][0]
model.eval()
out=model([image_0.cuda()])
```

模型输出如下：

```
[{'boxes':tensor([[64.1890,46.2175,193.5107,325.7074],
            [276.5934,24.6134,291.3137,73.8646]],device='cuda:0',
        grad_fn=<StackBackward0>),
    'labels':tensor([1,1],device='cuda:0'),
    'scores':tensor([0.9985,0.0854],device='cuda:0',
        grad_fn=<IndexBackward0>)}]
```

可视化预测框：

```
import matplotlib.pyplot as plt
from PIL import Image
bbox1=[64.1890,46.2175,193.5107,325.7074]#第二个预测框置信度很低,不作为
                                        #最终的检测结果
```

```
def bbox_to_rect(bbox,color):
    x=bbox[0]
    y=bbox[1]
    width=bbox[2]-bbox[0]
    height=bbox[3]-bbox[1]
    return plt.Rectangle(xy=(x,y),width=width,height=height,fill=
        False,edgecolor=color,linewidth=2)

fig=plt.imshow(torchvision.transforms.ToPILImage()(image_0))
fig.axes.add_patch(bbox_to_rect(bbox1,'blue'))

plt.show()  #显示图像
```

检测结果如图 6-44 所示。

图 6-44 Faster R-CNN 检测结果

6.3.2 基于 YOLO v5 的行人检测

由于 YOLO v5 卓越的速度和优秀的检测性能，使得 YOLO v5 在工业界广泛应用。本节将基于 YOLO v5 的官方代码（https://github.com/ultralytics/yolov5），帮助读者在 Penn-Fudan[2]数据集上训练一个行人检测模型。

1. 代码结构

从官网下载完成代码后，我们认识一下当前目录下的文件及其作用。YOLO v5 代码结构如图 6-45 所示。

data：主要是存放一些超参数的配置文件（这些文件（yaml 文件）是用来配置训练集、测试集和验证集的路径的，其中还包括目标检测的种类数和种类的名称），还有一些官方提供测试的图片。如果是训练自己的数据集，那么就需要修改其中的 yaml 文件。但是自己的数据集不建议放在这个路径下面，而是建议把数据集放到 yolov5 项目的同级目录 datasets 下面。

models：里面主要是一些网络构建的配置文件和函数，其中包含了该项目的 4 个不同的

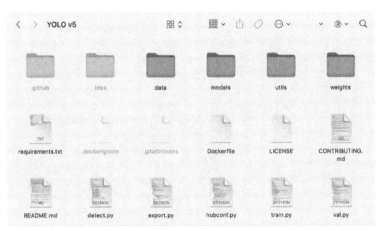

图 6-45 YOLO v5 代码结构

版本，分别为 s、m、l、x，这几个版本模型从小到大。它们的检测速度分别是从快到慢，但是精确度分别是从低到高。如果训练自己的数据集，就需要修改这里面相对应的 yaml 文件来训练自己的模型。

utils：存放的是工具类的函数，有 loss 函数、metrics 函数、plots 函数等。

weights：放置预训练模型。

detect.py：利用训练好的权重参数进行目标检测，可以进行图像、视频和摄像头的检测。

train.py：训练自己的数据集的函数。

test.py：测试训练的结果的函数。

2. 数据处理

数据集下载完成后，目录结构如下。

```
(base)→PennFudanPed tree-L 1
├── added-object-list.txt
├── Annotation
├── PedMasks
├──PNGImages
├──readme.txt
```

为了让 YOLO v5 能够在自定义的数据集上进行训练，我们需要将数据集的格式处理为 YOLO 默认的数据格式。首先，按照以下结构创建目录：

```
yoloformat
├── images
│   ├── train
│   ├── val
└──labels
├──train
    └──val
```

然后按照以下脚本处理文件：

```python
import os
import re
from pathlib import Path
from PIL import Image
import csv
import shutil
import numpy as np
import pdb


pngpath='./PNGImages/'
oritxt='./Annotation/'
newtxt='./labels/'
savepath='./images/'
    #转换边界框的标注格式
def convert(size,box0,box1,box2,box3):
    dw=1./size[0]
    dh=1./size[1]
    x=(box0+box2)/2*dw
    y=(box1+box3)/2*dh
    w=(box2-box0)*dw
    h=(box3-box1)*dh
    return(x,y,w,h)


txtfiles=os.listdir(oritxt)
np.random.shuffle(txtfiles)
#划分训练集和验证集
trainfiles=txtfiles[:-50]
valfiles=txtfiles[-50:]

matrixs=[]
#读取原始的标注文件
for txtpath in txtfiles:
    img_path=pngpath+txtpath[:-4]+".png";

    if txtpath in trainfiles:
        spt=newtxt+'train/'
        image_sp=savepath+'train/'
    else:
```

```
            spt=newtxt+'val/'
            image_sp=savepath+'val/'
        outpath=spt+txtpath[:-4]+'.txt'


        with Image.open(img_path)as Img:
                img_size=Img.size
        ans=''
        f1=open(oritxt+txtpath,'r')
#将处理好的标注和图片存储到新目录
for line in f1.readlines():
        if re.findall('Xmin',line):
                pt=[int(x)for x in re.findall(r"\d+",line)]
                matrixs.append(pt)
                bb=convert(img_size,pt[1],pt[2],pt[3],pt[4])
                ans=ans+'1'+''+''.join(str(a)for a in bb)+'\n'
        f1.close()
        with open(outpath,'w')as outfile:
            outfile.write(ans)


        shutil.copy(img_path,image_sp+txtpath[:-4]+'.png')
```

至此，数据集的组织形式已经与 YOLO 一致，只需要修改 YOLO 的配置文件就可以训练和测试模型。

3. 修改配置文件

训练目标检测模型需要修改两个 yaml 文件中的参数：一个是 data 目录下的相应的 yaml 文件，另一个是 model 目录下的相应的 yaml 文件。在这里针对新的数据集，应该新建一个 yaml 文件，这里我们新建一个 ped.yaml。

data/ *.yaml 文件配置：

```
#YOLOv5 🚀 by Ultralytics,GPL-3.0 license
#COCO128dataset https://www.kaggle.com/ultralytics/coco128(first 128
#images from COCO train2017)
#Example usage:python train.py--data coco128.yaml
#parent
# ├──yolov5
# └──datasets
#    └──coco128 ←downloads here
#Train/val/test sets as 1)dir:path/to/imgs,2)file:path/to/imgs.txt,or
#3)list:[path/to/imgs1,path/to/imgs2,..]
path:PennFudanPed/yoloformat  #dataset root dir
```

```
train:images/train  #train images(relative to'path')128 images
val:images/val  #val images(relative to'path')128 images
test:  #test images(optional)


#Classes
nc:1  #number of classes
names:['person']  #class names
```

models/ * . yaml 文件配置：

```
#YOLOv5 🚀 by Ultralytics,GPL-3.0 license


#Parameters
nc:1  #number of classes
depth_multiple:0.33  #model depth multiple
width_multiple:0.50  #layer channel multiple
```

该文件仅修改 nc 为 1 即可，不过我们还是解读一下其内部结构。

Parameters：控制网络结构的参数。

depth_mutiple：控制网络的深度，即网络有多少层。

width_multiple：控制网络的宽度，即卷积核的大小。

所有 yaml 文件（yolov5s. yaml、yolov5m. yaml 等）内部的不同都只有这两个参数不同，所以说设置得十分巧妙，只修改这两个参数就可以改变网络结构。

训练的主干网络 backbone：

```
#YOLOv5 backbone
backbone:
  #[from,number,module,args]
  [[-1,1,Focus,[64,3]],  #0-P1/2
  [-1,1,Conv,[128,3,2]],  #1-P2/4
  [-1,3,C3,[128]],
  [-1,1,Conv,[256,3,2]],  #3-P3/8
  [-1,9,C3,[256]],
  [-1,1,Conv,[512,3,2]],  #5-P4/16
  [-1,9,C3,[512]],
  [-1,1,Conv,[1024,3,2]],  #7-P5/32
[-1,1,SPP,[1024,[5,9,13]]],
  [-1,3,C3,[1024,False]],  #9
]
```

第 3 行的注释说明了每列的数字代表什么意思。

from 代表输入的来源，-1 代表从前一层的输出层的大小自动读取输入的大小，-2 代表从前两层的大小自动读取输入的大小。

number 代表当前结构连续重复几次，比如 3 就代表此处有 3 个连续的完全相同的网络层。

module 在 models/yolo. py 中会被解析成相对应的层，前提是这个层被声明过。

args 是卷积核信息，［kernel_num，kernel_size，step］三个元素分别代表卷积核数量、卷积核大小、步长。

下面结合 backbone 理解 depth_mutiple 和 width_mutiple。

从图 6-46 可以发现，n 这一列与前面的 backbone 略有差异，网络实际的深度是 backbone 中的 n · depth_ mutiple，这就是 depth_ mutiple 控制深度的方法，n = 1 时除外，因为此时往往是一些具有特殊作用的层。再看最右侧 arguments，可以看到 backbone 中的 args 是 3 个元素，这里是 4 个，这是因为在 arguments 的最前面根据 backbone 的 from 字段自动补上了输入，第 2 个元素代表卷积核个数，同样类似的是 backbone 中对应的数字乘上 width_mutiple。

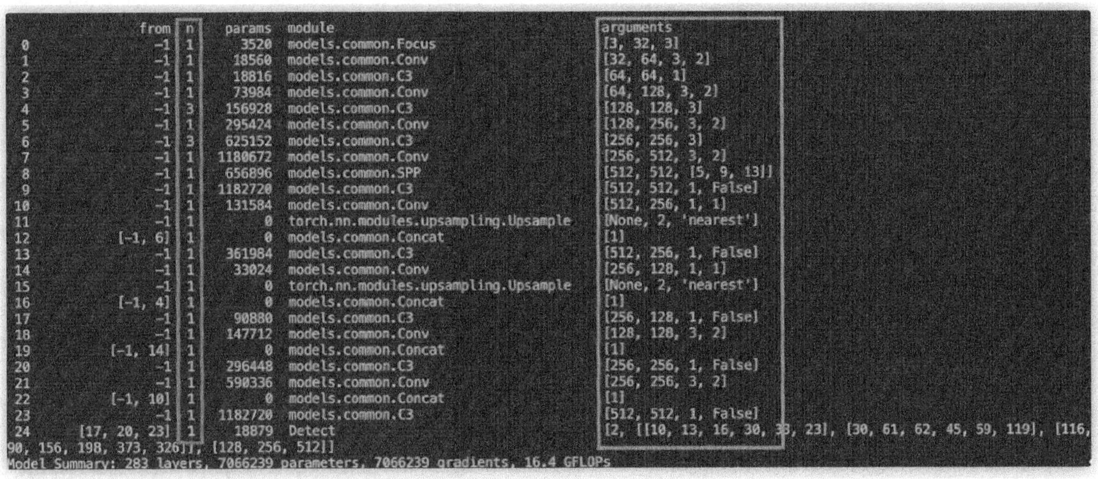

```
            from  n    params  module                                   arguments
  0           -1  1      3520  models.common.Focus                      [3, 32, 3]
  1           -1  1     18560  models.common.Conv                       [32, 64, 3, 2]
  2           -1  1     18816  models.common.C3                         [64, 64, 1]
  3           -1  1     73984  models.common.Conv                       [64, 128, 3, 2]
  4           -1  3    156928  models.common.C3                         [128, 128, 3]
  5           -1  1    295424  models.common.Conv                       [128, 256, 3, 2]
  6           -1  3    625152  models.common.C3                         [256, 256, 3]
  7           -1  1   1180672  models.common.Conv                       [256, 512, 3, 2]
  8           -1  1    656896  models.common.SPP                        [512, 512, [5, 9, 13]]
  9           -1  1   1182720  models.common.C3                         [512, 512, 1, False]
 10           -1  1    131584  models.common.Conv                       [512, 256, 1, 1]
 11           -1  1         0  torch.nn.modules.upsampling.Upsample     [None, 2, 'nearest']
 12      [-1, 6]  1         0  models.common.Concat                     [1]
 13           -1  1    361984  models.common.C3                         [512, 256, 1, False]
 14           -1  1     33024  models.common.Conv                       [256, 128, 1, 1]
 15           -1  1         0  torch.nn.modules.upsampling.Upsample     [None, 2, 'nearest']
 16      [-1, 4]  1         0  models.common.Concat                     [1]
 17           -1  1     90880  models.common.C3                         [256, 128, 1, False]
 18           -1  1    147712  models.common.Conv                       [128, 128, 3, 2]
 19     [-1, 14]  1         0  models.common.Concat                     [1]
 20           -1  1    296448  models.common.C3                         [256, 256, 1, False]
 21           -1  1    590336  models.common.Conv                       [256, 256, 3, 2]
 22     [-1, 10]  1         0  models.common.Concat                     [1]
 23           -1  1   1182720  models.common.C3                         [512, 512, 1, False]
 24  [17, 20, 23]  1     18879  Detect                                  [2, [[10, 13, 16, 30, 33, 23], [30, 61, 62, 45, 59, 119], [116,
90, 156, 198, 373, 326]], [128, 256, 512]]
Model Summary: 283 layers, 7066239 parameters, 7066239 gradients, 16.4 GFLOPs
```

图 6-46　backbone 的网络结构

检测头 head：

```
#YOLOv5 head
head:
  [[-1,1,Conv,[512,1,1]],
  [-1,1,nn.Upsample,[None,2,'nearest']],
  [[-1,6],1,Concat,[1]],  #cat backbone P4
  [-1,3,C3,[512,False]],  #13

  [-1,1,Conv,[256,1,1]],
  [-1,1,nn.Upsample,[None,2,'nearest']],
  [[-1,4],1,Concat,[1]],  #cat backbone P3
  [-1,3,C3,[256,False]],  #17(P3/8-small)
```

```
  [-1,1,Conv,[256,3,2]],
  [[-1,14],1,Concat,[1]],  #cat head P4
  [-1,3,C3,[512,False]],  #20(P4/16-medium)

  [-1,1,Conv,[512,3,2]],
  [[-1,10],1,Concat,[1]],  #cat head P5
  [-1,3,C3,[1024,False]],  #23(P5/32-large)

  [[17,20,23],1,Detect,[nc,anchors]],  #Detect(P3,P4,P5)
 ]
```

backbone 输出的特征图传入 head 检测目标的类别和位置，该部分的解析方法与 backbone 类似，实际上跳过对 yaml 文件的解析对读者完成实验没有影响，但是当尝试新的结构时，这是必须掌握的知识。

4. 模型训练

在 train. py 中修改默认超参数，在终端运行即可（也可以不修改，直接在终端添加参数运行）。

```
  python  train.py--img  640--batch  16--epochs  5--data  ped.yaml--weights
yolov5s.pt
```

主要修改 weights、cfg、data. epochs 参数。

命令行中，--weights yolov5s. pt 为使用预训练模型作为初始权重，推荐使用本模式，预训练模型下载地址为 https://github. com/ultralytics/yolov5/releases。

否则设置--weights ''--cfg yolov5s. yaml 使用随机初始权重（不推荐）。

训练完成后会自动生成 run/train/exp 文件夹，里面就是本次训练的结果、权重等数据。得到最终的训练结果如下：

```
  Class     Images    Labels    P        R        mAP@.5 mAP@.5:.95:
  all       50        134       0.977    0.94     0.984     0.805
```

5. 模型测试

```
  python detect.py--source/PennFudanPed/yoloformat/images/val
 -weights/runs/train/exp19/weights/best.pt--conf 0.25
```

在 detect. py 中修改默认超参数，在终端运行即可，主要修改 weights、source，weights 修改到上一步训练生成的模型（在 runs/train/exp/weights 中，后缀为 . pt），source 是要检测的图片地址。

运行完成后预测结果存储在 runs/detect/exp 中，一些检测结果如图 6-47 所示。

6.3.3　YOLO v5 与 Faster R-CNN 算法对比

这里给出了前面两个案例实现的性能对比，见表 6-6。

图 6-47 YOLO v5 检测结果

表 6-6 YOLO v5 与 Faster R-CNN 算法性能对比

算法	数据集划分	参数量	FPS	mAP@0.5
Faster R-CNN	120：50	159M	22.9	0.992
YOLO v5	120：50	14M	125	0.984

Faster R-CNN 和 YOLO v5 在该数据集上的表现都很好,在复杂场景中都能够有效地检测行人,如图 6-48 所示。但是 YOLO v5 的参数量远低于 Faster R-CNN 的参数量,能够以更快的 FPS 运行,因此在实际中有更广泛的应用场景。

图 6-48 复杂场景下 YOLO v5(左)和 Faster R-CNN(右)检测结果对比

6.4 小结

目标检测算法的应用非常广泛,给定一张图像,目标检测算法会自动判断图像中指定类别的位置。本章首先介绍了 IoU 的计算公式、NMS 操作、mAP 的计算等目标检测中常见的基本概念。随后,介绍了两阶段和单阶段目标检测算法的设计思想。对于两阶段目标检测算法,就是把检测过程分为候选框的提取,以及基于候选框的目标分类和位置回归两个阶段。两阶段算法的优势是具有较高的检测精度,劣势是算法运行的时间开销比较大。本章介绍了

R-CNN、Fast R-CNN、Faster R-CNN 这几种两阶段算法。单阶段目标检测算法在检测速度上有明显的优势，本章着重介绍了 YOLO 的前三个版本的算法，帮助读者理解 YOLO 系列一阶段算法的设计思想。最后，本章分别给出了 Faster R-CNN 和 YOLO v5 在行人检测这一任务上的实现，以帮助读者提高实践能力。

参 考 文 献

［1］ GIRSHICK R. Fast r-cnn［C］//Proceedings of the IEEE international conference on computer vision, December 7-13, 2015, Santiago, Chile. Piscataway, NJ：IEEE, c2015：1440-1448.

［2］ WANG L, SHI J, SONG G, et al. Object detection combining recognition and segmentation［C］//Asian conference on computer vision, November 18-22, 2007, Tokyo, Japan. Berlin, Heidelberg：Springer, c2007：189-199.

［3］ REDMON J, DIVVALA S, GIRSHICK R, et al. You only look once：Unified, real-time object detection［C］//Proceedings of the IEEE conference on computer vision and pattern recognition, June 26-June 30, 2016, Las Vegas, Nevada. New York：IEEE, c2016：779-788.

［4］ REN S, HE K, GIRSHICK R, et al. Faster r-cnn：Towards real-time object detection with region proposal networks［J］. Advances in neural information processing systems, 2015, 28：91-99.

［5］ GIRSHICK R, DONAHUE J, DARRELL T, et al. Rich feature hierarchies for accurate object detection and semantic segmentation［C］//Proceedings of the IEEE conference on computer vision and pattern recognition, June 23-28, 2014, Columbus, Ohio. New York：IEEE, c2014：580-587.

［6］ ZHANG A, LIPTON Z C, LI M, et al. Dive into deep learning［J］. arXiv preprint arXiv：2106.11342, 2021：17-795.

［7］ NEUBECK A, VAN GOOL L. Efficient non-maximum suppression［C］//18th International Conference on Pattern Recognition（ICPR'06）, Augest 20-24, 2006, Hong Kong, China. New York：IEEE, c2006：850-855.

［8］ BODLA N, SINGH B, CHELLAPPA R, et al. Soft-NMS--improving object detection with one line of code［C］//Proceedings of the IEEE international conference on computer vision, October 22-29, Venice, Italy. Piscataway, NJ：IEEE, c2017,：5561-5569.

［9］ HE Y, ZHU C, WANG J, et al. Bounding box regression with uncertainty for accurate object detection［C］//Proceedings of the IEEE/CVF conference on computer vision and pattern recognition, June 16-17, 2019, Long Beach, California. Piscataway, NJ：IEEE, c2019：2888-2897.

［10］ ZHAO Y Q, RAO Y, DONG S P, et al. Survey on deep learning object detection［J］. Journal of image and graphics, 2020, 25（4）：629-654.

［11］ UIJLINGS J R R, VAN DE SANDE K E A, GEVERS T, et al. Selective search for object recognition［J］. International journal of computer vision, 2013, 104（2）：154-171.

［12］ KRIZHEVSKY A, SUTSKEVER I, HINTON G E. Imagenet classification with deep convolutional neural networks［J］. Advances in neural information processing systems, 2012, 25.

［13］ DENG J, DONG W, SOCHER R, et al. Imagenet：A large-scale hierarchical image database［C］//2009 IEEE conference on computer vision and pattern recognition, June 20-25, 2009, Miami, Florida. New York：IEEE, c2009：248-255.

［14］ SIMONYAN K, ZISSERMAN A. Very deep convolutional networks for large-scale image recognition［J］. arXiv preprint arXiv：1409.1556, 2014：1-14.

［15］ SZEGEDY C, LIU W, JIA Y, et al. Going deeper with convolutions［C］//Proceedings of the IEEE conference on computer vision and pattern recognition, June 7-12, 2015, Boston, Massachusetts. New York: IEEE, c2015: 1-9.

[16] IOFFE S, SZEGEDY C. Batch normalization: Accelerating deep network training by reducing internal covariate shift [C]//International conference on machine learning, July 7-9, Lille, France. Cambridge MA: PMLR, c2015: 448-456.

[17] HE K, ZHANG X, REN S, et al. Deep residual learning for image recognition [C]//Proceedings of the IEEE conference on computer vision and pattern recognition, June 27-30, 2016, Las Vegas, Nevada. New York: IEEE, c2016: 770-778.

[18] Pytorch-TORCHVISION OBJECT DETECTION FINETUNING TUTORIAL: version 1.110 + cu102 [EB/OL]. [2022-06-24]. https://pytorch. org/tutorials/intermediate/torchvision_ tutorial. html.

[19] ZHAO Y Q, RAO Y, DONG S P, et al. Survey on deep learning object detection [J]. Journal of image and graphics, 2020, 25 (4): 629-654.

[20] JONATHAN HUI. mAP (mean Average Precision) for Object Detection [EB/OL]. (2016-05-7) [2022-06-24]. https://jonathan-hui. medium. com/map-mean-average-precision-for-object-detection-45c121a31173.

[21] RAFAEL PADILLA. Different competitions, different metrics [EB/OL]. [2022-06-24]. https://github. com/rafaelpadilla/Object-Detection-Metrics#different-competitions-different-metrics.

[22] MathWorks. Getting Started with R-CNN, Fast R-CNN, and Faster R-CNN [EB/OL]. [2022-06-24]. https://www. mathworks. com/help/vision/ug/getting-started-with-r-cnn-fast-r-cnn-and-faster-r-cnn. html.

[23] YUN CHEN. A Simple and Fast Implementation of Faster R-CNN [EB/OL]. [2022-06-24]. https://github. com/chenyuntc/simple-faster-rcnn-pytorch.

[24] REDMON J, FARHADI A. YOLO9000: better, faster, stronger [C]//Proceedings of the IEEE conference on computer vision and pattern recognition, July 21-26, 2017, Honolulu, Hawaii. New York: IEEE, c2017: 7263-7271.

[25] REDMON J, FARHADI A. yolov3: An incremental improvement [J]. arXiv preprint arXiv: 1804. 02767, 2018: 1-6.

[26] DAI Y, LIU W, LI H, et al. Efficient foreign object detection between PSDs and metro doors via deep neural networks [J]. IEEE Access, 2020, 8: 46723-46734.

[27] LIN T Y, DOLLÁR P, GIRSHICK R, et al. Feature pyramid networks for object detection [C]//Proceedings of the IEEE conference on computer vision and pattern recognition, July 21-26, 2017, Honolulu, Hawaii. New York: IEEE, c2017: 2117-2125.

[28] ERIK LINDER-NORÉN. PyTorch-YOLOv3 [EB/OL]. [2022-06-24]. https://github. com/eriklindernoren/PyTorch-YOLOv3

[29] BOCHKOVSKIY A, WANG C Y, LIAO H Y M. Yolov4: Optimal speed and accuracy of object detection [J]. arXiv preprint arXiv: 2004. 10934, 2020: 1-17.

[30] Ultralytics. YOLOv5 [EB/OL]. [2022-06-24]. https://github. com/ultralytics/Yolov5.

第 7 章 语义分割及其应用

本章首先介绍语义分割中涉及的一些基本概念，帮助读者初步理解语义分割这项任务；随后介绍语义分割的经典及当前主流算法。图像的语义分割是指对图像中的每一个像素进行分类标注，这种像素级分类任务通常称为密集预测（Dense Prediction）。如图 7-1 所示，图片中的像素分别被预测分类标注为行人、自行车和背景。

 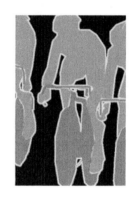

原图像　　　　　　　　　语义分割真值

图 7-1　图像的语义分割

在此，我们并不对属于同一类别的实例进行区分，也就是说，如果图片中存在同类别的两个对象，分割图中并不会对它们进行区分，而实例分割（Instance Segmentation）模型则需要对相同类别不同对象进行区分，更进一步地，全景分割（Panoptic Segmentation）对图像中所有物体包括背景进行分割。

语义分割作为计算机视觉的重要技术，被广泛应用于自动驾驶、医学图像诊断等领域。

7.1　语义分割的基本概念

下面将首先给出语义分割任务描述，并简单介绍由其衍生出的实例分割和全景分割，然后引入语义分割任务的核心操作——上采样，随后介绍语义分割任务中的常用损失函数和评价指标。

7.1.1　语义分割任务描述

本节首先介绍语义分割、实例分割、全景分割的概念。

（1）语义分割

语义分割结合了图像分类、目标检测和图像分割，通过一定的方法将图像分割成具有一定语义含义的区域块，并识别出每个区域块的语义类别，实现从底层到高层的语义推理过程，最终得到一幅具有逐像素语义标注的分割图像。

语义分割的输入图像一般为具备 $h×w×3$ 维度的 RGB 彩色图像，或者具备 $h×w×1$ 维度的灰度图像，分割后的输出是一个 $h×w×1$ 维由整数类别标号组成的矩阵，如图 7-2 所示。

图 7-2　语义分割输出表示

我们一般采用独热（One-Hot）编码对类别进行标号，如图 7-3 所示，每个类别拥有一个编码通道。

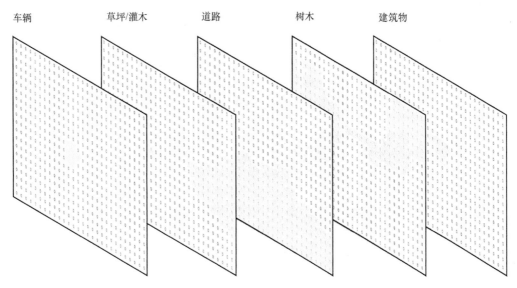

图 7-3　使用独热编码对类别编号

图像的分割预测可以使用 argmax 函数对每个像素操作形成分割图，把分割图覆盖到原图像上，每个类别通道将形成一个遮掩（mask），叠加后加亮相应类别区域，其效果如图 7-4 所示。

（2）实例分割

实例分割将语义分割向前推进了一步，将其与目标检测结合，旨在将多个对象与单个类

0.背景
1.车辆
2.草坪/灌木
3.道路
4.树木
5.建筑物

图7-4 对每个像素进行判别

别区分开来。相对目标检测的边界框，实例分割可精确到物体的边缘；相对语义分割，实例分割需要标注出图上同一物体的不同个体。

（3）全景分割

全景分割是语义分割和实例分割的结合，与实例分割不同的是，实例分割只对图像中有标签的类别进行检测，并对检测到的物体进行分割，而全景分割是对图中的所有物体包括背景都要进行检测和分割，要求图像中的每个像素点都必须被分配给一个语义标签（Class Label）和一个实例 id（Instance id）。其中，语义标签指的是物体的类别，而实例 id 则对应同类物体的不同编号。

语义分割任务的相关概念如图 7-5 所示。

a) 原图   b) 语义分割

c) 实例分割   d) 全景分割

图7-5 语义分割任务的相关概念[2]

7.1.2 上采样

对于深度卷积网络，靠前的网络层倾向于学习低层次的概念，靠后的网络层则倾向于提取高层次的特征。随着网络深度的增加，为了维持网络的表达性，我们还需要增加特征图的通道数。通常为了减轻计算量的负荷，我们可以多次使用池化或跨步幅卷积操作对特征图进行下采样，但是，在图像分割中，模型需要产生全分辨率的语义预测，所以，语义分割的常用方法是一种编码器/解码器结构，我们通过编码器对输入的空间分辨率进行下采样，形成低分辨率的特征映射，此时类别之间具有更高效的区分度；通过解码器将特征表达进行上采样，还原到全尺寸的分割图中，使得网络能够进行像素级别的输出。采用深度卷积网络做图像分割如图 7-6 所示。

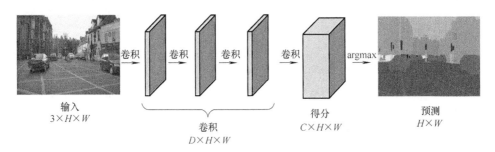

输入　　　　　　　　　　　　　　　　　　得分　　　　　预测
3×H×W　　　　　　　　　　　　　　　C×H×W　　　H×W

卷积
D×H×W

图 7-6　采用深度卷积网络做图像分割[3]

与对特征图进行下采样的池化和跨步幅卷积操作对应，上采样的实现主要依赖于反池化和转置卷积。

1. 插值法

在引入神经网络中的上采样方法之前，读者有必要知道数字图像处理领域的插值算法，插值算法主要可以分为两类：线性插值法和非线性插值法。其中最常用的是线性插值法中的双线性插值。

（1）最近邻插值（Nearest Neighbor Interpolation）

最近邻插值又称零阶插值，是将目标图像按照缩放系数缩放到原图像的大小，找到待插值点缩放后在原图像中的位置，取原图像中与这个位置最近点的值赋值给待插值点，最近邻不需要计算只需要寻找，所以速度最快，但是新图像局部破坏了原图的渐变关系。最近邻插值如图 7-7 所示。

图 7-7　最近邻插值

（2）双线性插值

双线性插值是最近邻插值的改进，将目标图像按照缩放系数缩放到原图像大小，计算待插值点在缩放后的位置，使用离该位置最近的 4 个点依次对 x、y 两个方向进行插值双线性插值如图 7-8 所示。

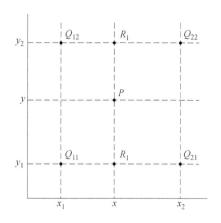

图 7-8　双线性插值

首先对 x 轴进行插值。

$$f(x,y_1)=\frac{x_2-x}{x_2-x_1}f(Q_{11})+\frac{x-x_1}{x_2-x_1}f(Q_{21})$$

$$f(x,y_2)=\frac{x_2-x}{x_2-x_1}f(Q_{12})+\frac{x-x_1}{x_2-x_1}f(Q_{22})$$

然后使用 x 轴上的插值结果在 y 轴上进行插值，得到双线性插值的结果。

$$f(x,y)=\frac{y_2-y}{y_2-y_1}f(x,y_1)+\frac{y-y_1}{y_2-y_1}f(x,y_2)$$

2. 反池化

在介绍反池化之前，读者可先回顾本书第 4 章 4.1.7 节介绍的池化操作，与池化操作将局部区域用单一值（例如，平均池化或最大值池化）取代来实现下采样相对应，反池化（Unpooling）操作使用这个单一值来填充局部区域以扩充输出的宽高，如图 7-9 所示。池化主要有平均池化和最大池化，其反池化也对应地有反平均池化和反最大池化。

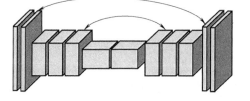

图 7-9　最大池化与对应的最大反池化

反平均池化的操作比较简单,首先还原成原来的大小,然后将池化结果中的每个值都填入其对应的原始数据区域中的相应位置即可。

反最大池化会复杂一些。要求在池化过程中记录最大激活值的坐标位置,然后在反池化时,只把池化过程中最大激活值所在位置坐标的值激活,其他的值置为零。当然,这个过程只是一种近似,因为在池化的过程中,除了最大值所在的位置,其他的值也是不为零的。

3. 转置卷积

插值和反池化的上采样方式能够增大输出的宽高,但是没有反向传播过程,不存在可以学习的参数,只是预先定义的固定方法。如果想让上采样像卷积一样从数据中学习得到更好的效果,需要使用转置卷积(Transposed Convolution),有些资料称之为反卷积(Deconvolution),但容易与数字信号处理中的反卷积混淆,因此本书将使用转置卷积这一命名,并建议读者仅使用这个命名。转置卷积实现了一种学习式的上采样,是目前在神经网络中最常用的上采样方法,通过转置卷积进行上采样相比前面提到的插值算法效果有明显提升,如图 7-10 所示。

原图像

宽高缩小为一半的
图像

双三次插值图像

超分辨率网络

图 7-10　双三次线性插值与使用转置卷积的超分辨率网络效果对比

转置卷积有两种计算思路,两种思路结果相同,首先引入容易理解的第一种思路:把输入特征图当作卷积核的权重矩阵。

回顾第 4 章 4.1 节,在典型卷积操作的计算过程中,卷积核在高分辨率的输入特征图上滑动,与感受野内的局部特征做点乘,得到低维输出特征图上的一个标量值。与之相反,转置卷积操作中的卷积核在低分辨率输入特征图滑动,与标量值进行数乘,将得到的中间矩阵映射到初始化为零阵的高分辨率特征图上,所有中间矩阵在高分辨率特征图上的映射叠加得到最终的高分辨率输出特征图,如图 7-11 所示。

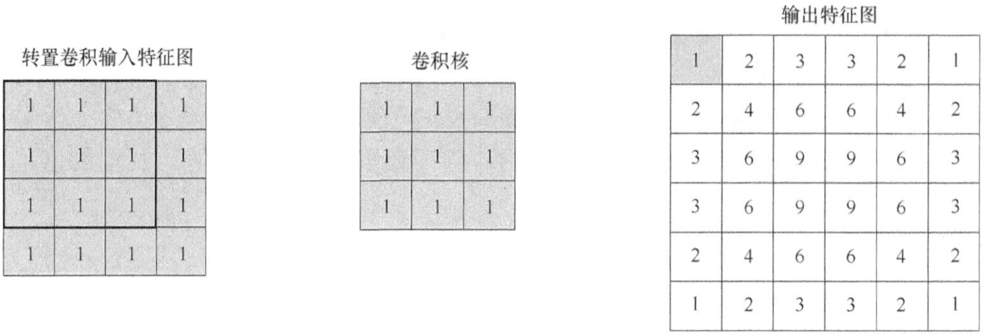

转置卷积输入特征图　　卷积核　　输出特征图

图 7-11　转置卷积

前面介绍的是在没有填充，步幅为 1 时的情况，在实际应用时，一般使用第二种计算思路：将转置卷积当作经典卷积的逆运算，并使用另一个特殊的经典卷积来进行计算。

其特殊之处在于后续讨论转置卷积的任何情况，仅仅通过改变输入特征图的形状起作用，不影响其使用经典卷积来进行计算的参数，这一经典卷积计算使用转置后的卷积核，步幅 s 恒为 1，称为实际卷积计算。后续讨论中，实际卷积计算的填充和步幅参数分别记作 s、p，转置卷积的填充和步幅参数分别记作 s'、p'。

回顾经典卷积中输出特征图与输入特征图的尺寸关系如下：

$$o = \left[\frac{i+2p-k}{s}\right] + 1$$

式中，o 为输出特征图尺寸，i 为输入特征图尺寸，p 为填充，s 为步幅，k 为卷积核尺寸。从转置卷积是逆向经典卷积的角度思考，从输出特征图尺寸 o' 还原到输入特征图尺寸 i，根据 $\frac{i+2p-k}{s}$ 能否被整除分两种情况。

先讨论 $\frac{i+2p-k}{s}$ 能被整除时由上式化简得

$$i = so - s + k - 2p = [o + (s-1)(o-1)] + (k-2p-1)$$

$$i = \frac{[o+(s-1)(o-1)] + [(k-1)+(k-2p-1)] - k}{1} + 1$$

从式中直接读出转置卷积进行实际卷积计算时的参数：

$o' = i$：转置卷积作为逆向的经典卷积，要求其输出与经典卷积输入相同，这样设计的原因在本节结尾再进行解释。

$s' = l$：实际卷积计算步幅恒为 1。

$k' = k$：卷积核转置后尺寸不变。

$p' = k - p - 1$：转置卷积填充为 p' 时，实际卷积计算填充 $p = k-1-p'$。

$i' = o + (s-1)(o-1)$：转置卷积步幅为 s 时，输入特征图尺寸为 $o+(s-1)(o-1)$。

首先考虑转置卷积步幅 s' 为 1，没有填充 $p' = 0$ 时的情况，此时在实际卷积计算中，在输入特征图周围添加 $p = (k-1)$ 填充，作为新的输入特征图，如图 7-12 所示，在新的输入特征图上，进行实际卷积计算，计算出输出特征图。

接下来考虑转置卷积中的步幅和填充。

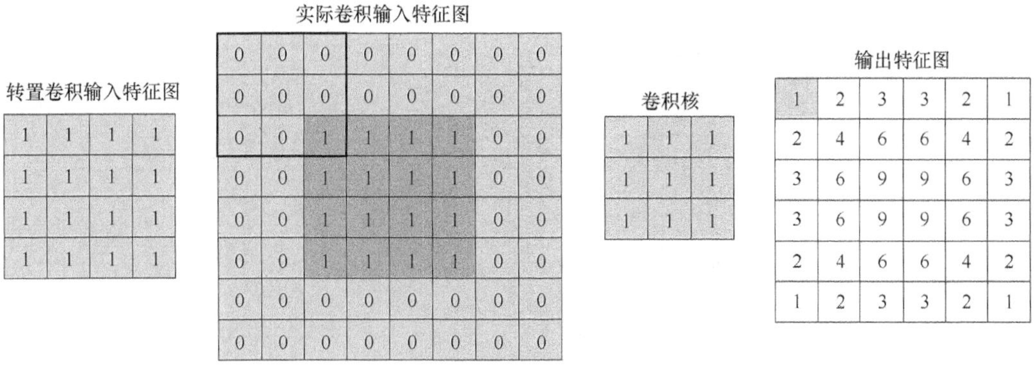

实际卷积输入特征图

转置卷积输入特征图

1	1	1	1
1	1	1	1
1	1	1	1
1	1	1	1

0	0	0	0	0	0	0	0
0	0	0	0	0	0	0	0
0	0	1	1	1	1	0	0
0	0	1	1	1	1	0	0
0	0	1	1	1	1	0	0
0	0	1	1	1	1	0	0
0	0	0	0	0	0	0	0
0	0	0	0	0	0	0	0

卷积核

1	1	1
1	1	1
1	1	1

输出特征图

1	2	3	3	2	1
2	4	6	6	4	2
3	6	9	9	6	3
3	6	9	9	6	3
2	4	6	6	4	2
1	2	3	3	2	1

图 7-12　填充为 0、步幅为 1 的转置卷积

（1）转置卷积中的填充

从前面的计算中了解到，转置卷积填充为 p' 时，实际卷积计算中输入特征图的填充为 $p=(k-1-p')$，以输入特征图尺寸为 4×4，转置卷积填充为 1 时为例，如图 7-13 所示。此时经过卷积计算，输出特征图尺寸为 4×4，对比图 7-12 和图 7-13 的输出特征图，可以发现存在填充的输出特征图，恰是没有填充的输出特征图向内裁剪 1 层，而中心 4×4 的局部特征不变，所以使用填充时，代表转置卷积不关心输出特征图外层，而更关注中心特征。

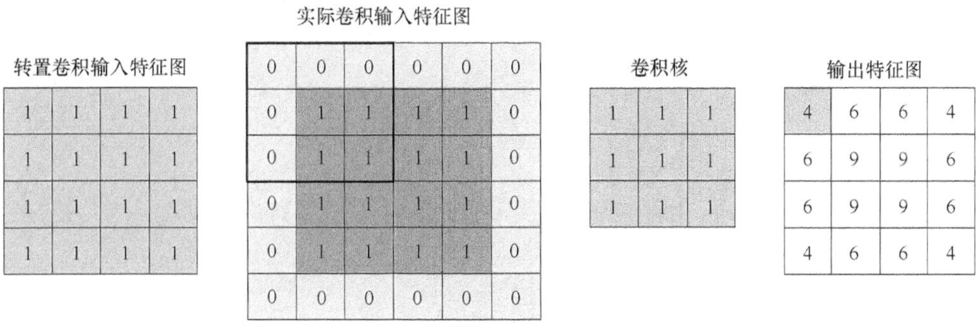

实际卷积输入特征图

转置卷积输入特征图

1	1	1	1
1	1	1	1
1	1	1	1
1	1	1	1

0	0	0	0	0	0
0	1	1	1	1	0
0	1	1	1	1	0
0	1	1	1	1	0
0	1	1	1	1	0
0	0	0	0	0	0

卷积核

1	1	1
1	1	1
1	1	1

输出特征图

4	6	6	4
6	9	9	6
6	9	9	6
4	6	6	4

图 7-13　填充为 1、步幅为 1 的转置卷积

如上所述，在经典卷积中，使用填充时输入特征图向外补零，使得输出特征图尺寸增大，提高对边缘特征的关注度；在转置卷积中，使用填充时输出特征图向内裁剪，使得输出特征图的尺寸减小。

（2）转置卷积中的步幅

同样从前面的计算中了解到，转置卷积的步幅 $s'\neq1$ 时，将输入特征图中相邻行列之间插入 $(s'-1)$ 全零行/列，此时新的输入特征图尺寸为 $o+(s-1)(o-1)$。以初始输入特征图尺寸为 4×4，转置卷积步幅 $s'=2$ 时为例，在相邻行列间插入单个全零行/列，如图 7-14 所示。此时经过卷积计算，输出特征图尺寸为 9×9。对比图 7-12 和图 7-14，在输入特征图尺寸不变的情况下，转置卷积的输出特征图尺寸仅从 6×6 变为 9×9。转置卷积步幅为 s' 时，卷积运算中卷积核需要多滑动 $(s'-1)$ 次，每次滑动在原始输入特征图上的距离变短，这也是转置卷积也叫作微步卷积（Fractionally Strides Convolution）的原因。所以步幅 $s'>1$ 时，转置卷积可以在卷积核大小不变，即不增加参数数量的前提下，维持特征图较大的尺寸。

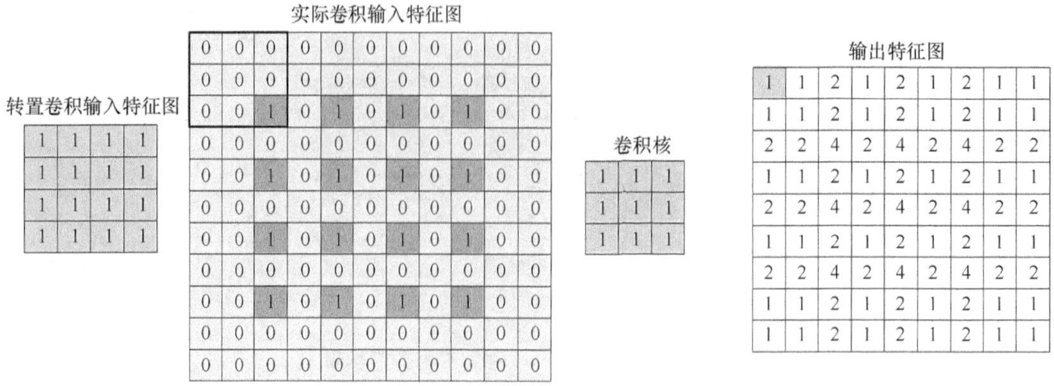

图 7-14　填充为 0、步幅为 2 的转置卷积

如上所述，在经典卷积中，步幅增大，卷积核在原始输入特征图上每次滑动的距离变长，使得输出特征图尺寸变小；在转置卷积中，步幅增大，卷积核在原始输入特征图上每次滑动的距离变短，使得输出特征图尺寸变大。

（3）右下方额外填充

调整转置卷积的填充和步幅可以调节输出特征图的大小，但是仅凭这两个参数无法任意调整期望的输出特征尺寸。回到 $\dfrac{i+2p-k}{s}$ 不能被整除的情况，转置卷积层此时转置卷积的输出 o' 小于经典卷积的输入 i。

$$o' = \frac{i'+2p'-k'}{s'}+1 = i-a$$

式中，$a = \left[(i+2p-k)\,\mathrm{mod}\,s \right]$，为了使转置卷积的输出 o' 等于经典卷积的输入 i，只需要满足下式：

$$o' = \frac{i'+2p'+a-k'}{s'}+1$$

即在根据填充、步幅对转置卷积的输入特征矩阵操作后，再在下方和右边添加 a 行/列零，如图 7-15 所示。

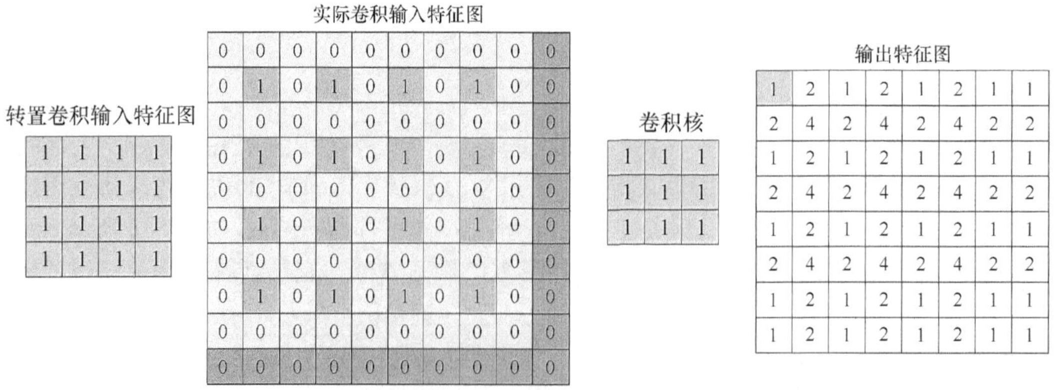

图 7-15　填充为 1、步幅为 2 的转置卷积

至此，转置卷积的计算过程已经明确，通过设定转置卷积的填充、步幅和在右下方的额外填充，可以将经典卷积的输出特征图还原到其输入特征图的尺寸。之前说到考虑更复杂的转置卷积计算时，从转置卷积是一个逆向经典卷积的思路出发更合适，这与转置卷积的应用场景有关，转置卷积作为一种上采样方式，其作用更多在于"还原"在经典卷积中缩小的特征图尺寸，在全卷积网络（FCN）中，将详细解释其中原因。

7.1.3　膨胀卷积

在介绍膨胀卷积之前，首先思考多层深度卷积网络之所以能够提取更抽象的图像特征，是因为在卷积层深度增加的过程中，位于更深处特征图上的元素在原始输入图像上拥有更大的感受野，如图 7-16 所示。膨胀卷积则可以使得网络使用更少的卷积层数、更少的参数获得同样大小的感受野。膨胀卷积相比经典卷积在感受野大小相同时，能提取出更稠密的特征。

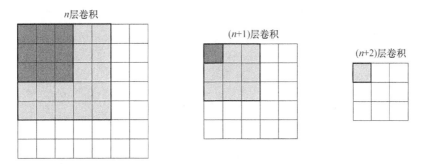

图 7-16　膨胀卷积

膨胀卷积与普通的卷积相比，除卷积核的大小以外，还有一个用来表示扩张大小的参数——扩张率（Dilation Rate）。在经典卷积操作中，卷积核的尺寸等于感受野的大小，在膨胀卷积中，卷积核的各行列中被插入一定数量的空行，使得卷积核的作用范围扩大，以获得更大的感受野。因为膨胀卷积的操作类似于在卷积核上插入空洞，所以膨胀卷积也被称为空洞卷积（Atrous Convolution）。

卷积核尺寸为 k、扩张率为 d 时，感受野尺寸 k' 为

$$k' = d(k-1)+1$$

用感受野尺寸代替卷积核尺寸代入卷积公式得到膨胀卷积中输入输出特征图尺寸关系：

$$o = \left[\frac{i+2p-dk+d-1}{s}\right]+1$$

为使输入特征图与输出特征图尺寸相同，需要计算出合适的填充。以输入特征图尺寸为 5×5、卷积核尺寸为 3×3、步幅为 1、扩张率为 2 时为例，由上式可以计算出需要的填充为 2，计算过程如图 7-17 所示，此时感受野大小为 5×5。

PyTorch 中膨胀卷积仍使用 torch. nn. Conv2d 实现，只需要在其中设置 dilation 参数即可。

7.1.4　定义损失函数

本节将介绍语义分割问题中常用的损失函数，主要参考 GiantPandaCV 发布的专栏文章[5]。

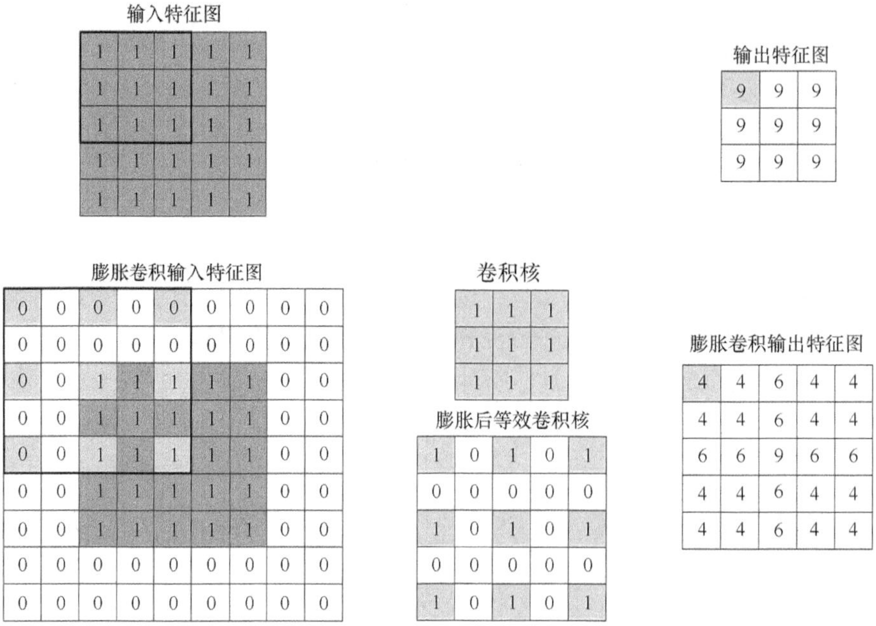

图 7-17　扩张率为 2 的膨胀卷积

1. 交叉熵

图像分割最常用的损失函数是像素级交叉熵损失，它对每个像素的类别预测向量与独热编码的目标向量进行对比验证，如图 7-18 所示。

$$loss = -\sum_{c=1}^{M} y_c \log(p_c)$$

式中，M 表示类别数，y_c 是一个独热编码向量，元素只有 0 和 1 两种取值，如果该类别和样本的类别相同就取 1，否则取 0，p_c 表示预测样本属于 c 的概率，M 取 2 时称为二值交叉熵损失函数。

由此可见，交叉熵的损失函数单独评估每个像素矢量的类预测，然后对所有像素求平均值，可以认为图像中的像素被平等地学习了。但是，图像分割中存在类别不均衡（Class Imbalance）的问题，由此导致训练会被像素较多的类主导，对于较小的物体很难学习到其特征，从而降低网络的有效性。

2. 加权交叉熵

由于交叉熵是对图片中所有的像素进行求平均，这对于类别不均衡的图片会受到主导类别的影响导致训练效果变差。J. Long 在其论文 "Fully convolutional networks for semantic segmentation" 中讨论了对每个输出通道的损失值进行权重调整来抵消数据集中的类别不均衡问题。

$$loss = -\sum_{c=1}^{M} w_c y_c \log(p_c)$$

加权交叉熵损失只是在交叉熵损失的基础上为每一个类别添加了一个权重参数，其中 w_c 的计算公式为 $w_c = \dfrac{N-N_c}{N}$，N 表示总的像素个数，而 N_c 表示类别为 c 的像素个数。这样相比于原始的交叉熵损失，在样本数量不均衡的情况下可以获得更好的效果。

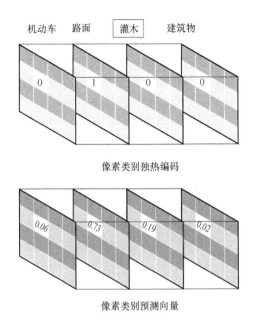

图 7-18　像素级交叉损失的损失计算对象

同时，Ronneberger 提出的 U-Net 给出了新的逐像素损失的加权方案，使其在分割对象的边界处具有更高的权重。该损失加权方案以不连续的方式帮助 U-Net 模型细分生物医学图像中的细胞，使得可以在二元分割图中容易地识别单个细胞，该方法将在本章 7.2.2 节中详细介绍。

3. 骰子损失

另一个常用的图像分割的损失函数是骰子损失（Dice Loss）。

骰子系数是对两个样本重叠的度量，其取值范围为 0~1，1 代表完全重叠。其表达式如下：

$$s = \frac{2\,|X \cap Y|}{|X| + |Y|}$$

式中，$|X \cap Y|$ 表示集合 X 和集合 Y 的共有元素，$|X|$ 代表集合 X 中的元素个数，$|Y|$ 代表集合 Y 中的元素个数，分子上存在系数 2 是因为分母中重复计算了 X 和 Y，求得的 s 的范围为 $[0, 1]$。针对分割任务来说，X 表示的是分割图像真值，而 Y 表示的是预测的分割图像。除上面的写法外，骰子系数还存在另一个以像素点分类正误为依据的计算公式：

$$s = \frac{2\mathrm{TP}}{2\mathrm{TP} + \mathrm{FN} + \mathrm{FP}}$$

求得骰子系数后很容易计算骰子损失：

$$\mathrm{loss} = 1 - s = 1 - \frac{2\,|X \cap Y|}{|X| + |Y|}$$

值得注意的是，骰子损失仅适用于样本极度不均衡的情况，样本均衡的情况下使用骰子损失时梯度非常大，对反向传播有不利的影响，使得训练不稳定，反观交叉熵损失函数非常适合反向传播，建议读者在实际应用时对比使用。

7.1.5 评价指标

语义分割有四种准确度评价指标，本书在第 6 章 6.1.5 节中介绍了 TP、FP、FN、TN 的概念，在语义分割问题中一般只用到前三个，且因语义分割的输出是在像素级别上计算准确率，所以一般记为 p_{ii}（TP）、p_{ij}（FP）、p_{ji}（FN）。以 $i=1$ 为例，p_{11} 表示 TP，即本属于 1 类，且预测分类也为 1 类。

假设一共有 (k+1) 类，其中 k 个目标类，1 个背景类。

（1）像素精度（PA）

像素精度（Pixel Accuracy，PA）表示正确分类的像素点个数和像素点总数的比值。

$$PA = \frac{\sum_{i=0}^{k} p_{ii}}{\sum_{i=0}^{k} \sum_{j=0}^{k} p_{ij}}$$

（2）平均像素精度（MPA）

平均像素精度（Mean Pixel Accuracy，MPA）分别计算每一类的像素精度（PA），然后求均值。

$$MPA = \frac{1}{k+1} \sum_{i=0}^{k} \frac{p_{ii}}{\sum_{j=0}^{k} p_{ij}}$$

（3）平均交并比（MIoU）

平均交并比（Mean Intersection over Union，MIoU）求出每一类的交并比，取平均值。本书在第 6 章 6.1.3 节中介绍了目标检测中锚框的交并比，用锚框的交并比来表示锚框和真实预测框的相似度（重合程度）。在语义分割任务中，交并比指的是图像真值与预测值相交的部分/两个部分的并集。

其计算方式如下：

$$MIoU = \frac{1}{k+1} \sum_{i=0}^{k} \frac{p_{ii}}{\sum_{j=0}^{k} p_{ij} + \sum_{j=0}^{k} p_{ji} - p_{ii}}$$

以 $i=1$ 为例，$\sum_{j=0}^{k} p_{1j} - p_{11}$ 表示本属于 1 类但被预测为其他类的像素点数，$\sum_{j=0}^{k} p_{i1} - p_{11}$ 表示本属于其他类但被预测为 1 类的像素点数，这两种预测错误中，p_{11} 被重复减去，所以需要补上。最后 $\sum_{j=0}^{k} p_{1j} - p_{11}$、$\sum_{j=0}^{k} p_{i1} - p_{11}$、$p_{11}$ 三项之和就是平均交并比中分母上的式子。

（4）权频交并比（FWIoU）

权频交并比（Frequency Weight Intersection over Union，FWIoU）求出每一类的交并比，并依据类别出现频率求加权均值。

$$FWIoU = \frac{1}{\sum_{i=0}^{k} \sum_{j=0}^{k} p_{ij}} \sum_{i=0}^{k} \frac{p_{ii} \sum_{j=0}^{k} p_{ij}}{\sum_{j=0}^{k} p_{ij} + \sum_{j=0}^{k} p_{ji} - p_{ii}}$$

代码实现如下：

```
def pixel_acc(pred,target):
    correct=(pred==target).sum()
    total=(target==target).sum()
    return correct/total
def iou(pred,target):
    """计算单个类别 IoU"""
    ious=[]
    for cls in range(n_class):
        pred_inds=pred==cls
        target_inds=target==cls
        intersection=pred_inds[target_inds].sum()
        union=pred_inds.sum()+target_inds.sum()-intersection
        if union==0:
            ious.append(float('nan'))#如果找不到真值,则不参与评估
        else:
            ious.append(float(intersection)/max(union,1))
    return ious
```

7.2 语义分割网络

本节将介绍常用的语义分割网络，包括经典的 FCN（全卷积网络）、U-Net 网络和 Deep-Lab 系列网络。

7.2.1 FCN

Jonathan Long 等人在 CVPR 2015 上发表文章 "Fully convolutional networks for semantic segmentation"[6]，使用 FCN 实现了像素级别端到端的图像分割，展开了深度学习在图像语义分割任务上的开创性工作。作者在已有图像分类网络（如 VGG-16、AlexNet、GoogleNet）的基础上，把最后的分类网络层去掉，把全连接层转换为卷积层实现，如图 7-19 所示。如对于 Pascal VOC 数据集中的 20 个目标类别和 1 个背景类别，扩展了 21 通道的 1×1 卷积进行预测，随后用反卷积层（Deconvolution Layer）对粗糙输出进行双线性上采样，形成像素密集输出。

在卷积神经网络用于分类时，要求得到图片属于各个类别的概率信息，所以在卷积层提取特征图后，一般会加入一些全连接层，这样在 Softmax 后可以获得表示图片分属类别概率的一维向量，而语义分割任务的目标是获取每个像素点的类别概率信息，所以全连接层不适合语义分割。FCN 提出将卷积神经网络中的全连接层替换为卷积层，以维持特征图的二维信息，后接 Softmax 获取每个像素点的分类信息，实现像素级分类任务，如图 7-20 所示。

1. FCN 网络结构

将分类网络最后的全连接层用卷积层替换后，实现语义分割只需要考虑如何从小尺寸特

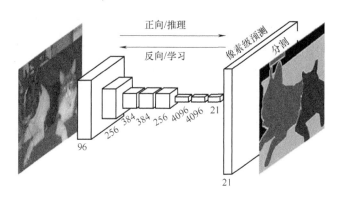

图 7-19　FCN 可以有效地对语义分割等任务进行像素点级的密集预测[6]

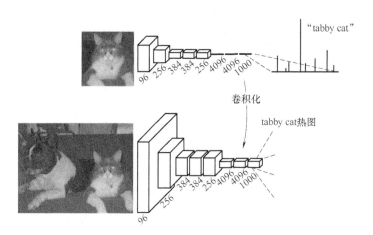

图 7-20　将全连接层转换为可以使分类网络输出热图的卷积层[6]

征图恢复原图像尺寸的输出，在本书 7.1.2 节中介绍了上采样方法，其中最常用的是转置卷积。上采样可以将深处卷积层的特征图恢复到原图像尺寸，但直接对特征图逐层上采样效果并不好，如图 7-21 中 FCN-32s 所示。

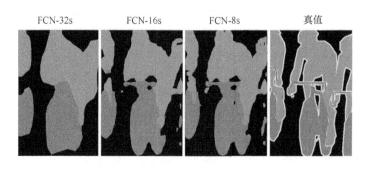

图 7-21　在 32 倍、16 倍、8 倍处上采样的结果与真值对比[6]

较深的卷积层拥有较大的感知域，能够学习到更加抽象的深层特征，这些抽象特征对物体的大小、位置等敏感度更低，虽然有助于分类性能的提高，但语义分割任务需要确定物体的轮廓，与原图中对应，所以仍需要含有物体大小、位置的浅层特征。FCN 基于这种思想，采用了渐进上采样策略，在网络层"跳跃连接"，如图 7-22 所示。对深层特征图上采样后，将上采样的输出特征图与和它对应的浅层特征图相加。

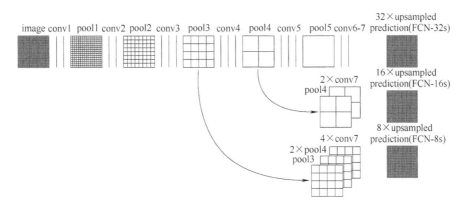

图 7-22　跳跃连接[6]

回顾第 4 章 4.2.5 节中 VGG-16 网络，其基本结构是每个 VGG Block 由重复堆叠的卷积层和一个最大池化层构成，由多个 VGG Block 进一步构成整体网络，下面以 pool1～pool5 指代每个 VGG 块中池化层，然后将思路转回 FCN。

对于 FCN-32s，直接对 pool5 特征进行 32 倍上采样，获得与原图像相同尺寸的特征图，称为热图（Heatmap），再通过 Softmax 获得每个像素点的输出。

对于 FCN-16s，首先对 pool5 特征进行 2 倍上采样，获得与 pool4 特征尺寸相同的中间特征，然后将其与 pool4 特征逐点相加，对相加后的特征图进行 16 倍上采样，获得与原图像相同尺寸的特征图，再通过 Softmax 获得每个像素点的输出。

对于 FCN-8s，首先对 pool5 特征进行 2 倍上采样，获得与 pool4 特征尺寸相同的中间特征，然后将其与 pool4 特征逐点相加，对相加后的特征图进行 2 倍上采样，类似地将上采样的特征图与 pool3 特征相加，然后对相加后的特征图进行 8 倍上采样，再通过 Softmax 获得每个像素点的输出。

如图 7-21 所示，分割效果 FCN-32s<FCN-16s<FCN-8s，得出结论：使用多层特征融合有利于精确重建分割边界的形状，提高语义分割的准确性，事实上，使用更多的跳跃连接能够恢复更好的细节。但是将更深层的 pool1 和 pool2 的特征进行跳跃连接时，对于最终结果收效甚微，所以实际应用中一般使用 FCN-8s。

2. FCN 代码实现

（1）VGG 网络

使用删除原全连接层的 VGG 网络作为提取特征的 backbone，将每个池化层的输出特征都存入 output，用于在解码器部分与上采样特征图点对点相加。

```
class VGGNet(VGG):
    def __init__(self,pretrained=True,model='vgg16',requires_grad=True,
        remove_fc=True,show_params=False):
```

```
        super().__init__(make_layers(cfg[model]))
        self.ranges=ranges[model]

    if pretrained:
        exec("self.load_state_dict(models.%s(pretrained=True).state_
            dict())"% model)

    if not requires_grad:
        for param in super().parameters():
            param.requires_grad=False

    if remove_fc:#删除 VGG 原全连接层,仅使用其卷积层提取特征
        del self.classifier

    if show_params:
        for name,param in self.named_parameters():
            print(name,param.size())

    def forward(self,x):
        output={}
        #获取 VGG 网络池化层的输出,存入 output 中
        for idx in range(len(self.ranges)):
            for layer in range(self.ranges[idx][0],self.ranges[idx][1]):
                x=self.features[layer](x)
                output["x{}".format(idx+1)]=x
        return output


ranges={
    'vgg11':((0,3),(3,6),   (6,11),   (11,16),(16,21)),
    'vgg13':((0,5),(5,10),(10,15),(15,20),(20,25)),
    'vgg16':((0,5),(5,10),(10,17),(17,24),(24,31)),
    'vgg19':((0,5),(5,10),(10,19),(19,28),(28,37))
}

cfg={
    'vgg11':[64,'M',128,'M',256,256,'M',512,512,'M',512,512,'M'],
    'vgg13':[64,64,'M',128,128,'M',256,256,'M',512,512,'M',512,512,'M'],
    'vgg16':[64,64,'M',128,128,'M',256,256,256,'M',512,512,512,'M',512,512,
            512,'M'],
```

```
    'vgg19':[64,64,'M',128,128,'M',256,256,256,256,'M',512,512,512,512,'M',
        512,512,512,512,'M'],
}

def make_layers(cfg,batch_norm=False):
    layers=[]
    in_channels=3
    for v in cfg:
        if v=='M':
            layers+=[nn.MaxPool2d(kernel_size=2,stride=2)]
        else:
            conv2d=nn.Conv2d(in_channels,v,kernel_size=3,padding=1)
        if batch_norm:
            layers+=[conv2d,nn.BatchNorm2d(v),nn.ReLU(inplace=True)]
        else:
            layers+=[conv2d,nn.ReLU(inplace=True)]
        in_channels=v
    return nn.Sequential(*layers)
```

（2）FCN

将从 VGG 网络获取的池化层输出特征与上采样后的特征跳跃连接。

```
class FCNs(nn.Module):
    def __init__(self,pretrained_net,n_class):
        super().__init__()
        self.n_class=n_class
        self.pretrained_net=pretrained_net
        self.relu=nn.ReLU(inplace=True)
        self.deconv1=nn.ConvTranspose2d(512,512,kernel_size=3,
            stride=2,padding=1,dilation=1,output_padding=1)
        self.bn1=nn.BatchNorm2d(512)
        self.deconv2=nn.ConvTranspose2d(512,256,kernel_size=3,
            stride=2,padding=1,dilation=1,output_padding=1)
        self.bn2=nn.BatchNorm2d(256)
        self.deconv3=nn.ConvTranspose2d(256,128,kernel_size=3,
            stride=2,padding=1,dilation=1,output_padding=1)
        self.bn3=nn.BatchNorm2d(128)
        self.deconv4=nn.ConvTranspose2d(128,64,kernel_size=3,
            stride=2,padding=1,dilation=1,output_padding=1)
        self.bn4=nn.BatchNorm2d(64)
```

```
        self.deconv5=nn.ConvTranspose2d(64,32,kernel_size=3,
            stride=2,padding=1,dilation=1,output_padding=1)
        self.bn5=nn.BatchNorm2d(32)
        self.classifier=nn.Conv2d(32,n_class,kernel_size=1)


    def forward(self,x):
        output=self.pretrained_net(x)
        #暂存 VGG 每个池化层输出
        x5=output['x5']  #size=(N,512,x.H/32,x.W/32)
        x4=output['x4']  #size=(N,512,x.H/16,x.W/16)
        x3=output['x3']  #size=(N,256,x.H/8, x.W/8)
        x2=output['x2']  #size=(N,128,x.H/4, x.W/4)
        x1=output['x1']  #size=(N,64,x.H/2,  x.W/2)


        score=self.bn1(self.relu(self.deconv1(x5)))
        score=score+x4
        score=self.bn2(self.relu(self.deconv2(score)))
        score=score+x3
        score=self.bn3(self.relu(self.deconv3(score)))
        score=score+x2
        score=self.bn4(self.relu(self.deconv4(score)))
        score=score+x1
        score=self.bn5(self.relu(self.deconv5(score)))
        score=self.classifier(score)
        return score
```

7.2.2　U-Net 架构

2015 年，Ronneberger 等基于全卷积结构对解码部分进行了扩充，发表文章"U-net：Convolutional networks for biomedical image segmentation"[7]提出了 U-Net 架构，它包含两个对称的路径，编码路径实现了语义特征的捕获，其对称的解码路径实现了精确的定位，如图 7-23 所示。这一简单的结构逐渐流行起来，被广泛采纳用于各种语义分割问题。

1. U-Net 网络结构

U-Net 使用编码器-解码器结构，称为收缩路径（Contracting Path）和扩张路径（Expansive Path）。其中收缩路径用于抽取多通道局部特征，扩张路径用于精确定位，两条路径几乎完全对称。

收缩路径（Contracting Path）位于 U-Net 网络的左侧部分，对图像使用经典卷积和最大池化实现下采样操作。具体由 4 个块组成，每个块使用了 2 个卷积层和 1 个最大池化层，每次下采样之后特征图通道数翻倍、尺寸减半。最终得到尺寸为 32×32 的中间特征图。

扩张路径（Expansive Path）位于 U-Net 网络的右侧部分，使用转置卷积上采样并与收

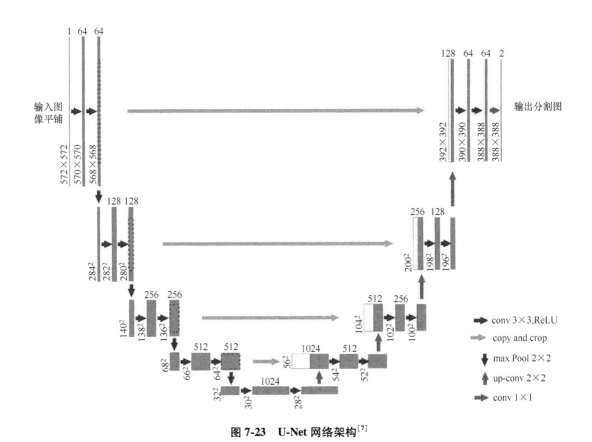

图 7-23　U-Net 网络架构[7]

缩路径的浅层特征进行融合。扩张路径同样由 4 个块组成，除最后一层外，每个块开始之前通过转置卷积将特征图尺寸翻倍、通道数减半，然后与压缩路径中对称的特征图合并，由于左侧压缩路径和右侧扩展路径的特征图的尺寸不一样，U-Net 通过将压缩路径的特征图裁剪到与扩展路径相同尺寸（即图 7-23 中左侧虚线部分）。扩展路径的卷积操作使用的是经典卷积操作，最终得到的特征图的尺寸是 388×388。

FCN 和 U-Net 对比见表 7-1。

表 7-1　FCN 和 U-Net 对比

网络	FCN	U-Net
下采样方式	VGG	4×（2 卷积+1 池化）
特征融合方式	点对点相加	裁剪到相同尺寸后拼接

2. U-Net 网络代码实现

与 FCN 直接使用 VGG 作为主干网络不同，U-Net 使用自定义的主干网络，在实现时，先定义包含 2 个卷积层和 1 个最大池化层的 DoubleConv 块，借助 DoubleConv 块分别定义下采样结构和上采样结构中用于跳跃连接的卷积部分，上采样部分可选双线性插值与转置卷积。

```python
import torch
import torch.nn as nn
import torch.nn.functional as F


class UNet(nn.Module):
    def __init__(self,n_channels,n_classes,bilinear=False):
        super(UNet,self).__init__()
        self.n_channels=n_channels
        self.n_classes=n_classes
        self.bilinear=bilinear

        self.inc=DoubleConv(n_channels,64)
        self.down1=Down(64,128)
        self.down2=Down(128,256)
        self.down3=Down(256,512)
        factor=2 if bilinear else 1
        self.down4=Down(512,1024//factor)
        self.up1=Up(1024,512//factor,bilinear)
        self.up2=Up(512,256//factor,bilinear)
        self.up3=Up(256,128//factor,bilinear)
        self.up4=Up(128,64,bilinear)
        self.outc=OutConv(64,n_classes)


    def forward(self,x):
        x1=self.inc(x)
        x2=self.down1(x1)
        x3=self.down2(x2)
        x4=self.down3(x3)
        x5=self.down4(x4)
        x=self.up1(x5,x4)
        x=self.up2(x,x3)
        x=self.up3(x,x2)
        x=self.up4(x,x1)
        logits=self.outc(x)
        return logits


class DoubleConv(nn.Module):
"""U-Net 以重复的卷积、BN、ReLU 作为一个块"""

    def __init__(self,in_channels,out_channels,mid_channels=None):
```

```
        super().__init__()
if not mid_channels:
        mid_channels=out_channels
    self.double_conv=nn.Sequential(
        nn.Conv2d(in_channels,mid_channels,kernel_size=3,
                padding=1,bias=False),
        nn.BatchNorm2d(mid_channels),
        nn.ReLU(inplace=True),
        nn.Conv2d(mid_channels,out_channels,kernel_size=3,
            padding=1,bias=False),
        nn.BatchNorm2d(out_channels),
        nn.ReLU(inplace=True)
    )


def forward(self,x):
    return self.double_conv(x)


class Down(nn.Module):
"""下采样"""


    def __init__(self,in_channels,out_channels):
        super().__init__()
        self.maxpool_conv=nn.Sequential(
            nn.MaxPool2d(2),
            DoubleConv(in_channels,out_channels)
        )


    def forward(self,x):
        return self.maxpool_conv(x)


class Up(nn.Module):
"""上采样"""


    def __init__(self,in_channels,out_channels,bilinear=True):
        super().__init__()


        #使用双线性插值时,卷积层用来减少通道数
        if bilinear:
            self.up=nn.Upsample(scale_factor=2,mode='bilinear',
                align_corners=True)
```

```
            self.conv=DoubleConv(in_channels,out_channels,in_channels//2)
        else:
            self.up=nn.ConvTranspose2d(in_channels,in_channels//2,
                                    kernel_size=2,stride=2)
            self.conv=DoubleConv(in_channels,out_channels)

    def forward(self,x1,x2):
        x1=self.up(x1)
        diffY=x2.size()[2]-x1.size()[2]
        diffX=x2.size()[3]-x1.size()[3]

        x1=F.pad(x1,[diffX//2,diffX-diffX//2,diffY//2,diffY-diffY//2])
        #如果需要使用 padding,参照以下链接
        #https://github.com/HaiyongJiang/U-Net-Pytorch-Unstructured-
        #Buggy/commit/0e854509c2cea854e247a9c615f175f76fbb2e3a
        #https://github.com/xiaopeng-liao/Pytorch-UNet/commit/8ebac
        #70e633bac59fc22bb5195e513d5832fb3bd
        x=torch.cat([x2,x1],dim=1)
        return self.conv(x)


class OutConv(nn.Module):
    def __init__(self,in_channels,out_channels):
        super(OutConv,self).__init__()
        self.conv=nn.Conv2d(in_channels,out_channels,kernel_size=1)

    def forward(self,x):
        return self.conv(x)
```

7.2.3 DeepLab 系列

FCN 使用了"下采样-上采样"的特征图尺寸恢复方法,图像经过提取特征的主干网络后,通过一定的上采样方法恢复出卷积之前的尺寸。U-Net 网络使用了一种对称的编码器-解码器架构,上采样的每一个过程都与提取特征过程中的特征图进行特征融合,以更充分利用低层特征恢复图像分割边界准确度。本节介绍以膨胀卷积为核心的 DeepLab 系列网络。

1. DeepLab V1

Google 在 ICLR 2015 上发表论文"Semantic Image Segmentation with Deep Convolutional Nets and Fully Connected CRFs"[8],核心是使用膨胀卷积和全连接条件随机场(CRF)做后处理。

(1)特征提取

DeepLab V1 与 FCN 有许多相似之处,两者都使用 VGG 作为主干网络,但 FCN 的 32 倍

下采样要求输入图像的分辨率不能过低，如输入图像分辨率为 500×500，需要在第一次卷积前加入值为 100 的填充，才能勉强得到 16×16 的中间特征图。

为了解决这个问题，一个自然而然的想法是减少池化层数目，但这样的改动直接改变了原先可用的结构，无法使用预训练模型进行迁移学习。DeepLab 使用了一种更好的做法，将 VGG 网络的 pool4 和 pool5 层的步幅由原来的 2 改为 1，再加上值为 1 的填充，使得 VGG 网络总步幅由原来的 32 变成 8，进而使得在输入图像尺寸为 514×514 时，最后一层卷积输出 67×67 的特征图，要比 FCN 提取的特征密集很多。但这样做其实也存在一定的问题，步幅改变以后，如果想继续使用 VGG 预训练模型，会导致感受野发生变化。由此引入本章 7.1.3 节介绍的膨胀卷积，使用膨胀卷积替换部分经典卷积层，使得感受野不发生变化，如图 7-24 所示。[9]

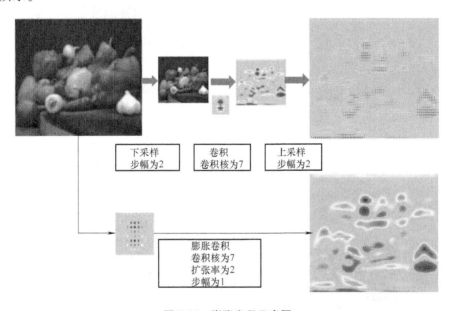

图 7-24　膨胀卷积示意图

上层：基于经典卷积的图像稀疏特征提取低分辨率输入特征映射

下层：密集特征提取，采用膨胀率为 **2** 的膨胀卷积，应用于高分辨率输入特征图

回顾第 4 章 4.2.5 节 VGG 网络结构，VGG Block 包含 3 个卷积核尺寸为 3×3、步幅为 1 的卷积层，及 1 个池化核尺寸为 2×2、步幅为 2 的池化层。DeepLab V1 使用膨胀卷积的具体操作为：池化层步幅从 2 缩减为 1，其后的卷积替换成扩张率为 2 的膨胀卷积。以图 7-25 为例，Pool4 的步长由 2 缩减为 1、则紧接着的 Conv5_1、Conv5_2 和 Conv5_3 中扩张率设为 2。Pool5 步长由 2 缩减为 1，则后面的 Fc6 中扩张率设为 4。

（2）全连接条件随机场

在使用膨胀卷积后，DeepLab V1 卷积层输出的特征图是对原图像 8 倍下采样，DeepLab V1 使用的上采样方法为本章 7.1.2 节中介绍的双线性插值法，后面连接一个全连接条件随机场对分割边界进行优化，如图 7-26 所示。

全连接条件随机场仅在 DeepLab V1 和 V2 中使用，详细原理及实现可参考文章 "Efficient Inference in Fully connected CRFs with Gaussian Edge Potentials"[11]，本书不对其展开介绍。

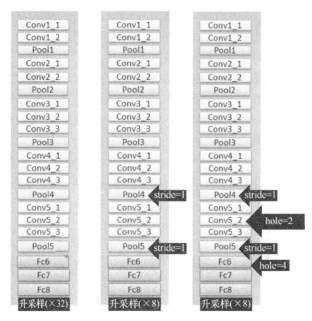

图 7-25　DeepLab 使用的主干网络[10]

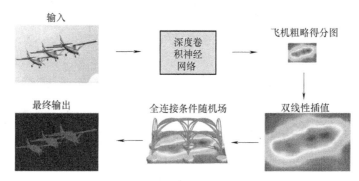

图 7-26　全连接条件随机场[11]

（3）模型训练和预测

在 DeepLab V1 中，网络输出的是上采样前的特征图。在训练过程中，损失的计算方式为网络的输出特征图与下采样 8 倍的真值做交叉熵。在进行预测时，使用双线性插值进行 8 倍上采样，使用全连接条件随机场做平滑处理。训练和预测过程都是端到端的。

2. DeepLab V2

与目标检测类似，语义分割任务也面临物体在多尺度图像中存在的问题，DeepLab V2[11]相对 V1 最大的改动是增加了空洞空间金字塔池化（Atrous Spatial Pyramid Pooling，ASPP）结构，在多个尺度上鲁棒地分割图像。ASPP 使用多个扩张率的卷积核来检测传入的卷积特征，从而以多个尺度捕获目标和图像的上下文内容。

（1）空间金字塔池化（SPP）

在引入 ASPP 之前，首先介绍空间金字塔池化（Spatial Pyramid Pooling，SPP）。在卷积的操作中，输入图像的尺寸是没有限制的，但是大多数网络结构的卷积操作后会连着输入尺寸固定的全连接层，因此网络的输入也被限制到固定尺寸，否则最后一层卷积的输出尺寸无法对应全连接层的输入。当输入图片不满足限制的尺寸时，需要进行裁剪和拉伸，如图 7-27 所示。[19]

裁剪　　　　　　　　　　　　　　　　　拉伸

图 7-27　输入图像的裁剪和拉伸[13]

但这样做存在一个问题：裁剪或拉伸后图像的纵横比（Ratio Aspect）和输入图像的尺寸会被改变，这样会扭曲原始的图像，导致面对任意尺寸和比例的图像或子图像时识别精度降低。为解决这个问题，何恺明在论文 "Spatial Pyramid Pooling in Deep Convolutional Networks for Visual Recognition"[14] 中提出了 SPP 层。SPP 层对特征图进行池化，并产生固定长度的输出，对物体的形变有很强的鲁棒性，所以 SPP 层只需连接在最后一层卷积后，就可以满足全连接层的输入尺寸，与之前结构对比如图 7-28 所示。

图 7-28　SPP 结构相比经典卷积无需对图片进行裁剪拉伸[13]

SPP 层本质是将卷积后的特征图经过多个最大池化层，然后将池化后的特征图拼接，成为固定维度的输出。如图 7-29 所示，黑色图片代表卷积层之后的特征图，SSP 层分别使用 4×4、2×2、1×1 的池化层从特征图的每个通道上提取特征，可以得到 16+4+1＝21 种不同的块（Spatial Bin），从每个通道的各个块中各提取出一个特征刚好就是全连接层所要求尺寸固定的 21 维 256 通道特征向量。

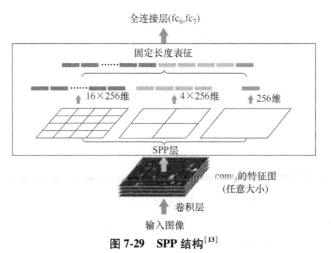

图 7-29　SPP 结构[13]

（2）空洞空间金字塔池化（ASPP）

与 SPP 类似，ASPP 对所给定的输入以不同采样率的膨胀卷积并行采样，如图 7-30 所示，为了分类中间像素，ASPP 用不同扩张率的膨胀卷积开发了多尺度特征。视野有效区用不同的颜色表示。

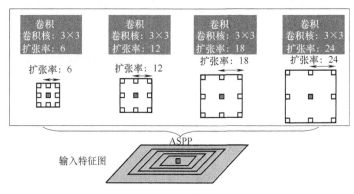

图 7-30 ASPP 结构使用不同扩张率的膨胀卷积[13]

ASPP 相当于以多个比例捕捉图像的上下文，每个采样率上提取的特征再用单独的分支处理，融合生成最后的结果，如图 7-31 所示。

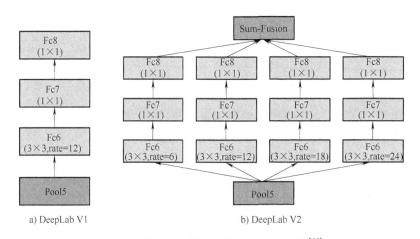

图 7-31 多个比例捕捉图像上下文的架构[16]

（3）DeepLab V2 网络结构

DeepLab V2 相对 V1 的另一处改进是增加了 ResNet-101 作为主干网络。在 ResNet 的 Layer3 中的 Bottleneck1 中原本是需要下采样的（3×3 的卷积层，步幅为 2），但在 DeepLab V2 中将步幅设置为 1，即不再进行下采样。而且 3×3 卷积层全部采用膨胀卷积，膨胀系数为 2。在 Layer4 中也是一样，取消了下采样，所有的 3×3 卷积层全部采用膨胀卷积替换。最后需要注意的是 ASPP 模块，在以 ResNet-101 作为主干网络时，每个分支只有一个 3×3 的膨胀卷积层，且卷积核的个数都等于标签类别数目。[15]

（4）学习策略

DeepLab V2 中使用了 Poly 训练策略调整学习率。

$$\mathrm{lr}_{\mathrm{iter}} = \mathrm{lr}_0 \cdot \left(1 - \frac{\mathrm{iter}}{\mathrm{max\_iter}}\right)^{\mathrm{power}}$$

在 power=0.9 时，模型效果要优于普通的分段学习率策略 1.17%。

3. DeepLab V3

在 DeepLab V2 中，ASPP 的提出赋予了网络提取多尺度特征的能力，CVPR 2017 上 Google 发表了文章 "DeepLab V3"：Rethinking Atrous Convolution for Semantic Image Segmentation"[16]，继续探索语义分割问题中针对多尺度问题的解决思路。

（1）Multi-Grid 策略

在 DeepLab V1 中讨论过，膨胀卷积可以维持输出特征图的尺寸，具体操作是将池化层的步幅从 2 修改为 1 时，其后的卷积层就修改为扩张率为 2 的膨胀卷积。在图 7-32 中，使用两种方式将 ResNet-101 的 Block4（其中有 3 个 3×3 的卷积）进行复制，然后级联在网络后面构成 Block5、Block6、Block7 来加深网络。图 7-32a 表示使用经典卷积时，特征图尺寸一直缩小，信息丢失十分严重；图 7-32b 表示使用膨胀卷积时，可以在达到同样网络深度的同时，不改变特征图尺寸以及感受野大小。

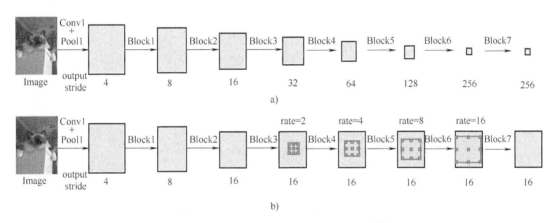

图 7-32　膨胀卷积可以维持特征图尺寸[16]

另外，对于每一个 Block 中 3 个卷积层的扩张率（图中用 rate 表示）的设置是不同的，通过设置一个基准系数 Multi-Grid，可以同时设置 3 个卷积层的扩张率。如 Multi-Grid=(1,2,4)，那么对应 Block4 的三个卷积层的扩张率为

$$\mathrm{rate} = 2 \cdot (1,2,4) = (2,4,8)$$

对于 Multi-Grid 策略的几种参数设置方式，有以下几个结论：

1）应用不同的策略通常比单一扩张率 (r1,r2,r3)=(1,1,1) 效果要好。

2）简单提升倍数是无效的，(r1,r2,r3)=(2,2,2)。

3）网络层数加深时，Multi-Grid 策略使得模型性能有效提升，模型性能最优时 Block7 最佳，(r1,r2,r3)=(1,2,1)。

（2）含 BN 的 ASPP

DeepLab V3 在 ASPP 末尾加入了批量归一化层，能够训练出更好的模型。

（3）Image Pooling

在网络的最后，ASPP 能够使用以不同扩张率的膨胀卷积有效地捕捉多尺度信息，但是随着网络层数的增加，Block 的位置越深，膨胀卷积的扩张率越大，就会导致卷积核退化为 1×1。例如，一个 3×3 的空洞卷积核，扩张率为 30，但是前一层的特征图只有 65×65，那么当将这个 3×3 的卷积核应用于此特征图时，就只会有中心点在特征图内，其他的卷积核参数已经到了零填充区域，无法捕获全局信息。[17]

为了解决扩张率增大带来的问题，DeepLab V3 使用图像池化（Image Pooling）提取图像级别（Image Level）的特征。具体操作为，对于输入特征图的每一个通道做全局平均池化，然后通过 256 个 1×1 卷积核构成新的 256 通道 1×1 的特征图，然后通过双线性插值得到需要的分辨率的图，这样做的目的相当于通过补充这个图像级别的特征来弥补扩张率太大时丢失的全局信息。如图 7-33 所示，（a）部分包括一个 1×1 和扩张率分别为 6、12、18 的膨胀卷积，而后连接对应的 BN 层。最后将图像级别的特征复制到与 ASPP 输出特征图相同的尺寸，进行拼接，然后再通过 256 个 1×1 的卷积核，得到新的特征图，进行上采样后，进行损失的计算。如果只想将图像下采样到 1/8，那么 rate 就要扩大 2 倍。[17]

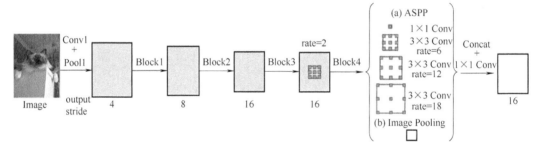

图 7-33　带图像池化的 ASPP 结构[16]

（4）DeepLab V3 代码实现

代码参考 Github 库：https://github.com/kazuto1011/deeplab-pytorch。[18]

ResNet-101：实现用于提取特征的 ResNet-101 如下，在本节的 DeepLab V3 和 V3+中都将其作为主干网络。

```python
from __future__ import absolute_import,print_function
from collections import OrderedDict
import torch
import torch.nn as nn
import torch.nn.functional as F

try:
    from encoding.nn import SyncBatchNorm
        _BATCH_NORM=SyncBatchNorm
except:
    _BATCH_NORM=nn.BatchNorm2d
    _BOTTLENECK_EXPANSION=4
```

```python
class _ConvBnReLU(nn.Sequential):
    """
    Cascade of 2D convolution,batch norm,and ReLU.
    """

    BATCH_NORM=_BATCH_NORM

    def __init__(self,in_ch,out_ch,kernel_size,stride,padding,
        dilation,relu=True):
        super(_ConvBnReLU,self).__init__()
        self.add_module(
            "conv",
            nn.Conv2d(
                in_ch,out_ch,kernel_size,stride,padding,dilation,
                bias=False
            ),
        )
        self.add_module("bn",
            _BATCH_NORM(out_ch,eps=1e-5,momentum=1-0.999))

        if relu:
            self.add_module("relu",nn.ReLU())


class _Bottleneck(nn.Module):
    """
    Bottleneck block of MSRA ResNet.
    """

    def __init__(self,in_ch,out_ch,stride,dilation,downsample):
        super(_Bottleneck,self).__init__()
        mid_ch=out_ch//_BOTTLENECK_EXPANSION
        self.reduce=_ConvBnReLU(in_ch,mid_ch,1,stride,0,1,True)
        self.conv3x3=_ConvBnReLU(mid_ch,mid_ch,3,1,dilation,dilation,
            True)
        self.increase=_ConvBnReLU(mid_ch,out_ch,1,1,0,1,False)
        self.shortcut=(
            _ConvBnReLU(in_ch,out_ch,1,stride,0,1,False)
        if downsample
        else nn.Identity()
```

```
        )

    def forward(self,x):
        h=self.reduce(x)
        h=self.conv3x3(h)
        h=self.increase(h)
        h+=self.shortcut(x)
        return F.relu(h)


class _ResLayer(nn.Sequential):
    """
    Residual layer with multi grids
    """

    def __init__(self,n_layers,in_ch,out_ch,stride,dilation,
        multi_grids=None):
        super(_ResLayer,self).__init__()

    if multi_grids is None:
        multi_grids=[1 for _ in range(n_layers)]
    else:
        assert n_layers==len(multi_grids)

        #Downsampling is only in the first block
    for i in range(n_layers):
        self.add_module(
            "block{}".format(i+1),
            _Bottleneck(
                in_ch=(in_ch if i==0 else out_ch),
                out_ch=out_ch,
                stride=(stride if i==0 else 1),
                dilation=dilation*multi_grids[i],
                downsample=(True if i==0 else False),
            ),
        )


class _Stem(nn.Sequential):
    """
    The 1st conv layer.
```

```
        Note that the max pooling is different from both MSRA and FAIR ResNet.
    """

    def __init__(self,out_ch):
        super(_Stem,self).__init__()
        self.add_module("conv1",_ConvBnReLU(3,out_ch,7,2,3,1))
        self.add_module("pool",nn.MaxPool2d(3,2,1,ceil_mode=True))
```

ASPP：首先定义 ImagePool 模块，对图像做全局池化。因为在 PyTorch 中，膨胀卷积的实现只需要在 nn.Conv2d 中设置 dilation 参数，所以 ASPP 可以直接使用 ResNet-101 定义好的基于 nn.Conv2d 实现的_ ConvBnReLU 卷积层，并在最后连接 ImagePool 模块。

```
from __future__ import absolute_import,print_function
from collections import OrderedDict
import torch
import torch.nn as nn
import torch.nn.functional as F
from .resnet import _ConvBnReLU,_ResLayer,_Stem

class _ImagePool(nn.Module):
    def __init__(self,in_ch,out_ch):
        super().__init__()
        self.pool=nn.AdaptiveAvgPool2d(1)
        self.conv=_ConvBnReLU(in_ch,out_ch,1,1,0,1)

    def forward(self,x):
        _,_,H,W=x.shape
        h=self.pool(x)
        h=self.conv(h)
        h=F.interpolate(h,size=(H,W),mode="bilinear",
            align_corners=False)
        return h

class _ASPP(nn.Module):
    """
    Atrous spatial pyramid pooling with image-level feature
    """

    def __init__(self,in_ch,out_ch,rates):
        super(_ASPP,self).__init__()
```

```
        self. stages=nn. Module()
        self. stages. add_module("c0",_ConvBnReLU(in_ch,out_ch,1,1,0,1))
        for i,rate in enumerate(rates):
            self. stages. add_module(
                "c{}". format(i+1),
                _ConvBnReLU(in_ch,out_ch,3,1,padding=rate,dilation=rate),
            )
        self. stages. add_module("imagepool",_ImagePool(in_ch,out_ch))

    def forward(self,x):
        return torch. cat([stage(x)for stage in self. stages. children()],
            dim=1)
```

DeepLab V3 整体结构：使用前面定义的 ResNet-101 结构和带 ImagePool 的 ASPP 结构构建 DeepLab V3 网络。

```
class DeepLabV3(nn. Sequential):
    """
        DeepLab v3:Dilated ResNet with multi-grid+improved ASPP
    """

    def __init__(self,n_classes,n_blocks,atrous_rates,multi_grids,
        output_stride):
        super(DeepLabV3,self). __init__()

        #Stride and dilation
        if output_stride==8:
            s=[1,2,1,1]
            d=[1,1,2,4]
        elif output_stride==16:
            s=[1,2,2,1]
            d=[1,1,1,2]

        ch=[64*2**p for p in range(6)]
        self. add_module("layer1",_Stem(ch[0]))
        self. add_module("layer2",_ResLayer(n_blocks[0],ch[0],ch[2],
            s[0],d[0]))
        self. add_module("layer3",_ResLayer(n_blocks[1],ch[2],ch[3],
            s[1],d[1]))
        self. add_module("layer4",_ResLayer(n_blocks[2],ch[3],ch[4],
            s[2],d[2]))
        self. add_module(
```

```
"layer5",_ResLayer(n_blocks[3],ch[4],ch[5],s[3],d[3],multi_grids)
)
self.add_module("aspp",_ASPP(ch[5],256,atrous_rates))
concat_ch=256 * (len(atrous_rates)+2)
self.add_module("fc1",_ConvBnReLU(concat_ch,256,1,1,0,1))
self.add_module("fc2",nn.Conv2d(256,n_classes,kernel_size=1))
```

4. DeepLab V3+

（1）融合 ASPP 与编码器-解码器架构

在 DeepLab V3 及之前的系列中，上采样过程是简单的双线性插值，没有充分利用下采样过程中的低层特征。2018 年 DeepLab 发布了 V3+版本 "Encoder-decoder with atrous separable convolution for semantic image segmentation"[19]。在 DeepLab V3+中最大的改进是融合了编码器-解码器架构，将低层特征与高层特征进一步融合，帮助恢复图像分割边界，如图 7-34 所示。

（2）解码器设计

对于 DeepLab V3，经过 ASPP 模块得到特征图的 8 或 16 倍下采样，其经过 1×1 的分类层后直接双线性插值到原始图片大小。首先将解码器得到的特征双线性插值得到 4 倍下采样的特征，然后与解码器中对应大小的低级特征拼接，由于解码器得到的特征数只有 256，而低级特征维度可能会很高，为了防止解码器得到的高级特征被弱化，先采用 1×1 卷积对浅层特征降维到 48。两个特征拼接后，再使用 3×3 卷积进一步融合深层和浅层特征，最后使用双线性插值得到与原始图片相同大小的语义分割预测。

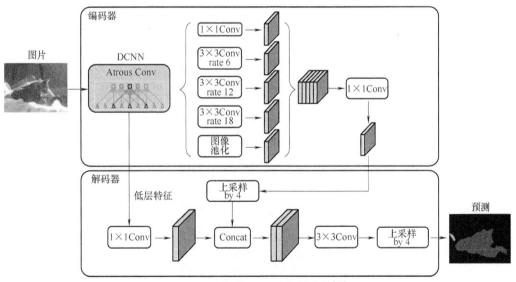

图 7-34　DeepLab V3+网络结构[19]

（3）特征提取

DeepLav V3 中使用 ResNet-101 进行特征提取，在 DeepLab V3+中，使用 Xception 进行替换。Xception 是 Google 发表在 CVPR 2017 上的论文 "Xception：Deep Learning with Depthwise Separable Convolutions" 中提出的网络结构。在本书第 4 章 4.2.6 节 GoogLeNet 中介绍了一种

Inception 结构，将输入特征图分为多个分支，用不同尺寸的卷积核卷积，然后按通道拼接作为输出特征图，这是一个将特征图的空间相关性和跨通道相关性解耦的过程，本书对此不进行详细介绍，读者感兴趣可以阅读相关论文。

DeepLab 系列模型对比见表 7-2。

表 7-2　DeepLab 系列模型对比

DeepLab 系列	性能（MIoU）	主干网络	ASPP	学习策略	上采样
DeepLab V1	64.5	VGG16	—	多阶段学习率	上采样后接全连接条件随机场
DeepLab V2	70.4	ResNet-101	基础 ASPP	Poly 策略	上采样后接全连接条件随机场
DeepLab V3	81.3	ResNet-101	在 ASPP 中加入 BN，融合图像池化特征	Poly 策略	—
DeepLab V3+	82.1	Xception	在 ASPP 中加入 BN，融合图像池化特征	多阶段学习率	编码器-解码器架构做浅层和深层特征融合

注：数据来源于 https://www.cityscapes-dataset.com/benchmarks/#scene-labeling-task。

7.3　实践案例：城市街景分割

7.3.1　实践 Pipeline

本章前面对损失函数、评价指标、网络结构进行了实现，本节使用 CamVid 数据集对 FCN、U-Net 及 DeepLab V3 网络进行训练和测试，文件目录结构如图 7-35 所示。

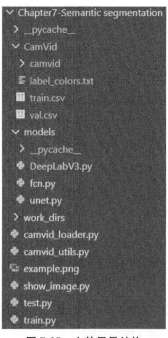

图 7-35　文件目录结构

（1）准备数据集

Cambridge-driving Labeled Video Database（CamVid）是第一个具有目标类别语义标签的视频集合，本节使用其抽帧得到的图像数据集。数据库提供 32 个真值语义标签，将每个像素与语义类别之一相关联。

CamVid 官网地址为 http://mi. eng. cam. ac. uk/research/projects/VideoRec/CamVid/。

数据库下载地址为 https://s3. amazonaws. com/fast-ai-imagelocal/camvid. tgz。

新建 camvid_util. py，划分训练集和验证集并将图像和真值标签存入 csv 文件。

```python
from __future__ import print_function
from matplotlib import pyplot as plt
import matplotlib. image as mpimg
import numpy as np
import random
import os
import imageio


root_dir          ="CamVid/"
data_dir          =os. path. join(root_dir,"camvid/images")
label_dir         =os. path. join(root_dir,"camvid/labels")
val_label_file    =os. path. join(root_dir,"val. csv")
train_label_file  =os. path. join(root_dir,"train. csv")

def divide_train_val(val_rate=0. 2,shuffle=True,random_seed=None):
"""从图片文件目录读取图片名并划分训练集和测试集,存入 csv 文件"""
    data_namelist    =os. listdir(data_dir)
    data_len     =len(data_namelist)
    val_len      =int(data_len * val_rate)

    if random_seed:
        random. seed(random_seed)

    if shuffle:
        data_idx=random. sample(range(data_len),data_len)
    else:
        data_idx=list(range(data_len))
    #获取训练集和验证集的图片 id
    val_idx      =[data_namelist[i]for i in data_idx[:val_len]]
    train_idx    =[data_namelist[i]for i in data_idx[val_len:]]


    #制作 val. csv
    with open(val_label_file,"w+")as f:
```

```
            f.write("img,label\n")
            for idx,name in enumerate(val_idx):
                if'png'not in name:
                    continue
                img_name=os.path.join(data_dir,name)
                name=name[:-4]+"_P"+name[-4:]
                lab_name=os.path.join(label_dir,name)
                f.write("{},{}\n".format(img_name,lab_name))
            print("Successfully create val.csv")

        #制作 train.csv
        with open(train_label_file,"w+")as f:
            f.write("img,label\n")
            for idx,name in enumerate(train_idx):
                if'png'not in name:
                    continue
                img_name=os.path.join(data_dir,name)
                name=name[:-4]+"_P"+name[-4:]
                lab_name=os.path.join(label_dir,name)
                f.write("{},{}\n".format(img_name,lab_name))
            print("Successfully create train.csv")

    if__name__=='__main__':
        divide_train_val(random_seed=1)
```

（2）准备数据加载器

新建 camvid_dataloader.py，写入图像宽高和裁剪后的形状进行图像变换，并将真值转换为独热编码。

```
from__future__import print_function
from matplotlib import pyplot as plt
import pandas as pd
import numpy as np
import random
import os
import imageio
import torch
from torch.utils.data import Dataset,DataLoader
from torchvision import utils


root_dir ="CamVid/"
```

```
train_file    =os.path.join(root_dir,"train.csv")
val_file      =os.path.join(root_dir,"val.csv")

num_class     =32
means         =np.array([103.939,116.779,123.68])/255. #BGR 三通道的均值
h,w           =720,960
train_h       =int(h*2/3)    #480
train_w       =int(w*2/3)    #640
val_h         =int(h/32)*32  #704
val_w         =w             #960


class CamVidDataset(Dataset):

    def __init__(self,csv_file,phase,n_class=num_class,crop=True,
        flip_rate=0.5):
        self.data       =pd.read_csv(csv_file)
        self.means      =means
        self.n_class    =n_class

        self.flip_rate=flip_rate
        self.crop       =crop
        if phase =='train':
            self.new_h=train_h
            self.new_w=train_w
        elif phase =='val':
            self.flip_rate  =0.
            self.crop   =True
            self.new_h  =val_h
            self.new_w  =val_w

    def __len__(self):
    return len(self.data)

    def __getitem__(self,idx):
        img_name    =self.data.iloc[idx,0]
        img         =imageio.imread(img_name)
        label_name  =self.data.iloc[idx,1]
        label       =imageio.imread(label_name)

        if self.crop:
```

```
        h,w,_=img.shape
        top   =random.randint(0,h-self.new_h)
        left  =random.randint(0,w-self.new_w)
        img   =img[top:top+self.new_h,left:left+self.new_w]
        label =label[top:top+self.new_h,left:left+self.new_w]

    if random.random()<self.flip_rate:
        img   =np.fliplr(img)
        label =np.fliplr(label)

    #减去均值
    img=img[:,:,::-1]    #切换到 BGR
    img=np.transpose(img,(2,0,1))/255.
    img[0]-=self.means[0]
    img[1]-=self.means[1]
    img[2]-=self.means[2]

    img=torch.from_numpy(img.copy()).float()
    label=torch.from_numpy(label.copy()).long()

    #转为独热编码
    h,w=label.size()
    target=torch.zeros(self.n_class,h,w)
    for c in range(self.n_class):
        target[c][label==c]=1

    sample={'X':img,'Y':target,'l':label}

    return sample
```

（3）模型训练

新建 train.py 作为模型训练主程序。

```
from __future__ import print_function

import torch
import torch.nn as nn
import torch.optim as optim
from torch.optim import lr_scheduler
from torch.utils.data import DataLoader
```

```
from models.fcn import VGGNet,FCN8s
from models.unet import UNet
from models.DeepLabV3 import DeepLabV3
from camvid_loader import CamVidDataset

from matplotlib import pyplot as plt
import numpy as np
import time
import sys
import os


n_class=32
batch_size=4
epochs=600
lr=1e-4
momentum=0
w_decay=1e-5
step_size=50
gamma=0.5
vgg_model=VGGNet(requires_grad=True,remove_fc=True)
model=FCN8s(pretrained_net=vgg_model,n_class=n_class)
#model=UNet(n_channels=3,n_classes=n_class)
#model=DeepLabV3(
#        n_classes=32,
#        n_blocks=[3,4,23,3],
#        atrous_rates=[6,12,18],
#        multi_grids=[1,2,4],
#        output_stride=8,
#    )
configs="FCN-CrossEntropyLoss_batch{}_epoch{}_scheduler-step{}-
    gamma{}_lr{}_momentum{}_w_decay{}".format(batch_size,epochs,step_size,
    gamma,lr,momentum,w_decay)
print("Configs:",configs)

root_dir   ="CamVid/"
train_file=os.path.join(root_dir,"train.csv")
val_file   =os.path.join(root_dir,"val.csv")

#存储模型
```

```
model_dir="work_dirs"
if not os.path.exists(model_dir):
    os.makedirs(model_dir)
model_path=os.path.join(model_dir,configs)

use_gpu=torch.cuda.is_available()
num_gpu=list(range(torch.cuda.device_count()))

train_data=CamVidDataset(csv_file=train_file,phase='train')
val_data  =CamVidDataset(csv_file=val_file,phase='val',flip_rate=0)
train_loader=DataLoader(train_data,batch_size=batch_size,
    shuffle=True,num_workers=8,drop_last=True)
val_loader  =DataLoader(val_data,batch_size=1,num_workers=8,
    drop_last=True)


if use_gpu:
    time_start=time.time()
    #vgg_model=vgg_model.cuda()
    model=model.cuda()
    model=nn.DataParallel(model,device_ids=[1])
    print("Finish cuda loading,time elapsed{:.6f}".format(time.time()-
        time_start))

criterion=nn.CrossEntropyLoss()
optimizer=optim.RMSprop(model.parameters(),lr=lr,momentum=momentum,
    weight_decay=w_decay)
scheduler=lr_scheduler.StepLR(optimizer,step_size=step_size,
    gamma=gamma)   #每30epoch消减


def train():
    best_miou=0
    for epoch in range(epochs):
        time_start=time.time()
        for iter,batch in enumerate(train_loader):
            optimizer.zero_grad()

            if use_gpu:
```

```
                inputs=batch['X'].cuda()
                labels=batch['L'].cuda()
            else:
                inputs,labels=batch['X'],batch['Y']

            outputs=model(inputs)
            labels=labels.long()
            loss=criterion(outputs,labels)
            loss.backward()
            optimizer.step()

            scheduler.step()

            print("Finish epoch{:^3},time elapsed{:.6f}".format(epoch,
                time.time()-time_start))
            current_miou=val()
            if current_miou>best_miou:
                best_miou=current_miou
                model_save_path=os.path.join(model_dir,configs)+
                    "_miou{}".format(best_miou)
                torch.save(model,model_save_path)
                print("model_saved")
            print("-"*40)


def val():
    model.eval()
    total_ious=[]
    pixel_accs=[]
    for iter,batch in enumerate(val_loader):
        inputs=batch['X']
        if use_gpu:
            inputs=inputs.cuda()

        output=model(inputs)
        output=output.data.cpu().numpy()

        N,_,h,w=output.shape
        pred=output.transpose(0,2,3,1).reshape(-1,n_class).
            argmax(axis=1).reshape(N,h,w)
```

```
                target=batch['L'].cpu().numpy().reshape(N,h,w)
            for p,t in zip(pred,target):
                total_ious.append(iou(p,t))
                pixel_accs.append(pixel_acc(p,t))


        #计算 mIoU
        total_ious=np.array(total_ious).T   #n_class * val_len
        ious=np.nanmean(total_ious,axis=1)
        pixel_accs=np.array(pixel_accs).mean()
        miou=np.nanmean(ious)
        print("pix_acc:{:.6f},meanIoU:{:.6f}".format(pixel_accs,miou))
        return miou


#https://github.com/Kaixhin/FCN-semantic-segmentation/blob/master/main.py
def iou(pred,target):
    """计算单个类别 IoU"""
    ious=[]
    for cls in range(n_class):
        pred_inds=pred==cls
        target_inds=target==cls
        intersection=pred_inds[target_inds].sum()
        union=pred_inds.sum()+target_inds.sum()-intersection
        if union==0:
            ious.append(float('nan'))   #如果找不到真值,则不参与评估
        else:
            ious.append(float(intersection)/max(union,1))
    return ious


def pixel_acc(pred,target):
    correct=(pred==target).sum()
    total  =(target==target).sum()
    return correct/total
if __name__=="__main__":
    train()
    val()
```

（4）输出可视化

从 CamVid 官网下载每类标签与相应 RGB 对应关系，保存为 CamVid/label_colors.txt，

64 128 64	Animal	
192 0 128	Archway	
0 128 192	Bicyclist	
0 128 64	Bridge	
128 0 0	Building	
64 0 128	Car	
64 0 192	CartLuggagePram	
192 128 64	Child	
192 192 128	Column_Pole	
64 64 128	Fence	
128 0 192	LaneMkgsDriv	
192 0 64	LaneMkgsNonDriv	
128 128 64	Misc_Text	
192 0 192	MotorcycleScooter	
128 64 64	OtherMoving	
64 192 128	ParkingBlock	
64 64 0	Pedestrian	
128 64 128	Road	
128 128 192	RoadShoulder	
0 0 192	Sidewalk	
192 128 128	SignSymbol	
128 128 128	Sky	
64 128 192	SUVPickupTruck	
0 0 64	TrafficCone	
0 64 64	TrafficLight	
192 64 128	Train	
128 128 0	Tree	
192 128 192	Truck_Bus	
64 0 64	Tunnel	
192 192 0	VegetationMisc	
0 0 0	Void	
64 192 0	Wall	

编写可视化函数 show_image. py，利用上一步得到的 RGB 色彩与语义分割像素标签的对应关系，以 RGB 色彩显示语义分割输出。

```
import os
import imageio
```

```
color_label_file="CamVid/label_colors.txt"

def idimage2colorimage(image_id):
    label2color={}

    classid2label=[""]    #用索引作为 class_id 对应 label,因为 class_id 从 1
                          #开始,所以用''占用索引为 0 的元素
    with open(color_label_file,'r')as f:
        lines=f.readlines()
        for line in lines:
            label=line.split()[-1]
            color=[int(x)for x in list(line.split()[:-1])]
            label2color[label]=color
            classid2label.append(label)

        image_color=[]
        for line_id in range(image_id.shape[0]):
            color_line=[]
            for id in range(image_id.shape[1]):
                pixel=image_id[line_id][id]
                try:
                    pixel_color=label2color[classid2label[pixel]]
                except:
                    Print("Unexcepted id")
                color_line.append(pixel_color)
        image_color.append(color_line)

    return image_color

def main():
    image_id=imageio.imread(
        "CamVid/camvid/labels/0016E5_07920_P.png")
    image_color=idimage2colorimage(image_id)
    imageio.imwrite("example.png",image_color)

if__name__=="__main__":
    main()
```

（5）模型预测

编写代码存入 test.py，输出相应预测结果。

```python
import torch
import torch.nn as nn
from torch.utils.data import DataLoader

from models.fcn import VGGNet,FCN32s,FCN16s,FCN8s,FCNs
from camvid_loader import CamVidDataset
from show_image import idimage2colorimage
import os
import imageio
n_class=32
root_dir   ="CamVid/"
val_file   =os.path.join(root_dir,"val.csv")
val_data   =CamVidDataset(csv_file=val_file,phase='val',flip_rate=0)
val_loader =DataLoader(val_data,batch_size=1,num_workers=8,
    drop_last=True)

model_path="work_dirs/Unet-BCEWithLogits_batch4_epoch600_RMSprop_  \
    scheduler-step50-gamma0.5_lr0.0001_momentum0_w_decay1e-05"
model=torch.load(model_path)
print("Successfully loading model from{}".format(model_path))
model=model.cuda()

output_dir="pred-unet"
if not os.path.exists(output_dir):
    os.mkdir(output_dir)

val_csv="CamVid/val.csv"
val_name=[]
with open(val_csv,'r')as f:
    val_name=f.readlines()[1:]    #去掉第一行表头
val_name=[name[21:34]for name in val_name]
print(val_name)

def val():
    model.eval()
    cnt=0
    for iter,batch in enumerate(val_loader):
        inputs=batch['X']
        inputs=inputs.cuda()
```

```
        output=model(inputs)
        output=output.data.cpu().numpy()
        N,_,h,w=output.shape
        pred=output.transpose(0,2,3,1).reshape(-1,n_class).  \
            argmax(axis=1).reshape(N,h,w)

        y=idimage2colorimage(pred[0])
        imageio.imwrite("{}/{}.png".format(output_dir,val_name[cnt]),y)
        print("Finish{}".format(val_name[cnt]))
        cnt+=1


def main():
    val()


if __name__=="__main__":
    main()
```

7.3.2 算法对比分析

1. FCN

在实践 Pipeline 中已经对 FCN-8s 进行了测试，可以直接运行。

执行 train. py，在单卡 2080Ti 上训练约 120 个 epoch 后 MIoU 为 0.311，训练中输出如下所示：

```
Configs:FCN8s-CrossEntropyLoss_batch4_epoch600_scheduler-step50-gam-
    ma0.5_lr0.0001_momentum0_w_decay1e-05
Finish cuda loading,time elapsed 2.634851
    iter 0,loss:3.622226
    iter20,loss:2.424061
    iter40,loss:2.193940
    iter60,loss:1.763694
    iter80,loss:1.941407
    iter100,loss:1.580191
    iter120,loss:1.582504
Finish epoch  0,time elapsed 30.377246
train.py:135:RuntimeWarning:Mean of empty slice
    ious=np.nanmean(total_ious,axis=1)
pix_acc:0.680500,meanIoU:0.088105
model_saved
```

可视化效果如图 7-36 所示。

a) 原图像　　　　　　　　b) FCN-8s分割效果图　　　　　　　c) 真值图

图 7-36　FCN 输出效果

2. U-Net

使用 Pipeline 训练 U-Net 网络，只需在 train. py 中将定义 FCN 的部分注释掉，替换为 U-Net 即可。

```
#vgg_model=VGGNet(requires_grad=True,remove_fc=True)
#model=FCN8s(pretrained_net=vgg_model,n_class=n_class)
model=UNet(n_channels=3,n_classes=n_class)
```

执行 train. py，在单卡 2080Ti 上训练约 120 个 epoch 后 MIoU 为 0. 279，训练中输出如下所示：

```
Configs:UNet-CrossEntropyLoss_batch4_epoch600_scheduler-step50-
    gamma0.5_lr0.0001_momentum0_w_decay1e-05
Finish cuda loading,time elapsed 2.633938
    iter 0,loss:3.580363
    iter20,loss:2.263898
    iter40,loss:2.330922
    iter60,loss:2.125996
    iter80,loss:1.716001
    iter100,loss:1.769447
    iter120,loss:1.767726
Finish epoch  0,time elapsed 65.374673
train.py:135:RuntimeWarning:Mean of empty slice
    ious=np.nanmean(total_ious,axis=1)
pix_acc:0.626965,meanIoU:0.078641
model_saved
---------------------------------------
```

可视化效果如图 7-37 所示。

3. DeepLab V3

使用 Pipeline 训练 DeepLab V3 网络，只需在 train. py 中将定义 FCN 的部分注释掉，替换为 DeepLab V3 即可。

a) 原图像　　　　　　　　b) FCN-8s分割效果图　　　　　　c) 真值图

图 7-37　U-Net 网络输出效果

```
"""FCN"""
#vgg_model=VGGNet(requires_grad=True,remove_fc=True)
#model=FCN8s(pretrained_net=vgg_model,n_class=n_class)


"""UNet"""
#model=UNet(n_channels=3,n_classes=n_class)


"""DeeplabV3"""
model=DeepLabV3(
        n_classes=n_class,
        n_blocks=[3,4,23,3],
        atrous_rates=[6,12,18],
        multi_grids=[1,2,4],
        output_stride=8,
        )
```

执行 train.py，在单卡 2080Ti 上训练约 120 个 epoch 后 MIoU 为 0.417，训练中输出如下所示：

```
Configs:DeepLabV3-CrossEntropyLoss_batch4_epoch600_scheduler-step50-
gamma0.5_lr0.0001_momentum0_w_decay1e-05
Finish cuda loading,time elapsed 2.613018
  iter 0,loss:3.548866
  iter20,loss:2.461155
  iter40,loss:2.153237
  iter60,loss:1.876343
  iter80,loss:1.781447
  iter100,loss:1.939241
  iter120,loss:1.754135
Finish epoch 0,time elapsed 30.503795
train.py:135:RuntimeWarning:Mean of empty slice
  ious=np.nanmean(total_ious,axis=1)
pix_acc:0.682095,meanIoU:0.093762
model_saved
```

可视化效果如图 7-38 所示。

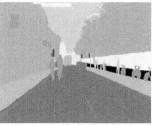

a) 原图像   b) FCN-8s 分割效果图   c) 真值图

图 7-38 DeepLab V3 网络输出效果

4. 对比分析

推理时间测试结果见表 7-3，分割效果图对比如图 7-39 所示。

表 7-3 推理时间测试结果

网络	MIoU	推理时间
FCN-8s	0.311	0.005s
U-Net	0.279	0.003s
DeepLab V3	0.417	0.007s

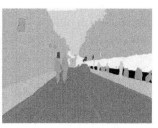

a) FCN-8s   b) U-Net   c) DeepLab V3

图 7-39 分割效果图对比

可见，DeepLab V3 与 FCN-8s、U-Net 相比，推理耗时略高，但在测试精度上略优，相应的分割效果图也稍好，细节更丰富。

7.4 小结

语义分割算法的应用非常广泛，给定一张图像，语义分割算法能够通过一定的方法将图像分割成具有一定语义含义的区域块，并识别出每个区域块的语义类别，最终得到一幅具有逐像素语义标注的分割图像。本章首先明确了语义分割及延伸出的实例分割、全景分割任务。随后介绍了语义分割任务中的核心模块——上采样，包括传统图像领域的插值法和当前常用的转置卷积，并介绍了膨胀卷积。而后介绍了语义分割中常用的损失函数和评价指标。本章介绍了 FCN、U-Net、DeepLab V1～V3+系列算法，并给出了代码实现。最后，本章基于前面介绍的网络在城市场景下语义分割这一任务上进行实现，以帮助读者提高实践能力。

参 考 文 献

［1］ LIN, TSUNG-YI, et al. Microsoft coco：Common objects in context ［C］//European conference on computer vision, September 6-12, 2014, Zurich, Switzerland. New York：Springer, c2014：740-755.

［2］ KIRILLOV A, HE K, GIRSHICK R, et al. Panoptic segmentation ［C］//Proceedings of the IEEE/CVF conference on computer vision and pattern recognition, June 16-17, 2019, Long Beach, California. Piscataway, NJ：IEEE, c2019：9404-9413.

［3］ Stanford cs231n. Lecture 11：Detection and Segmentation ［EB/OL］. ［2022-06-24］. http：//cs231n. stanford. edu/slides/2017/cs231n_2017_lecture11. pdf.

［4］ DUMOULIN V, VISIN F. A guide to convolution arithmetic for deep learning ［J］. arXiv preprint arXiv：1603. 07285, 2016：1-31.

［5］ 知乎用户 BBuf. 超详细的语义分割中的 Loss 大盘点 ［EB/OL］. ［2022-06-24］. https：//zhuanlan. zhihu. com/p/103426335.

［6］ LONG J, SHELHAMER E, DARRELL T. Fully convolutional networks for semantic segmentation ［C］//Proceedings of the IEEE conference on computer vision and pattern recognition, June 7-12, 2015, Boston, Massachusetts. New York：IEEE, c2015：3431-3440.

［7］ RONNEBERGER O, FISCHER P, BROX T. U-net：Convolutional networks for biomedical image segmentation ［C］//International Conference on Medical image computing and computer-assisted intervention, October 5-9, 2015, Munich, Germany. New York：Springer, c2015：234-241.

［8］ CHEN L C, PAPANDREOU G, KOKKINOS I, et al. Semantic image segmentation with deep convolutional nets and fully connected crfs ［J］. arXiv preprint arXiv：1412. 7062, 2014：1-14.

［9］ CSDN 用户 ZhangJunior. 从 FCN 到 DeepLab ［EB/OL］. ［2022-06-24］. https：//blog. csdn. net/junparadox/article/details/52610744.

［10］ CSDN 用户越溪. 深度学习（11）——DeepLab v1 ［EB/OL］. ［2022-06-24］. https：//blog. csdn. net/longxinghaofeng/article/details/85258124.

［11］ KRÄHENBÜHI P, KOLTUN V. Efficient inference in fully connected crfs with gaussian edge potentials ［J］. Advances in neural information processing systems, 2011, 24：1-9

［12］ CHEN L C, PAPANDREOU G, KOKKINOS I, et al. Deeplab：Semantic image segmentation with deep convolutional nets, atrous convolution, and fully connected crfs ［J］. IEEE transactions on pattern analysis and machine intelligence, 2017, 40（4）：834-848.

［13］ CSDN 用户梦星魂 24. ROI Pooling 与 SPP 理解 ［EB/OL］. ［2022-06-24］. https：//blog. csdn. net/qq_35586657/article/details/97885290.

［14］ HE K, ZHANG X, REN S, et al. Spatial pyramid pooling in deep convolutional networks for visual recognition ［J］. IEEE transactions on pattern analysis and machine intelligence, 2015, 37（9）：1904-1916.

［15］ CSDN 用户寻找永不遗憾. DeeplabV3+网络结构详解 ［EB/OL］. ［2022-06-24］. https：//www. csdn. net/tags/MtTakg1sODEzODgtYmxvZwOOOOOOOOOO. html.

［16］ CHEN LIANG-CHIEH, et al. Rethinking atrous convolution for semantic image segmentation ［J］. arXiv preprint arXiv：1706. 05587, 2017：1-14.

［17］ CSDN 用户蜡笔小楚. DeepLabV3-详细介绍 ［EB/OL］. ［2022-06-24］. https：//blog. csdn. net/qq_43492938/article/details/111183906.

［18］ Kazuto Nakashima. DeepLab with PyTorch ［EB/OL］. （2022-06-02）［2022-06-24］. https：//github. com/kazuto1011/deeplab-pytorch.

［19］ CHEN L C, ZHU Y, PAPANDREOU G, et al. Encoder-decoder with atrous separable convolution for semantic image segmentation ［C］//Proceedings of the European conference on computer vision（ECCV）, September 8-14, Munich, Germany. New York：Springer, c2018：801-818.